智能信息网络理论与技术

Theory and Technology of Intelligent Information Network

尹　浩／著

人 民 邮 电 出 版 社
北 京

图书在版编目（CIP）数据

智能信息网络理论与技术 / 尹浩著. -- 北京 : 人民邮电出版社，2024.11
ISBN 978-7-115-63067-4

Ⅰ. ①智… Ⅱ. ①尹… Ⅲ. ①智能系统—信息网络—研究 Ⅳ. ①TP18

中国国家版本馆CIP数据核字(2023)第208183号

内 容 提 要

智能信息网络（Intelligent Information Network，IIN），是指面向泛在智联需求提供智能服务的信息网络，能够主动认知网络自身状态、用户行为和网络电磁环境，自主实现人-机-物等各类智能要素敏捷高效、安全可靠的泛在智联。本书概要介绍了信息网络概念内涵、发展历程，梳理分析了人工智能发展历程及在信息网络中的应用，提出了智能信息网络的基本内涵、科学问题、典型特征和能力愿景，设计了智能信息网络的网络架构并阐释其基本机理，从网络认知理论与模型、网络知识体系与构建方法、多维标识与寻址体系、交互语言体系、内生安全体系等 5 个方面，研究了智能信息网络核心理论方法与关键技术，提出了智能信息网络智能运维管控、分级评价等方法，最后提出了智能信息网络的典型应用及发展愿景。

本书适合从事智能信息网络研究与设计的人员阅读，不仅可供计算机网络、无线通信网络、物联网、空间信息网络等领域科研人员和垂直行业相关人员参考阅读，也可作为计算机科学与技术、信息与通信工程、网络空间安全、人工智能等相关专业的高年级本科生、研究生的教材或辅助材料。同时，本书对于对网络智能化发展感兴趣的人员也具有阅读和参考价值。

◆ 著　　　尹　浩
责任编辑　王　夏
责任印制　马振武
◆ 人民邮电出版社出版发行　　北京市丰台区成寿寺路 11 号
邮编　100164　　电子邮件　315@ptpress.com.cn
网址　https://www.ptpress.com.cn
北京七彩京通数码快印有限公司印刷
◆ 开本：700×1000　1/16
印张：15.75　　2024 年 11 月第 1 版
字数：291 千字　　2025 年 4 月北京第 2 次印刷

定价：139.80 元

读者服务热线：(010)53913866　印装质量热线：(010)81055316
反盗版热线：(010)81055315

前　言

当今世界，信息网络已成为人类社会文明进步和国家经济发展的关键基础设施，其技术发展水平是彰显国家综合实力和科技竞争力的重要标志。人工智能技术蓬勃发展，深度融入人们生产、分配、消费等社会经济活动各环节，推动人类社会迈进智能化时代。人工智能技术与信息网络技术的深度融合实践，创新和变革信息网络发展的理论方法和关键技术，推动信息网络发展朝着智能化方向演进。智能信息网络是指面向泛在智联需求提供智能服务的信息网络。与传统网络相比，智能信息网络能够主动认知自身的网络状态、多样化的用户行为和所处的电磁环境，自主实现人、机、物等各类智能要素敏捷高效、安全可靠的泛在智联。智能信息网络提供智能服务能力，满足智能化时代的社会需求，支撑经济社会数字化转型和智能化升级，满足智慧城市、智能交通、智慧农业、智能制造、智慧医疗等产业行业的网络化、智能化发展需求。前瞻性研究和创新智能信息网络的理论方法与关键技术，为智能信息网络建设发展提供基础支撑。

随着国家出台政策大力扶持推动，科技公司、制造业巨头等纷纷加快布局人工智能、云计算、大数据、区块链、虚拟现实、数字孪生等前沿技术创新和实践应用，特别是5G/6G网络、卫星互联网为庞大数据量和信息量的传递提供全球覆盖的高速传输通道，将会大大拓展智能信息网络的应用范围。但是，其理论与技术创新、网络建设发展与推广应用等是一个复杂变革、迭代上升的体系工程，将会面临“智能+网络”“网络+智能”等发展模式，前者把智能作为一种源设计理念，对信息网络的体系架构、联接机理等进行体系化的创新设计，建立新的智能网络形态，兼容并改变传统网络形态，从质的层面实现“智能+”的内生智能；后者把智能作为一种手段，如智能运维、智能接入等对现有网络进行局部“+智能”的改造，从量的层面实现“+智能”的叠加效应。本书希望从“智能+网络”的层面创新设计一种内生智能的信息网络形态，并能够对现有网络进行嵌智赋能，从而实现各类网络形态的体系兼容与智能通联。本书主要研究工作归纳如下。

在第 1 章中作者指出，当前学科交叉融合不断发展，科学技术和经济社会发展加速渗透融合，以信息技术、人工智能为代表的新兴科技快速发展，大大拓展了时间、空间和人们认知范围，人类正在进入一个人-机-物三元融合万物智能互联时代。人工智能等前沿技术，加速推动信息网络技术演进变革，泛在、宽带、智能、安全、融合、绿色是未来信息网络发展趋势。本章从信息网络的概念内涵出发，阐释了其发展历程与趋势，指出未来将形成一个高度智能化、全面互联的全球网络生态系统，成为智能社会不可或缺的基础设施；其次，分析了人工智能技术在信息网络领域的应用与发展，指出人工智能已应用于物理层传输、边缘计算、网络管理与运维，面向行业典型应用场景，在不同程度上，赋能提升网络不同维度的服务效能；最后，给出了智能信息网络发展面临的挑战。

第 2 章给出了作者团队研究提出的智能信息网络概念内涵和典型特征。指出智能信息网络能够主动认知网络自身状态、用户行为和电磁环境，自主实现“人-机-物”等各类智能要素敏捷高效、安全可靠的泛在智联，并从网络联接、应用服务的等角度剖析了智能信息网络的概念内涵。在此基础上，强调了自主性将是智能信息网络的本质属性，其本质体现在复杂环境中，无须人工干预的情况下，智能信息网络作为行为主体实现网络的自主运行，并提出智能信息网络的自主学习、自主优化、自主管理、自主演进等典型特征。基于其自主性，作者论述了智能信息网络作为一种全新的网络形态，将具备以下主要新质能力：主动实施网络认知的自主认知能力；在不同场景下按需获取网络知识，并有效利用网络知识实现敏捷高效、安全可靠的网络知识联接能力；智能信息网络的智能体能够通过知识联接自主协作完成多种任务以实现网络资源最大化利用，又能通过网络资源共享实现大规模协作以输出全局最优化结果，支撑形成 $1+1\gg 2$ 或 $1\times N\gg N$ 群体智能涌现效应的群智协同能力。同时，针对传统网络通联能力，新质能力将通过以智赋能增强传统能力，实现泛在融合、可靠安全、快速高效、移动宽带的网络联接目标。

在第 3 章中作者及其研究团队在充分考虑智能信息网络的自主学习、自主管理、自主优化和自主演进等典型特征的基础上，面向新质能力实现和传统能力增强需求，通过简化传统网络层级划分，引入以网络为主体的认知机制，创新提出了具有“三面（四层–两环）”的智能信息网络逻辑功能架构，实现网络认知赋能的、智能服务联接与网络管理功能分离且逻辑耦合的新型网络结构；设计由网络认知、网络知识、多维标识、交互语言、内生安全、智能服务等构成的智能信息网络技术体系，总结了实现上述功能架构和技术体系需要解决的科学问题，分别阐述了作者及其研究团队为智能信息网络“量身”设计的最小智能核心单元——元智能、嵌入元智能构成智能信息网络的网络智能联接要素的四类智能体、由四类智能体分级分布式协同构成的网络大脑等关键要素及其模型结构，刻画了这些关键要素间的逻辑关系，并在此基础上分析了智能信息网络的功能架构、交互关系和智能体协同机理。

在第 4 章中作者及其研究团队提出网络认知的概念，是以网络作为认知主体，认知其所处的电磁环境、自身状态和用户行为等多域信息，形成网络知识的信息加工活动，是智能信息网络大脑构建的基础，感知、学习、分析、加工等按照一定关系组成功能系统，使网络能够实时精准掌握电磁环境、自身状态和用户行为变化，为智能信息网络快速响应、敏捷重组、动态适配等提供支撑。在这一基本定义下，作者及其研究团队全新设计了由多域感知、学习分析、网络知识和优化决策等要素构成的网络认知模型，提出了实现网络主动认知能力的分级分布式的网络认知部署架构，分析了通过对各节点认知行为进行有效管控，实现节点间的相互协作、相互依存和相互竞争的网络认知运行机理，提出了多域感知对象、多域参数体系，形成一整套较为完整的网络认知理论与方法，并凝练列举了多域感知、学习分析和优化决策等技术领域的主要关键技术。

在第 5 章中作者及其研究团队根据智能信息网络的功能架构与网络认知模型，在业界首次提出了“网络知识”概念，指出智能信息网络可以看作拥有“网络知识”的行为主体，“网络知识”能够驱动网络完成网络元素的联接和链路建立，支撑网络管理控制、网络行为追溯等功能的自主实现。作者及其研究团队指出网络知识主要来源于信息网络的传统知识、智能信息网络的交互知识和认知知识，按照其特征与用途网络知识可分为三种类型：数据信息型、关系计算型、逻辑决策型知识，分布于网络状态域、用户行为域、电磁环境域等多域环境。在此基础上，借鉴知识图谱的相关技术方法、根据智能信息网络的基本特征，作者及其研究团队提出了智能体能够识别的网络知识表征方法并给出了三类知识的表征实例，面向构建、管理、应用三大功能设计了智能信息网络的网络知识体系，并给出了智能信息网络功能架构下的网络知识体系运行机理，以实现对智能信息网络的内外部计算关系、程序、算法等方面的统一组织，为智能体的行为决策提供支撑，为网络的学习和演进提供储备空间。最后，作者从网络知识应用、管理和评价等角度简述了网络知识体系的主要理论和方法，详细论述了智能信息网络实现网络知识体系高效运行的网络知识抽取、表示学习、知识融合、知识衍生、知识推理、分布式存储等关键技术。

在第 6 章中作者及其研究团队指出，为了支持海量差异化的智能体高效接入，智能信息网络的标识与寻址应具有灵活可变长、属性可定义、寻址可进化等关键特征，具备向智能体交互语言和服务应用表达性能需求的能力，需要设计用于描述智能体在智能信息网络中基于统一时空基准、涵盖对象、联接、应用等多维属性的统一命名规则，构建具备多维寻址和路由机制、智能映射机制、智能服务模式等能力的多维标识体系。基于此，作者及其研究团队创新设计了多维标识体系框架、功能架构、协议体系等，构建了面向网络中各个智能体的对象、联接和应用三个维度进行属性抽象的基于时空基准的多维标识体系，针对智能信息网络的链路层、网络层、应用层详细分析了多维标识体系的运行机理，形成了集多维标识分配、表征、命名与寻址方法于一体的智能信息网络标识与寻址理论方法，设计了基于多维标识的路由寻址算法，详细论述了构成多维标识与寻址理论体系的标识生态算法、全局服务质量保障路由协议等关键技术。

在第 7 章中作者及其研究团队指出为了实现智能信息网络中的四类智能体的高效交互，支撑智能体间基于网络知识的自主协同和自主管理，需要创新设计一种智能体之间高效交互网络知识和自主管控策略的交互语言。作者及其研究团队详细阐述了网络交互语言的概念内涵，建立了由交互语言描述方法、交互机理、交互模式等组成的网络交互语言体系架构，并借鉴自然语言处理技术提出了基于语义的智能体间智能交互功能模型，进一步面向智能体间的管控指令和网络知识交互需求，设计了支持语义快速生成与准确解析的智能交互语料库，打造了基于语义内涵表征和语义逻辑分析的智能体交互语言协议体系。相关研究形成了网络智能交互方法、交互协议等构成的智能信息网络智能交互理论，作者及其研究团队在本书中给出了基于智能交互协议的自动组网、网络重构和恢复、网络抗干扰等应用实例，并详细论述了具备对抗能力的多意图交互语言理解方法、具备语义受控能力的交互语言生成方法等关键技术。

在第 8 章中作者及其研究团队指出传统网络存在先天架构缺陷导致的本源性安全问题，无法快速实现攻击溯源和抵御未知攻击。作者及其研究团队对智能信息网络的内生安全体系进行了深入研究，重点设计了基于多维标识的追踪溯源和网络攻击行为主动认知的内生安全技术体系和功能架构，全面分析了智能信息网络的内生安全运行机制。为了让读者理解智能信息网络内生安全的实现方式，本书给出了面向安全态势的内生安全知识体系构建、面向网络行为的智能恶意行为检测、基于多维标识的追踪溯源等方法，并详细论述了支撑智能信息网络内生安全能力的网络安全行为知识构建、未知恶意网络行为智能检测、未知网络攻击智能溯源等关键技术。

在第 9 章中作者及其研究团队指出智能信息网络面向四类智能体间基于网络知识的自主协同、自主优化、自主管理、自主演进的典型特征，智能运维管控是支撑典型特征实现的基础。作者及其研究团队阐述智能信息网络的智能运维管控是指基于网络认知和网络知识，利用人工智能、大数据、云计算、数字孪生等技术手段，保障智能信息网络与业务自主、安全、可靠运行而进行的组织管理活动，通过持续优化演进系统架构来提升运行效率，实现各类服务、各类场景的高可用性、高适配性、高智能性。作者及其研究团队根据智能信息网络的“三面（四层–两环）”逻辑功能架构，针对基于网络知识的多智能体高效协同，设计了基于智能体交互语言的智能运维管控系统架构，并给出了其工作运行机理，详细论述了面向智能运维管控的网络知识构建、网络知识服务，基于网络知识的资源智能调度、策略智能生成、故障智能处理等关键技术。

在第 10 章中作者及其研究团队提出智能信息网络的分级评估的理念，分级评估是指对智能化特点定量描述，按照智能化水平对网络智能进行等级划分，确定网络智能化水平的等级。科学合理的智能化分级评估能够为智能信息网络发展路径选择、效能评估等提供支撑。作者及其研究团队从技术特征、功能特征等角度开展了智能化水平等级分类特征描述，面向智能化水平、能力、效能等设计了智能化水平评估方法；同时，从网络性能评估与测度的角度阐述了评估原则，初步构建了指标体系和测度指标、设计了测度方法并给出其数学表示，以及智能信息网络的智能测度评估数据处理过程。

在第 11 章中作者指出智能信息网络建设发展是一项系统工程，其理论与技术创新思想源于网络长期演进发展中业界的不断探索、多学科的交叉融合及应用实践。面向各行业应用需求，作者及其研究团队首先从基于智能信息网络支撑实现面向全行业的泛在智联、基于智能信息网络支撑实现行业智能融合与业务控制、基于智能信息网络支撑行业服务由信息域向知识域拓展等三个方面总结分析了智能信息网络主要支撑实现的三大演进目标；其次，从技术成熟度和兼容性、安全和隐私、管理和监管、性能和可靠性、用户接受度和技术普及等方面分析了智能信息网络发展面对的问题和挑战；最后，总结了智能信息网络亟待发展的关键技术，指出未来智能信息网络发展还需要国内乃至国际优势团队和科研力量密切合作，围绕全球数字化发展态势，促进人工智能、微电子、集成电路、新材料、计算机科学、网络安全等学科交叉融合，打造有利于智能信息网络协同创新、综合应用的发展生态。

本书核心内容完全基于作者及其研究团队近年来持续不断的原创性理论方法、关键技术研究与探索实践。研究团队提出了智能信息网络的基本定义、概念内涵、典型特征和关键能力；提出了网络认知概念、“三面（四层–两环）”逻辑功能架构和技术体系，设计了元智能、智能体、网络大脑等关键要素的功能模型，给出了元智能协同与网络工作运行机理，明确了智能信息网络技术实现需要解决的科学问题；进而，根据技术体系与科学问题，研究团队体系化布局，在智能信息网络认知理论与方法、网络知识体系、多维标识体系、交互语言体系、内生安全体系、智能运维管控和网络智能化分级评价等方面开展了深入研究，形成了相关理论方法与技术成果，开辟了智能信息网络的全新研究方向，推动信息网络技术领域与人工智能领域的交叉融合研究发展。

本书适合从事智能信息网络研究与设计的人员阅读，不仅可供计算机网络、无线通信网络、物联网、空间信息网络等领域科研人员和垂直行业相关人员阅读，也可供计算机科学与技术、信息与通信工程、网络空间安全、人工智能等相关专业的高年级本科生、研究生阅读。同时，本书对于对网络智能化发展感兴趣的人员也具有阅读价值。

智能科技进步与信息网络产业的发展日新月异，前沿、基础、创新是本书宗旨。虽然做了一定研究，但限于作者水平，疏漏之处在所难免，恳请读者不吝赐教。在此，衷心感谢参与本书撰写人员，参与第 1 章至第 4 章、第 10 章、第 11 章撰写的军事科学院系统工程研究院的任保全研究员、钟旭东助理研究员、李洪钧高级工程师、巩向武副研究员、韩君妹助理研究员等，国防科技大学魏急波教授、赵海涛教授、熊俊副教授、周力副教授、张娇副教授、王海军老师等；参与第 5 章撰写的北京理工大学武楠教授、李彬老师等；参与第 6 章撰写的南京邮电大学郭永安教授、佘昊博士、钱琪杰博士等，北京交通大学苏伟教授、郜帅教授等；参与第 7 章撰写的北京邮电大学袁彩霞副教授、高晖副教授等；参与第 8 章撰写的西安电子科技大学沈玉龙教授、张志为副教授、李光夏副教授、何吉讲师、胡天柱博士、刘成梁博士等；参与第 9 章撰写的湖南科技大学詹杰教授、惠艳博士等。同时，衷心感谢关心本书出版并提出宝贵建议的专家、学者！

作者

2024 年 6 月

目 录

第1章 概述

当前，新一轮科技革命和产业变革突飞猛进，科学研究范式正在发生深刻变革，学科交叉融合不断发展，科学技术和经济社会发展加速渗透融合，以信息技术、人工智能为代表的新兴科技快速发展，大大拓展了时间、空间和人们认知范围，人类正在进入一个人-机-物三元融合万物智能互联时代[1]。人工智能、云计算、大数据、虚拟现实、数字孪生等前沿技术，加速推动信息网络技术演进变革，泛在、宽带、智能、安全、融合、绿色是未来信息网络发展趋势。信息网络已成为人类社会文明进步和国家经济发展的关键基础设施，信息网络技术水平成为彰显大国地位和综合国力的重要标志。

1.1 信息网络发展历程与趋势

人类社会是一个复杂的网络系统，形成一个多维立体的网络体系，每个要素节点都时刻产生、输入和输出数据信息，相互间不断进行信息交互交流，有机构成人类社会高度协同协作的生产、生活的有机共同体。蓬勃发展的互联网、物联网（IoT）等，特别是移动互联网，已成为人与人、人与物、物与物、物与人之间相互联接在一起的主要信息网络形态。

1.1.1 基本概念

网络的本质是快速联接与高效服务。从用户角度看，网络基本作用主要有两个方面。第一，将各类用户高效接入网络中，彼此联接成一张逻辑网络。用户可通过有线或无线方式接入网络。有线方式包括光纤、被覆线、同轴电缆等，无线方式包括蓝牙、ZigBee、Wi-Fi、LoRa、NB-IoT，以及短波、超短波、卫星通信等。第二，实现入网的各类用户快速找到彼此，相互传递信息。此时，寻址技术是实现“快速找到彼此”的关键，其作用是为通信双方快速建立一种端到端的交互联系，其要求是准确且最优化，确保找到需要交互联系对象的位置，同时减少互相干扰，整个寻址过程尽量简化并能够选择最优路径。

信息网络是指能够为人、机、物提供信息服务的网络，支撑各类用户信息的快速传输、交互共享和高效利用。

从网络联接的角度看，信息网络是通过有线或无线手段，高效联接各类终端、路由交换、网络管理等设备，实现用户之间信息的传输与交互。

从网络服务的角度看，信息网络是基于有线或无线、各类终端、路由交换、网络管理等设备，以及各类应用软件，构成为用户提供多样化服务的网络形态。

从网络构成角度看，信息网络可以抽象地看作由终端节点、交换节点、传输链路及相关协议等构成，如图 1.1 所示。其中，终端节点包括各类计算机、服务器、智能手机、传感器等，是用户收发信息的设备。交换节点负责路由寻址、信息转发，能够实现各类接入终端之间的互联互通，通常包括路由器、交换机及物联网网关等。无线链路包括短波、超短波、卫星通信、Wi-Fi 等，有线链路包括光纤、被覆线、同轴电缆等。协议是不同节点间传输信息的约束和规范，是相互传输信息的语法、语义和时序等的共同约定。信息网络将各个独立的“终端节点”（信息的生产者和消费者），通过有线或无线链路联接起来，通过“交换节点”，遵循一定的“协议”规范进行转发，实现各终端节点之间信息的高效传递共享。

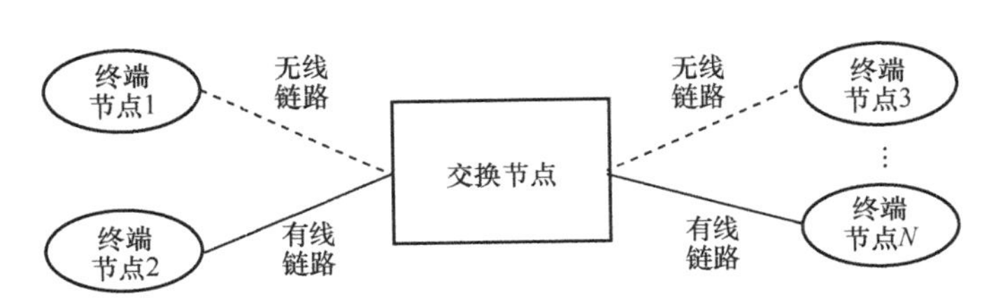

图 1.1　信息网络构成要素

1.1.2 发展历程

信息网络发展演进可从纵向和横向两个维度看。纵观信息网络的发展，首先是以自然科学为基础，系统研究网络建设发展所涉及的基础理论和方法、原理与实现技术、工程实践和应用。理论方法主要包括信息论、编译码理论、电磁理论、复杂网络理论、网络体系架构、网络信息服务、网络空间安全等。具体形态包括电话网、数据网、互联网、移动互联网、物联网、卫星互联网、数据中心网以及各类行业应用网络。它涵盖了从源端（基础理论）到末端（工程应用）的所有环节，并通过交叉融合不断催生理论创新、技术变革、应用变革，为人类社会提供人–机–物融合的泛在智联服务。从横向看，信息网络是连接自然科学与工程实践、自然科学与社会科学的桥梁纽带，在网络广泛应用推动国家经济发展和社会文明进步的同时，与社会和国家治理相互作用、相互影响，产生了网络社会学、网络经济学、网络政治学等新学科，形成网络文化，并且成为影响国家安全稳定的重要因素。信息网络是以应用需求驱动发展的典型的社会服务型基础设施，且应用需求以接近指数规律的方式高速发展，典型应用包括无人驾驶、智能制造、虚拟现实、智慧医疗、智慧城市等，如图 1.2 所示。

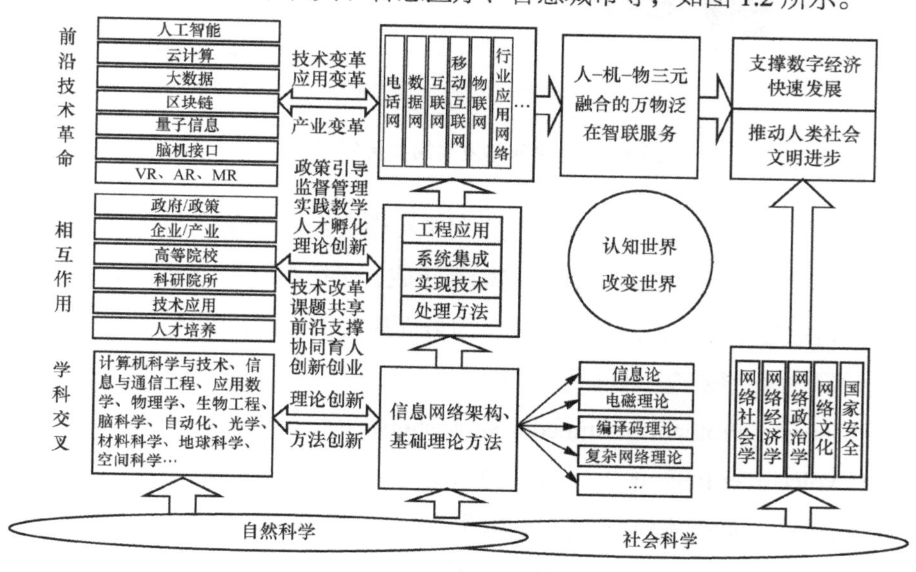

图 1.2　信息网络与各领域之间的关系

信息网络的发展演进，本质上是人类社会利用通信网络技术认知世界、改变世界的过程。总体来看，信息网络发展历经点对点、网络化以及未来的智能化阶段，从 19 世纪 80 年代发明的电话机到 20 世纪初的跨区电话网、20 世纪中期的大型计算机，直到 1969 年互联网的开端——阿帕网（ARPAnet）才真正开启迈向网络化的步伐。信息网络技术快速发展应用，使得网络规模不断扩展、网络连接能力突飞猛进。随着互联网、物联网、工业互联网等应用，特别是移动互联网的快速发展，人类社会进入了网络化时代。人工智能技术与信息网络技术交叉融合发展，利用云计算、大数据、NVF/SDN 等技术，信息网络将朝着智能网络方向发展演进。信息网络发展简要历程与趋势如图 1.3 所示。

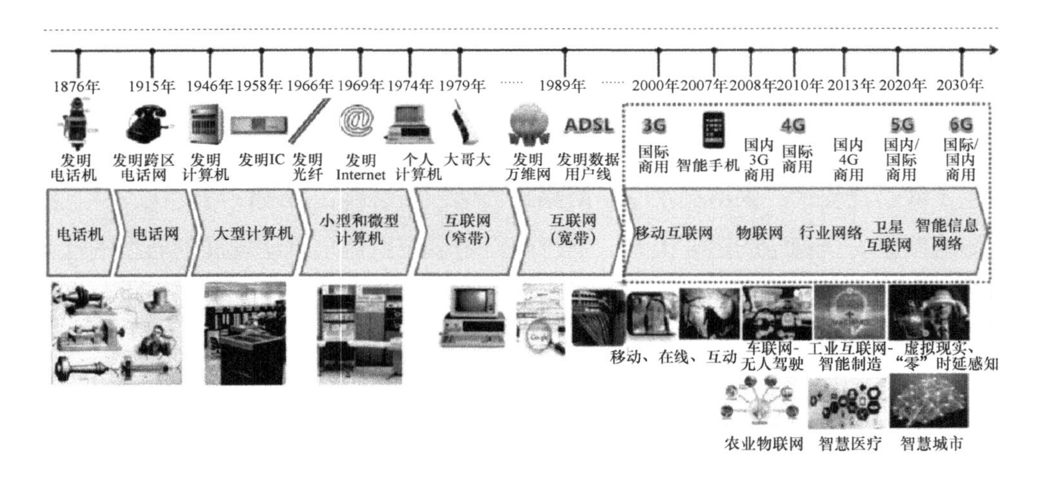

图 1.3　信息网络发展简要历程与趋势

电话网（Telephone Network），是指用来传递交互型话音信息的电信网，主要由交换机（网关）、传输链路和用户终端等组成，包括本地、长途、国际等类型的电话网，是业务量最大、使用率最高、服务面最广的全球语音通信网络，经历了模拟电话网、综合数字电话网到 IP 电话网的发展过程。近年来，基于 IP 多媒体子系统（Internet Protocol Multimedia Subsystem，IMS）和 4G、5G 网络先后发展了 VoIP（Voice over Internet Protocol）、VoLTE（Voice over LTE）、VoNR（Voice over New Radio）等不同技术体制的网络电话，这是利用 Internet 传递数字信号实现通话的新型数字化传输技术，能够提供视频电话、高保真的立体声电话会议、IP 多方电话会议、远程电话教学应用等多种话务增值业务，其优势在于广泛采用 Internet 和全球 IP 互联的环境。电话网将伴随网络发展演进和移动通信网络的融合而持续变革。

互联网全称是国际互联网（Internet），是通过将计算机技术和通信技术有效结合起来，由各种局域网连接起来的全球性信息传输网络。互联网要求连接对象遵守共同的协议和规则，具有全球性、开放性、交互性等特征，推动了人类从以能源为基础的近代社会进入以信息为基础的现代社会。互联网关键技术涉及标识技术、路由与寻址技术、移动技术和安全技术等，其研究范畴已从研究传统的 TCP/IP 体系架构弊端问题逐步拓展到从不同维度重新设计现有体系架构。同时，互联网标识、路由、移动和安全等技术也取得了一些进展。创新网络架构和关键技术是应对网络新问题、新挑战的有效途径。

移动互联网是指移动用户与移动用户之间或移动用户与固定用户之间的“无线通信网”，为人类社会从数字化向智能化的发展提供无所不在的基础性业务能力，让万物互联成为可能。历经第一代移动通信系统（1G）、第二代移动通信系统（2G）、第三代移动通信系统（3G）、第四代移动通信系统（4G），发展到第五代移动通信系统（5G），具有高速率、低时延和大连接等特征，是实现人–机–物泛在互联的基础设施。当前，第六代移动通信系统（6G），正处于前瞻性研究中，其关键技术主要涉及机器学习与人工智能（AI）增强、灵活频谱共享、新电池与无线能量传输、太赫兹通信与 Sub-太赫兹、多天线空间复用等技术。

物联网是由互联网与传感网络有机融合形成的一种面向人–机–物泛在交互的信息服务网络。IoT 利用传感器、射频识别（Radio Frequency Identification，RFID）、近场通信等技术赋予事物（包括人）感知识别能力，基于融合的通信网络实现事物的泛在连接与信息交互，借助虚拟组网、智能计算、自动控制等技术实现事物的动态组网、功能重构与决策控制，面向用户个性化需求提供高效信息服务，具备全面感知、可靠传输和智能处理等典型特征。物联网技术发展趋势主要包括统一物联网标准体系、5G+物联网、人工智能+物联网、智能边缘计算、物联网即服务、数字孪生、可穿戴设备、软件定义网络等关键技术。标准体系主要解决物联网端点安全、异构系统互操作等问题；依托 5G 高可靠、低时延、大带宽及海量机器类通信，支撑车联网、智能制造、远程医疗等智能设备的即时海量连接；AI 与 IoT 融合产生 AIoT 的概念，通过将 AI 嵌入 IoT 组件并与感知数据处理相结合，降低边缘处理时延、降低数据传输存储量、增加端点隐私安全性；数字孪生能够实现物联网优化部署，并在物联网实际部署前确定事物的发展方向或运作方式；软件定义网络通过软件控制数据包流动的网络路径，成为管理网络传输机制的主要标准，从根本上改变数据中心控制模式，将对物联网生态系统产生重大影响。

卫星互联网（Satellite Network），是指基于卫星通信为陆、海、空、天等各类用户提供互联网接入服务的网络，主要由空间段、地面段和用户段组成，具备全球无缝覆盖、传输速率高、通信容量大等特性，是天地一体化信息网络的重要组成[2-5]。卫星互联网将向超大容量、智能组网、天地一体、高效运控等方向发展，主要研究方向包括：随着星间链路、软件定义载荷及星上控制技术不断发展，中低轨星座朝着更高频段发展，带来更大传输带宽，超大规模星座、高中低轨星座高动态拓扑的智能组网技术，卫星与 5G/6G 融合的多频段星地一体波形设计、星地一体路由寻址机制、星地无线频谱资源管理和干扰协调技术，面向多轨道、多频道、多体制、异构网的地面运维虚拟化管控技术，通过各类技术的集成运用发展有效提升卫星互联网组网服务能力和运行效率效能[6]。

1.1.3 发展趋势

当前，随着人类社会的人–机–物三元融合趋势，信息网络联接对象发生了根本性变化，从面向人的联接拓展为包括人、机、物在内的万物互联，从传统的以“信息传输”为中心向以“信息服务”为中心拓展。因此，网络服务也由面向人的应用，变革为面向“物”的应用。例如，工业互联网场景下，网络连接对象为人、机、物、系统等，涉及工业系统、产业链和价值链诸多要素，网络应用面向工业设计、生产、管理等诸多环节。

近年来，随着 5G、6G 技术的研发和应用，网络的传输速度得到极大的提升。高速网络不仅改善了用户体验，也为大数据处理和实时通信提供了必要的技术支撑。物联网技术的推广使得从日常用品到工业设备的各种物体都能接入网络，实现信息的实时交换和处理。这种广泛的网络连接为智慧城市、智能家居等新兴应用提供了基础。云计算的普及推动了网络服务化的趋势。传统的软件和平台正逐渐转变为服务，如软件即服务（SaaS）、平台即服务（PaaS）、基础设施即服务（IaaS），用户可以根据需要灵活地选择和配置资源，大幅降低了IT成本和提高了运营效率。

进入智能化时代，随着人工智能技术的突破，网络的发展重点逐渐转向如何利用人工智能、机器学习等先进技术，提升网络的自主管理和优化能力。智能信息网络（Intelligent Information Network，IIN）通过深度集成AI技术并嵌入网络各层，实现网络的自动化故障诊断、流量管理和资源调配，不仅能处理更加复杂的数据分析和决策问题，还能自主优化网络资源和服务质量。此外，AI还可以帮助网络更精确地预测需求和潜在威胁，确保服务的连续性和安全性。智能化不仅使网络更加高效和可靠，也为各行各业提供了更多创新的可能，推动整个社会的数字化转型。

信息网络的智能化发展不仅提高了网络的操作效率，还增强了网络的自适应能力和安全性。未来，随着技术的进一步发展，信息网络将更加侧重于自主管理、自我修复和持续优化的能力实现，其智能化将更加深入。信息网络不仅是连接和传输数据的工具，更将成为智慧型实体，参与到决策支持、业务创新乃至社会治理中，最终形成一个高度智能化、全面互联的全球网络生态系统，成为智能社会不可或缺的基础设施。

1.2 人工智能发展历程与趋势

1.2.1 发展历程

人工智能是一门综合性的前沿科学，它涉及计算机科学、信息论、控制论、语言学、神经学、心理学、统计学、数学、哲学、网络科学等多个学科的交叉融合[7]。人工智能的核心目标是研究、开发用于模拟、延伸、扩展和增强人类智能的理论、方法、技术以及应用系统。这一领域不仅试图解析智能的本质，而且致力于创造能够模拟人类行为、意识、思维的智能机器，以及使其能够在面对各种挑战时主动做出反应。人工智能的研究领域广泛，包括但不限于机器学习、自然语言处理（NLP）、计算机视觉、专家系统和智能网络。

人工智能的发展可以分为三个关键时间段，分别是起源与早期发展时段（1946—1970 年）、专家系统与网络技术推动时段（1980—2000 年）、深度学习与 AI 新时代（2010 年至今），标志着其从理论到应用的重要转变。

人工智能的萌芽出现于 1946 年，世界上第一台通用计算机 ENIAC 诞生，成为后续 AI 的物质基础。1950 年，阿兰·图灵提出了著名的图灵测试，首次探讨了机器具备智能的可能性，为 AI 理论奠定了基础。1956 年，达特茅斯会议上首次提出了“人工智能”这一术语，开启了 AI 作为一个独立研究领域的历史。在此期间，AI 研究主要集中在博弈论、机器定理证明、机器翻译等领域，如 Newell 和 Simon 提出的“程序”理论，McCarthy 发明的 LISP（List Processing）编程语言等，但也遇到了如定理证明系统和机器翻译的局限性等挑战，导致研究进入低谷期。

1980 年以后，人工智能进入第二次发展浪潮，专家系统的商业化应用成为推动力。这些系统通过模拟人类专家的知识和经验解决特定问题，如 XCON-R1、MYCIN 等，在特定领域获得了显著的成功。此外，20 世纪 90 年代互联网的兴起促进了分布式人工智能的发展。神经网络技术在这一时期也取得显著进展，如 Hinton 提出的深度前馈神经网络，为后续深度学习的发展奠定了基础。

2010 年以后，深度学习技术的兴起引发了第三次人工智能发展浪潮。2016 年，Alpha Go 战胜围棋大师李在石，标志着 AI 在复杂决策和策略游戏中的重大突破。此后，深度学习在图像识别、自然语言处理、无人驾驶等领域得到广泛应用。同时，AI 技术也开始在更多领域展现其潜力，如医疗诊断、金融分析等，不仅提高了解决问题的效率，也拓展了 AI 的应用边界。

自 2017 年 Transformer 架构首次亮相以来，人工智能领域经历了一次革命性的变化。以 OpenAI 为代表的行业巨头纷纷构建起自己的大规模模型，如备受瞩目的 GPT 系列，其训练所需的计算力比早期深度学习模型高出 10 到 100 倍。2022 年 12 月，OpenAI 再次引领潮流，推出了基于其大型语言模型 GPT-3.5 的 ChatGPT——一款对话生成式聊天应用。这一应用将生成式人工智能（AIGC）的潜力推至一个新的高度。ChatGPT 的发布迅速在全球掀起了热潮，这不仅标志着 ChatGPT 本身的成功，更象征着一个全新的人工智能时代的到来。它的出现激发了全球范围内对 AI 技术的新一轮探索和竞赛，为整个行业注入了新的活力和创新动力。

人工智能的发展历程是科技创新和理论探索的杰出典范，标志着从早期的理论构想到现代的实际应用的显著转变。AI 已成为推动现代社会进步的重要力量，其在医疗、金融、教育、交通等多个领域的应用，正在深刻改变人类的生活方式和工作模式[8]。随着技术的不断进步，AI 的未来将展现出无限可能性和更大的发展空间。

1.2.2 发展趋势

随着人工智能技术的蓬勃发展与广泛应用，在信息网络领域的基础理论与关键技术方面，人工智能已应用于从物理层传输、边缘计算、网络管理与运维，到上层面向行业典型应用场景，在不同程度上，赋能提升网络不同维度的服务效能，从谋求局部性能提升到追求整体的能力提升。

（1）提升通信系统传输性能

利用 AI 技术可有效提高收发信机性能，涉及的关键技术包括基于 AI 的信号检测、预编码设计、信道估计与均衡、无线通信环境感知、信道信息反馈、端到端设计等技术。其中，一个基础性的工作是无线通信环境数据集的构建。无线通信环境主要涉及时、频、空域上信号特征参数分布，其主要特征包括信号接收强度、时延扩展和多普勒扩展、到达角度分布及干扰强度等[9]。信号接收强度反映了信号衰减程度；时延扩展和多普勒扩展表征了信道时域与频域上的相关性，影响通信策略调整；依据信号到达角度分布，可针对性设计方向性天线；干扰强度与信道增益共同决定链路理论容量，决定系统传输速率上限。时、频、空域信号参数采集可构成完整的通信环境数据集，支持利用 AI 技术提高收发信机性能，对通信系统发射参数配置、接收机各模块设计具有重要意义。

（2）赋能边缘计算与云边端协同

人工智能与边缘计算结合是近年来技术发展的新趋势。通过在网络边缘节点内嵌 AI，可以将计算处理资源下沉到接近用户的位置，从而显著增强网络的云边端协同能力。边缘计算通过边缘感知本地处理数据，实现多端联动；结合云边端技术构建全局拓扑视图，实现对网络传输的细粒度监控；采用云边协同架构，使得这些边缘设备更加“智能化”，具备自我学习和适应环境的能力，能更准确地处理和分析数据，为决策提供支持；AI 赋能的边缘计算也支持资源的优化适配，通过智能化的资源分配和负载平衡，大幅度提升终端大数据应用能力。这种模式不仅可以提高面向特定任务的处理效率，还能实现数据处理的实时性和低时延，特别适用于需要快速响应的应用场景，如自动驾驶、智能制造、城市安全监控等。AI 赋能边缘计算不仅提升了处理效率和资源利用率，还增强了数据处理的安全性和隐私性，是智能技术应用的重要方向。

（3）赋能智能运维与智能管理

人工智能技术在智能运维与智能管理领域应用较早，为传统网络和系统运维带来了革命性的变化。利用 AI 机器学习和深度学习能力，智能运维可以在多个维度实现自动化和智能化管理，提高运维效率，降低成本。在网络需求映射与动态规划方面，AI 可以分析历史数据和实时网络状态，预测网络需求变化，并实现资源分配和流量优化；面向数据采集与状态监测，实时监控网络和系统状态，及时发现预警潜在的问题，确保系统的持续稳定运行；针对配置分析与优化决策，智能分析系统配置并提出优化建议，减少资源浪费，实现更高效的运维管理；同时，根据执行结果进行自我学习和调整，通过反馈学习，不断优化运维策略，实现系统的智能化运作[10]。AI 赋能的智能运维与智能管理，不仅可以提高运维效率，减少人工干预，还可以通过智能化的决策执行，大幅提升系统性能和稳定性。随着 AI 技术的进一步发展，未来智能运维将更加高效、智能，为企业带来更大的价值。

（4）赋能网络安全

人工智能在网络安全领域的应用，改变了传统的安全防护手段，显著提高了防御策略的有效性。随着网络攻击日益复杂和隐蔽，AI 应用为网络安全防御提供了新视角和新方法，能够增强安全态势感知与策略应对能力，通过分析大量数据，提供全面的安全态势分析，帮助决策者更好地理解网络安全状况，制定更有效的应对措施；通过机器学习和深度学习，AI 能够分析历史攻击数据，识别攻击模式，并建立攻击行为的特征知识库，这些特征知识库不仅帮助安全系统了解和预测潜在威胁，还能提高应对新型攻击的响应速度。AI 还可以辅助构建动态防御策略，实时分析与学习数据，快速适应不断变化的网络威胁环境，并通过自动更新防御策略，适应新的攻击模式，增强系统的适应性。AI赋能的网络安全不仅提高了传统安全防护的有效性，还带来了更灵活、更智能的防御策略，为应对日益复杂的网络威胁提供了强大的支持。

（5）6G智能内生

面向6G信息网络发展，网络将迎来新场景和新需求，多样化的应用和通信场景、超异构的网络连接以及极致性能的服务需求，都对移动通信网络提出了更高的要求，6G时代将构建空天地一体化的网络[11]，人们期待6G网络比前几代网络在运作和服务上都具有更高的智能性，智能内生已经成为6G的重要特征之一。6G智能内生是指6G网络通过原生支持AI，将AI能力作为网络的基本服务，实现AI即服务（AIaaS），使网络能够自学习、自演进，并赋能行业AI，构筑全行业的泛在智能生态系统。智能内生从字面意思来看可以分成“智能”和“内生”两个部分。首先，“智能”表示以AI/ML为核心技术，用于网络自身的感知、分析、最优决策，AI技术因其具有强大的学习、分析和决策能力，以及分布式的网络AI能力，与终端AI、云AI相互协作，实现全行业的智能泛在，体现无处不在的AI理念。其次，“内生”意味着“与生俱来”，即在开始设计6G网络时就要支持AI应用在网络中的无缝运行，这些AI应用包括网络自身的AI应用以及行业AI应用。

综上所述，随着AI技术的不断成熟和创新，其在不同场景的应用将继续深化和扩展。AI不仅将推动传统产业的转型升级，还将孕育出新的业态和模式。人工智能的未来发展将进一步融合深度学习、大数据分析、云计算等技术，推动产业智能化、数据驱动和服务个性化，为社会发展带来革命性的变革。

1.3 智能信息网络发展面临的挑战

（1）技术复杂与应用广泛

在智能信息网络发展过程中，尤其是在即将到来的6G网络技术的背景下，面临的挑战既具有技术层面的复杂性，也涉及泛在智联的广泛应用需求。

① 6G 网络智能内生架构包括分布式智能、智算网融合的智能编排和调度、数据和知识双驱动、自适应架构等典型特征。6G 网络除了提供传统的固定连接服务之外，还可以提供基于 AI 的动态服务，这种新型服务可能涉及多终端或设备之间的连接，服务需具备自适应性，能够动态地编排和调度多维资源以适应需求的变化。因此，具备自适应性是 6G 智能内生架构的重要特征[12]。6G 预计将引入更高的数据传输速率、更低的时延和更广泛的连接能力，这为智能信息网络的发展提供了新的可能性。然而，将这些先进的通信技术融入现有的网络架构，需要解决兼容性、网络升级成本以及新技术的安全性等问题。同时，6G 的广泛部署还需要考虑频谱资源的合理分配和管理。

② 随着物联网和人工智能的融合加深，发展泛在智联的智能信息网络成为趋势。这要求网络不仅要支持大量的物理设备连接，还要实现设备间的智能协同和数据共享。这对网络的处理能力、数据管理和智能决策能力提出了更高的要求，同时也加大了网络管理的复杂度。

③ 智能信息网络需要智能化管控，例如，数据流的优化管理、能源效率的最大化以及服务的个性化定制。这些设计需要在满足技术性能要求的同时，考虑经济效益、用户体验和环境影响。

④ 智能网络设备数据信息增多，导致数据安全和隐私保护成为重大的挑战。网络不仅需要防御传统的安全威胁，还要能主动识别和应对新型的网络攻击。此外，保护用户数据的隐私在法律和伦理层面也越来越受到关注。

⑤ 随着智能服务的增多，如何保证这些服务的质量和可靠性是一个重要问题。网络需要具备自适应调整的能力，以满足不同服务对带宽、时延和数据处理速度的需求。此外，网络也需要在服务出现问题时，快速定位问题并进行修复，以保证服务的连续性和可靠性。

（2）网络架构变革性创新

随着人类社会迈进智能时代，当前网络空间已经无法全面支撑人类社会的智能发展。互联网迈入万物智联——应用需求和业务形态发生巨大变化，生产型互联网对网络的差异性服务保障、确定性带宽/时延提出了更高的要求，现有网络架构与机理在可扩展性、移动性、安全性、服务质量等方面存在一些固有问题，难以满足未来信息网络高速、高效、海量、泛在、异构、移动的发展需求，亟须打造面向泛在智联的智能信息网络。

一是创新设计变革性的网络架构，打造信息网络智能化的“四梁八柱”。网络架构具有总体性、系统性、相关性、层次性、动态性等基本属性，是智能信息网络的“四梁八柱”，决定着网络形态的核心功能，体现基本的运行机理，最终决定整个网络的效能。未来各类智能体大规模接入、自主协作和集群效应等对网络连接效能要求千差万别，必须创新设计具有跨层认知、闭环管控和效能评估等功能，具备开放兼容、动态灵活、敏捷适变等性能的体系架构，弥补现有网络架构的缺陷和不足，如难以应对未来智能体的大规模快速高效接入、无法从本源上解决网络安全管控等问题。

二是创新发展智能信息网络理论方法，构建信息网络智能化的核心基础。基础理论方法创新是推动智能信息网络变革的原动力。首先，研究建立智能信息网络基础理论体系，提出智能信息网络概念内涵、基本原理、运行机理与典型特征，以及面向未来需求的关键能力；其次，探索人工智能与信息网络技术融合和实现方法。人工智能技术与信息网络技术融合是传统网络架构、理论方法和能力体系变革的重要方法途径，研究探索建立以网络为主体的认知理论方法，以及支持大规模快速高效接入方法和协同策略等。另外，人工智能技术可大幅提升节点的通信与计算能力，提高网络资源优化与资源利用效能等，增加节点态势感知和预测预判能力，增强节点智能。

三是加快突破智能信息网络关键技术，推进信息网络智能化的发展进程。智能信息网络的运行过程基于智能体之间的动态交互过程，需要完善的运行机理机制与实现技术体系，重点突破智能体之间相互统一理解的网络知识表征技术、交互的协议体系设计技术、体现多维属性特征的标识和路由寻址架构设计技术，以及融入网络架构的内生安全体系设计技术等，为智能信息网络发展演进提供支撑。

参考文献

[1] 中国政府网. 习近平：加快建设科技强国 实现高水平科技自立自强[EB/OL]. (2022-04-20)[2024-05-11].

[2] MOOR M, BANERJEE O, ABAD Z S H, et al. Foundation models for generalist

medical artificial intelligence[J]. Nature, 2023, 616(7956): 259-265.
[3] 曹轶, 王华维, 夏芳, 等. 面向高性能工业仿真的交互可视分析引擎[J]. 计算机辅助设计与图形学学报, 2021, 33(12): 1803-1810.
[4] 赵祥模, 高赢, 徐志刚, 等. IntelliWay-变耦合模块化智慧高速公路系统一体化架构及测评体系[J]. 中国公路学报, 2023, 36(1): 176-201.
[5] 张更新, 王运峰, 丁晓进, 等. 卫星互联网若干关键技术研究[J]. 通信学报, 2021, 42(8): 1-14.
[6] 王韵涵, 李博, 刘咏. 国外低轨卫星互联网发展最新态势研判[J]. 国际太空, 2022(3): 7-12.
[7] 胡昌昊. 浅析人工智能的发展历程与未来趋势[J]. 经济研究导刊, 2018(31): 33-35.
[8] MARTÍNEZ-FERNÁNDEZ S, BOGNER J, FRANCH X, et al. Software engineering for AI-based systems: a survey[J]. ACM Transactions on Software Engineering and Methodology, 2022, 31(2): 1-59.
[9] 李峰, 禹航, 丁睿, 等. 我国空间互联网星座系统发展战略研究[J]. 中国工程科学, 2021, 23(4): 137-144.
[10] 雷宜海. 认知网络概述[J]. 电信快报, 2010(4): 31-34.
[11] 王厚天, 刘乃金, 雷利华, 等. 空间智能信息网络发展构想[J]. 空间电子技术, 2018, 15(5): 27-34.
[12] 尹浩, 黄宇红, 韩林丛, 等. 6G 通信-感知-计算融合网络的思考[J]. 中国科学, 2023(6): 1-6.

第 2 章

智能信息网络概念内涵

2.1 基本内涵

智能信息网络是指面向泛在智联需求提供智能服务的信息网络，能够主动认知网络自身状态、用户行为和电磁环境，自主实现人-机-物等各类智能要素敏捷高效、安全可靠的泛在智联。

从网络联接的角度看，智能社会中网络联接的对象，可以看作功能各异的智能体，均具有高度智能，这些智能体具备以下特征，一是具有嵌入“大脑”中枢、学习单元、知识库和辅助决策单元的智能结构；二是具备感知、学习分析、自主决策无人控制的自主功能；三是各类智能体间可形成无中心、自主协作、快速重构和能力加强的智能集群。智能信息网络通过将人工智能技术与信息网络技术融合实践，推动信息网络理论方法与关键技术创新发展。与传统网络相比，智能信息网络的核心关键是如何打造构建网络智能，以支撑智能信息网络联接范围由物理域向信息域到知识域拓展。物理域联接包括各类物理终端、业务能力、接入方式等，信息域联接包括对象标识、应用标识、性能指标、时空位置、在线状态等，知识域连接包括各类经过学习训练构建的知识库、语义层级的交互规范，以及各类逻辑抽象的行为表征集等，支持实现人-机-物之间自主交互的变革。

从应用服务的角度看，智能信息网络将是智能社会的人类活动的基础联接支撑，网络智能与各类应用系统深度融合，赋能科学运算、信息传送、能量运载和物质流通等各种能力资源高效运作，为各类用户目标和社会应用提供知识服务，重构生产、分配、交换、消费等经济活动各环节，促进生产方式变革和生产效率大幅提升，支撑和完成大规模社会化协作，推动人类社会全面走向智能化。未来智能社会中各类生产、分配、交换、消费等经济活动各环节，将是以智能体间的高效协同、智慧协作为基础支撑，以满足人类社会智能化发展需求的过程。

2.2 典型特征

自主性将是智能信息网络的本质属性。其本质体现在复杂环境中，在不需要人工干预的情况下，智能信息网络作为行为主体实现网络的自主运行，具有自主学习、自主优化、自主管理、自主演进等典型特征，包括智能体的单体自主、区域自主、全局自主等层次。从运行机理上看，“四个自主”相互支撑，且在网络大脑的支配下，将用户需求快速转化为网络需求，通过智能体自主学习对多域环境进行认知，形成网络自主构建的方案策略，并对方案进行自主优化改进，对网络行为、规划、运维等进行区域或全局的自主管理控制，在新质能力的驱动下实现智能信息网络从初级智能到高级智能的自主演进。

2.2.1 自主学习

自主学习是智能信息网络作为学习主体，通过对多域环境、经验知识进行内在主动、积极有效的分析、建模、训练、评估等，可获得网络知识并应用网络知识，支撑形成并不断提高网络认知能力，使寻址、路由、交互、协同、安全等网络行为能力得到持续提升（网络知识与联接能力，学习方法与决策过程的改进）。自主学习分布于智能信息网络感知、优化、决策、管理、控制、演进等各个环节，贯穿于智能信息网络全生命周期，是智能信息网络自主性的基础支撑。

2.2.2 自主优化

自主优化是智能信息网络根据网络行为主体的目标或指标要求，在一定时空范围的资源、环境、规则等约束条件下，利用模型、算法、规则等网络知识，对网络行为过程中的学习、决策、控制等输出进行多目标联合迭代求解、设计或调整，形成局部最佳的应用方案、策略或方法，以更好满足网络需求，可获得优化的组网方案、学习策略、认知方法等。自主优化的对象、过程、作用与自主学习紧密相关，是智能信息网络确保服务最优的关键手段。

2.2.3 自主管理

自主管理是智能信息网络通过认知获取全局的用户行为、网络资源、安全态势等网络知识，组织、控制、监测网络资源使用、网络服务质量、网络安全防护等各类活动，根据智能节点结构、智能联接结构等采用适当的管理模式方法，基于网络大脑有机统筹节点管理、区域管理、全局管理，达到整体协同、全局优化、全程管控的目标，最大限度地增强网络效能，实现更为敏捷高效、安全可靠的运行，为各类智能体提供高质量的智能服务。自主管理支撑智能信息网络实现自主开通、自主运行，动态适配各类应用场景，自主学习、自主优化是智能信息网络实现自主管理的基础和前提。

2.2.4 自主演进

自主演进是指智能信息网络能够自主演化发展，根据智能联接需求及其自身迭代内在规律，对网络架构、逻辑功能、联接机理进行变革创新，不断从量变到质变获得新功能、新能力，提供新服务、新应用，为阶段目标架构及智能服务应用提供持续发展的新质能力和传统增强能力，通过螺旋式上升的网络认知能力、网络知识应用能力等，智能信息网络架构、网络大脑、联接方式等体系层面实现从初级智能发展演化至高级智能，使信息网络不断朝着智能信息网络目标愿景演进。自主演进是智能信息网络持续发展的内在动力。

2.3 关键能力

2.3.1 新质能力

（1）自主认知

自主认知是指智能信息网络具备主动实施网络认知的能力，即智能信息网络对应用场景、多域环境、联接策略、用户行为等整体认知的能力。自主认知能力的形成贯穿于智能信息网络感知、学习、优化、决策等环节过程。

智能信息网络通过对复杂动态的网络空间进行快速感知，基于在线自主学习及离线先验知识建立场景模型，并对智能体的联接意图进行查询、解析，优化选择合适的寻址路径、交互模式，主动识别、描述、判断干扰、攻击等不可预知的复杂场景，将其快速转变为有效可靠的情景知识、推理策略和应对手段，形成对应用场景进行认知理解的动态连续过程，持续不断地对业务需求与网络资源进行自主匹配、优化调整，并像人一样学习、理解和记忆应用场景及联接策略，使其具有迁移、推理和经验更新的机制，主动适配高复杂、高动态的应用需求。

（2）网络知识联接

网络知识联接是指智能信息网络在不同场景下按需获取网络知识，并有效利用网络知识实现敏捷高效、安全可靠的信息互联能力。网络知识联接能力形成贯穿于智能信息网络自主认知、路由寻址、自主交互、内生安全、管理控制、服务应用等网络行为。

智能信息网络根据认知获取的应用场景，将网络物理空间映射至网络知识空间，综合运用语义理解、知识挖掘、知识整合与更新等技术，基于网络联接的属性和关系构建各类分析、挖掘、策略模型，把大量存在的孤立、异构、碎片的网络空间数据有机组织融合到符合智能体认知方式的网络知识体系中，不断更新、丰富网络知识体系，让网络知识更为容易地被智能体理解与处理，并通过网络知识学习、计算和推理等进行实时的网络联接关系挖掘、路径推演、优化配置操作，将组网策略、抗扰策略、防御策略、重构策略、管控策略等网络知识高效快速地映射到智能体的通信行为、网络行为，有效提升运维管控、服务应用等能力。

（3）群智协同

群智协同是指构成智能信息网络的智能体能够在无中心控制的条件下，通过知识联接自主协作完成多种任务以实现群智资源最大化利用，又能通过群智资源共享实现大规模协作以输出全局最优化结果，支撑形成 1+1>>2 或 $1\times N>>N$ 群体智能涌现效应的协同能力。群智协同能力贯穿于无人系统自主协同、有无人系统自主协同、复杂任务自主协同等组织运用。

智能信息网络通过群智协同能够支撑广域分布在多维网络空间的诸多类别、多层次用户单位、有无人要素之间的知识协同、组织协同、推理协同，促进应用体系自适应能力的生成和联接要素的功能互补，推动多维空间中有无人物质流、能量流、信息流、知识流的立体交互传递、优化组织运用，使各类智能体在组织结构上广域融合，在运行模式上动态自主，在联接能力上效能倍增。

2.3.2 传统增强能力

传统通联能力仍是网络联接的本质要求，新质能力通过以智赋能传统能力增强实现更加泛在、安全、高效、移动的网络联接目标。

（1）泛在融合

通过自主认知获取用户联接需求、网络资源状态等，进行自主协同和动态调整，有效覆盖多维空间，确保光纤、移动、卫星等各类有无线通信手段高效协同、有机融合，实现“用户需求到哪里，网络就动态覆盖到哪里”的广域覆盖要求，有力支撑网络空间与作用领域从物理域、信息域到认知域的全维延伸。

（2）可靠安全

通过采取多种手段方法协同提升通信性能、服务的可靠性，通过行为溯源、主动防御等提升内生安全策略、方法，主动应对已知或未知的各类干扰手段、网络攻击行为，实现智能体的可靠安全联接、协同，确保通联安全可靠。为上层应用系统提供耦合化的业务安全支撑能力，防止网络知识等存储信息的窃取、篡改，确保网络计算存储安全可靠、网络算力高效稳定，实现网络信息的推送、拉取等服务安全。

（3）快速高效

通过认知多域环境获取用户需求、接入方式、拓扑变化等，利用网络知识进行自主交互，基于对象、联接、应用等多维属性有效提升智能体多维寻址效率、快速接入能力、高效适变能力，支持网络拓扑结构的频繁变化、敏捷重构，满足智能体实时联接、无感切换、无缝接入需求，实现智能体快速精准交互、大规模敏捷协作的集群效应。

（4）移动宽带

通过认知多域环境获取智能体的移动性、吞吐量等要求，在满足各类用户需求的条件下优化均衡移动与容量需求，有效提升灵活移动部署能力、动中通联协同能力，增强网络高质量大带宽信息传输能力，满足移动条件下各类智能体之间更高带宽容量、海量联接等需求，实现网随业（业务）变、网随智（智能体）动。

第3章

智能信息网络总体架构与工作原理

网络架构设计是面向网络能力需求，设计网络的总体功能，对网络元素关系构建、交互约束、接口协议、标准规范等内在具体逻辑进行描述、规范和界定。当前，信息网络将从面向人的联接拓展为面向人–机–物的智能联接，技术重心将从信息服务转向智能信息服务，技术能力将从联接信息拓展为联接知识。现有网络在可扩展性、移动性、名址绑定、外挂安全等面临巨大挑战，亟须科学设计智能信息网络体系架构，为建设发展和实践应用提供统一指导和约束。

智能信息网络要实现网络自主学习、自主管理、自主优化和自主演进等典型特征，需要引入具备认知推理能力的人工智能/机器学习策略；与当前传统网络相比，智能信息网络所涉及的网络节点类型更多、信息属性更加复杂，涉及的种类多样、数目众多，数据分析、处理、存储、传输的要求更高；既要考虑兼容现有设备，又要考虑未来发展演进。本节通过把网络认知和网络知识纳入到智能信息网络架构设计中，能够对电磁环境、网络状态、用户行为进行理解与学习，具备语言交互能力和认知推理能力，智能适应电磁环境、网络状态、用户行为动态变化，具备高级智能并可以实现新架构的动态重构。

3.1 智能信息网络体系架构

智能信息网络作为一种行为主体实时主动地对网络状态、用户行为、外部环境等多域信息进行认知学习，形成具有特定内涵的网络知识，基于对象、联接、应用的多维标识和智慧寻址，以一种拟人化的通用自然语言进行网络知识交互和推理，生成一种面向未知攻击的行为溯源和主动防御的内生安全体系，实现“万物”高效、安全、可靠的泛在智联与协同。

智能信息网络的体系架构，为特定的应用提供统一的参考模型，可根据不同的应用场景进行调整重构，为整个网系的软硬件应用系统架构设计提供基本参考，同时，促进网系建设、软硬件设计、接口协议标准规范等统一规划、标准化设计，以利于各类设备、网络、数据、用户接口、互操作性等综合考虑。

3.1.1 功能架构

智能信息网络具有如图 3.1 所示的三面（四层–两环）逻辑功能架构，三面包括服务联接面、网络认知面、管理控制面；四层包括物理层、链路层、网络层、应用层，位于服务联接面；两环包括网络认知环和管理控制环，其中，网络认知环位于网络认知面，由多域感知、学习分析、网络知识构成闭环过程，管理控制环位于管理控制面，由管理决策、控制执行、评估优化构成闭环过程。

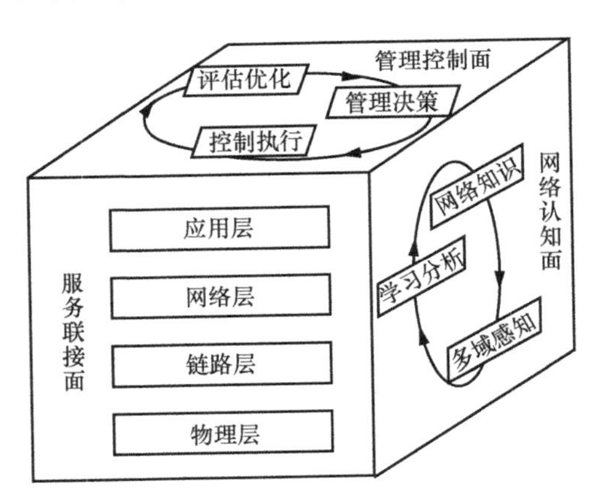

图 3.1 智能信息网络的功能架构

3.1.1.1 服务联接面

服务联接面实现智能信息网络联接功能，为各类用户提供服务应用，包括物理层、链路层、网络层、应用层。

物理层为链路层实体之间进行比特传输提供物理联接所需的机械、电气、光电转换和规程手段，其功能包括建立、维护和拆除物理电路，实现物理层比特流的透明传输等。无线网络物理层的功能特性应包括网络使用频段与带宽、每个频段可安排的信道数量、采用的无线传输介质和无线接口技术、编码复用与调制方式以及天线配置技术等。

链路层为网络实体之间建立、保持和更改数据链中的联接，提供在物理链路上进行可靠的数据传输条件，包括数据完整帧的建立、自动纠误、收发同步以及链路层流量控制，实现点对点或多点数据传输与控制。

网络层主要基于对象、联接、应用多维标识实现网络中智能体的寻址、路由和控制，建立智能体之间的联接，满足各种任务驱动的网络服务需求、多端对多端的智能体联接需求等。

应用层面向无人系统、人工智能设备等应用终端的使用需求，提供高效的、差异化的用户服务，支持按需使用的网络智能服务。

3.1.1.2　网络认知面

网络认知面的功能组成如图 3.2 所示。网络认知面是支撑形成智能信息网络“智”的基础，通过“多域感知–学习分析–网络知识”闭环过程，实现跨层的网络知识生成和应用。网络认知面通过对物理层、链路层、网络层、应用层进行感知，形成电磁环境域、网络状态域、用户行为域特征信息，经过学习分析，形成分级分类分区域网络知识，支撑网络主动适应内电磁环境变化。

多域感知通过数据采集、数据预处理、多域特征信息生成获取电磁环境域、网络状态域、用户行为域中的特征信息。电磁环境域特征信息包括无线信号特征、链路质量、频谱空穴等；网络状态域特征信息包括网络流量、网络拓扑等；用户行为域特征信息包括用户偏好、业务类型、服务质量等。

学习分析通过学习分析模型管理、学习分析模型选择、学习分析模型训练等实现针对不同场景需求的学习分析模型构建，能够支持在线学习和离线学习。学习分析模型管理主要完成学习模型的添加、删除、更新等操作，支持人机交互；学习分析模型选择主要根据用户联接需求、网络安全需求、数据传输需求、网元移动性特点等，自主选择相适应的学习分析模型；学习分析模型训练完成实际的数据计算。

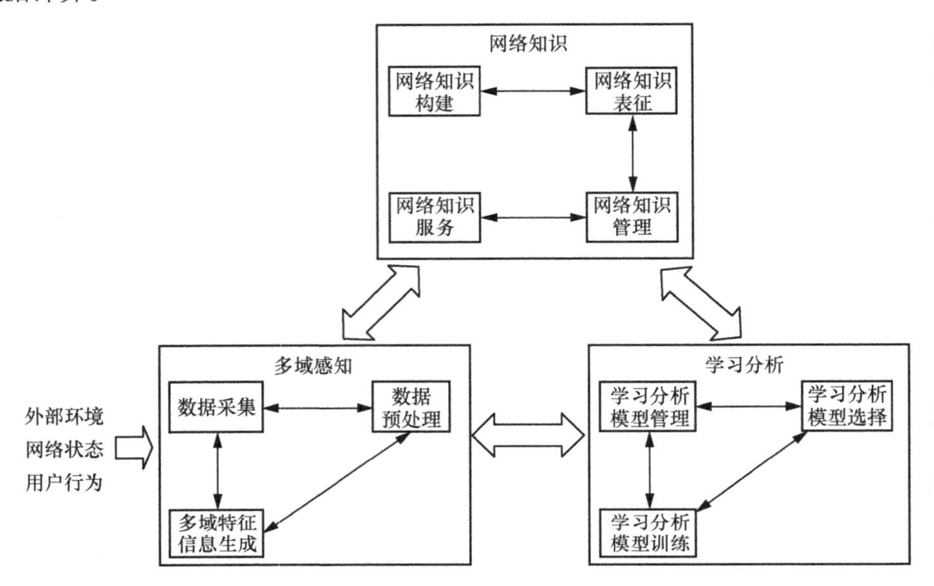

图 3.2　网络认知面的功能组成

网络知识通过网络知识构建、网络知识表征、网络知识管理、网络知识服务实现网络知识的统一表征。网络知识构建主要面向不同的服务需求实现网络知识分级分类、网络知识空间构建，实现网络知识内容的快速生成，以支持网络利用网络知识以达到路由寻址、管理控制、内生安全等；网络知识表征主要完成对网络知识的结构、方式和内容的标识，实现网络知识形式化描述；网络知识管理主要完成通信资源受限下的网络知识存储、融合、验证等，确保网络知识的一致性、准确性和完整性；网络知识服务提供知识计算、语义搜索等能力支持，实现网络知识推理、网络知识高效分发和按需获取等功能。

3.1.1.3　管理控制面

管理控制面的功能组成如图 3.3 所示。管理控制面是支撑形成智能信息网络“智”的手段，通过“管理决策–控制执行–评估优化”闭环过程，实现网络的智能管控。管理控制面能够根据当前网络内电磁环境的变化，基于网络认知面形成的网络知识进行在线/离线规划和动作，控制服务联接面完成通信对象的联接。

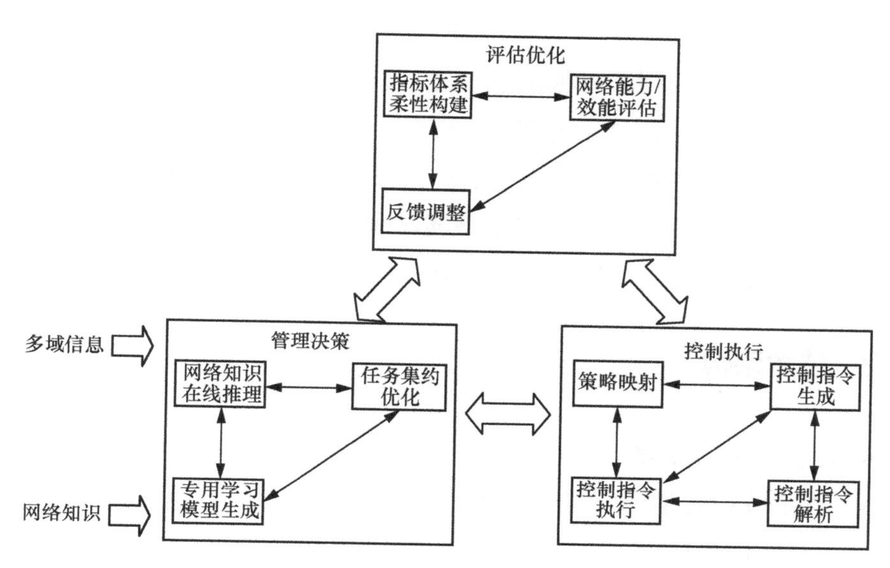

图3.3 管理控制面的功能组成

管理决策基于多目标优化方法、知识推理等，通过专用学习模型生成、网络知识在线推理、任务集约优化，实现网络资源、用户需求、移动性等多约束条件下的推理、规划等，最大限度地满足用户对信息容量、可靠传输、时效性等服务质量的使用要求，同时尽可能提高网络资源的利用效率，完成网络联接策略、内生安全策略、时空频域综合抗干扰策略等网络调整策略的生成。网络知识在线推理主要完成案例、模型、规则等匹配和修正，以及网络调整策略的在线推断；任务集约优化是基于网络知识完成可用资源、用户等级、网络容量等约束下的网络服务质量、网络联通度、用户满意度等优化目标的求解；专用学习模型生成是完成适合不同场景下学习模型的生成。

控制执行通过策略映射、控制指令生成、控制指令解析、控制指令执行，实现物理层、链路层、网络层、应用层的参数重配置，调整控制网络重构元素，进行协议重组、拓扑变化和资源重组等，完成网络的重配置，保证整个网络安全、高效、不间断运行。策略映射是完成将网络调整策略到网络联接面4个层中参数调整方案；控制指令生成是根据4个层参数调整方案完成控制指令的生成；控制指令执行是根据控制指令完成协议重组、拓扑变化和资源重组等。

评估优化主要围绕网络的自主认知能力、知识域联接能力、群智协同能力、网络联通效能等，通过指标体系柔性构建、网络能力/效能评估、反馈调整，建立评估指标体系、评估模型，实现对网络联接策略、网络安全策略、综合抗干扰策略等网络调整策略的评估，并根据当前网络能力/效能的定量值，判断是否需要网络重构，以作为管理决策执行的依据。指标体系柔性构建是根据不同任务、用户需求等，快速构建评估指标体系；网络能力/效能评估是在执行网络调整策略后，完成网络的实际能力/效能评估；反馈调整是根据评估结果，完成反馈调整方案的制定。

3.1.2 技术架构

网络认知是智能信息网络“智”的基础支撑，即使得网络作为行为主体，能够对内外部多域对象进行感知学习分析和决策，其认知过程是获得网络知识或应用网络知识的过程，主要涉及多域感知技术、学习分析技术、优化决策技术等。其技术架构如图 3.4 所示。

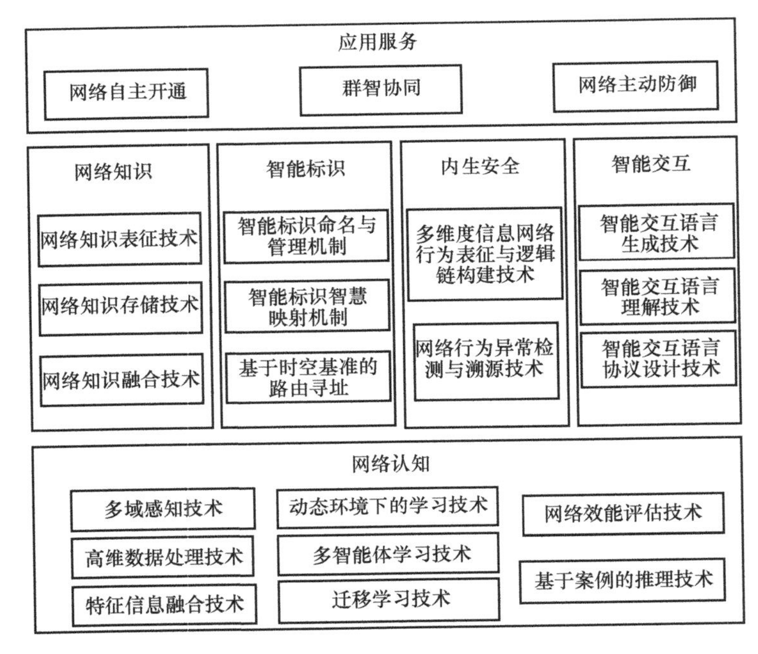

图 3.4 技术架构

网络知识是网络“智”的载体，主要研究用于智能体间相互统一理解的网络知识的形成和构成，对外部环境、用户行为和网络状态等多域空间，经过网络认知后如何进行表征，形成基于不同应用、不同对象、不同联接等层次化、结构化知识体系机理，主要涉及知识抽取技术、知识表征技术等。

标识是智能识别的符号，主要研究基于统一时空的具备对象、联接和应用等特征的多维标识的总体设计思路，如何为智能体打上对象、联接、应用的标签并进行高效联接，解决知识传递、识别、辨别和形象传递等拟人化交互问题的思路方法，主要涉及多维标识命名实现方法、多维标识智能映射等。

语言是智能交互的媒介，主要研究面向智能体的交互语言总体设计，描述交互语言为智能体自主交互提供共用工具，以及对网络知识的准确表征和约定的过程，主要涉及交互语言指令理解、交互语言指令生成等。

安全是主动防御的基石，主要研究内生安全的概念内涵、总体设计思路，以及与网络知识、多维标签与自然交互语言体系之间的内含关系描述，主要涉及未知恶意网络行为检测、未知网络攻击溯源等。

3.2　科学问题

人类对网络空间的认识理解是从感知到抽象、抽象到具体、具体到认知的发展过程。智能信息网络经过网络认知获取网络电磁环境、网络状态、用户行为中的特征信息，经过学习分析，统一表征后，获得网络知识，进而利用自然语言实现各类智能体之间基于网络知识的传输、交换与共享。智能信息网络具有以下三个科学问题待于突破。

（1）构造“网络认知”理论方法

智能信息网络的核心是如何实现网络的“智联”，其中“智”是基础，“联”是目标，如何构造“网络认知”理论方法，使之能够支撑网络作为行为主体，实现对客观环境和网络自身状态的主动认知，使网络具备认知智能，能够通过认知实体对网络空间通过认知交互的行为过程，形成认知映像，这是一个需要解决的科学问题。

（2）构造“网络知识”体系

知识是在改造自然界和人类社会的实践活动中，不断积累总结出正确的认识和经验，主要包括对事物本质、属性、状态的认识和解决问题的方法。一般来说，知识的价值在于实用性，以能否让人类创造新物质，得到新能力等为考量。本质上，知识也可以作为智能体交互的基础。在智能信息网络空间，可否形成能够支撑网络自主运行能力的“知识”，形成“网络知识”体系，这是一个需要解决的科学问题。

（3）构造“交互语言”体系

自然语言是人类智慧的结晶，其单词边界、句法模糊、词义多重性等，人与人之间能够正确描述和表达人类意图，是人类高等智能之间交互的桥梁，是长期演化的结果。如何在智能信息网络空间构造智能体直接统一的“交互语言”体系，构建可正确表达人–机–物之间相互理解、交互和共识的“语言”，这是一个需要解决的科学问题。

3.3 智能信息网络构成要素

3.3.1 元智能

元智能是具有多域感知、学习优化、策略生成等功能的最小逻辑单元，是智能信息网络实现网络智能的基本功能实体。元智能不断通过“感知、学习、知识、决策”闭环过程，认知智能体所处的局部环境，控制智能体主动调整自身行为，使智能体始终工作在最优状态。元智能功能组成如图 3.5 所示。

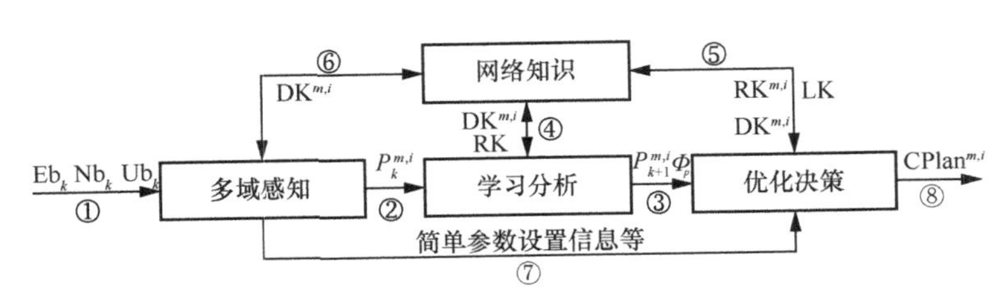

图 3.5 元智能功能组成

各单元交互关系如下。

① 表示多域感知单元从电磁环境域、网络状态域和用户行为域获取多域特征

数据。

② 表示多域感知单元将多域特征数据转化为多域特征信息，并传输给学习分析单元。

③ 表示学习分析单元对多域特征信息进行学习训练，获得可具体表征网络内外部环境的多域态势信息，传输至优化决策单元。

④ 表示学习分析单元提供多域态势信息等网络知识；网络知识单元为学习分析提供待训练的学习模型及训练所需相关的网络知识。

⑤ 表示网络知识单元为优化决策单元提供多域特征信息、映射关系等相关知识；优化决策单元将决策方案提供至网络知识单元。

⑥ 表示网络知识单元为多域感知提供需要感知的多域特征参数，并指导优化感知方法；多域感知单元将多域特征信息提供给网络知识单元。

⑦ 表示对于简单场景，多域感知单元获取的多域特征参数可直接用于生成决策方案。

⑧ 表示优化决策单元输出抗干扰策略、安全策略等方案。

3.3.2 智能体

智能体是智能信息网络中嵌入元智能逻辑结构的网络功能实体，包含智能信息网络中具备用户终端、路由交换、运维管理等功能的各类网元。智能体通过嵌入具有由多域感知、学习优化和策略生成等功能的元智能逻辑结构，与网络知识管理与分发、标识与路由寻址、交互语言、内生安全控制等模块，共同实现面向无人系统、人工智能设备等各类网络要素智能联接、控制与服务，是实现智能信息网络群体智能的基础。

从网络联接的角度，可将网络智能体按功能抽象为四类：Ⅰ类是智能终端类智能体，包含网络中的各种通信终端、传感器等；Ⅱ类是智能路由交换类智能体，包含交换机、路由器、网桥等具备路由交换功能的网络设备；Ⅲ类是智能管理控制类智能体，包括各种网络管理控制设备等；Ⅳ类是综合类智能体，兼备智能终端、智能路由交换、智能管理控制两种以上功能的设备。

3.3.3 网络大脑

网络大脑，是基于网络认知、网络知识和自然语言交互等功能形成一种“类人脑”的复杂逻辑系统，具备面向智能组网的感知、学习、知识、决策、行动、评估等不同层级的逻辑功能，物理形态上由四类智能体自主联接而成，实现人-机-物的泛在智联和自主交互，通过定制化服务于工业、农业、金融、能源、交通、国防等各类行业应用。Ⅰ/Ⅳ类智能体可以视为网络大脑的神经末梢，实现信息的产生和消费功能，Ⅱ/Ⅳ类智能体可以视为网络大脑的神经元，实现信息的转发传输功能，Ⅲ/Ⅳ类智能体可以视为网络大脑的神经中枢，实现各类管理控制功能，无线通信、光纤通信等技术可视为神经纤维，实现信息的传输通道功能。网络大脑的分级分布式部署模式体现了“去中心化”的发展趋势。

网络大脑实现的关键技术包括网络认知理论与模型、网络知识体系、自然语言交互体系、多维标识体系，以及数字孪生、大数据、云计算、边缘计算、群体智能等技术。

3.4 智能信息网络工作原理

针对用户应用需求，智能信息网络面向各类物端的网络联接，从本质上看，仍然与其他类型的网络一样，主要完成两类基本功能：一是将各类用户高效接入到网络（有线、无线通信技术），这里的用户大多为各类异构的无人终端设备，网络包括基于光纤等有线网络，地面移动、物联等无线移动网络，高中低轨卫星通信网络、升空平台网络，以及小规模局域网等信息网络；二是实现入网用户快速找到彼此（寻址、路由交换技术）。

3.4.1 功能架构交互关系

网络认知面对服务联接面进行认知形成网络知识，管理控制面依据网络知识对服务联接面进行动态管控，各功能之间存在交互关系，共同实现智能信息网络

“智”的联接。

智能信息网络各功能的信息交互如图 3.6 所示，多域感知可向学习分析、网络知识、管理决策、评估优化、控制执行提供无线信号特征、频谱空穴等电磁环境特征信息，网络流量、网络拓扑等网络状态特征信息，用户偏好、业务类型等用户行为特征信息；学习分析可向多域感知、管理决策、网络知识、评估优化、控制执行提供在线/离线的学习分析模型，比如移动预测模型、网络安全行为学习模型、神经网络模型等；网络知识可向多域感知、学习分析、管理决策、评估优化、控制执行提供数据信息型、关系计算型、逻辑决策型网络知识；管理决策可向控制执行、网络知识提供网络调整策略，比如网络联接策略、网络抗干扰策略等；评估优化可向管理决策、网络知识提供网络调整策略的评估结果；控制执行可向物理层、链路层、网络层、应用层提供重配置方案。

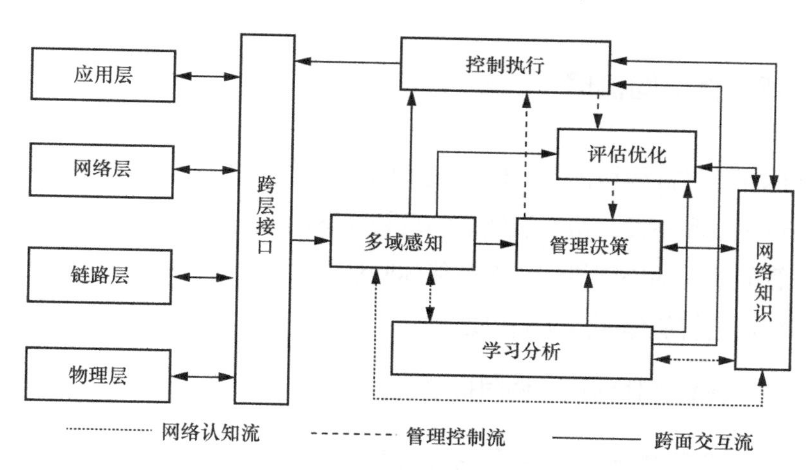

图 3.6　功能的信息交互

智能信息网络各功能的反馈控制如图 3.7 所示，学习分析、网络知识、管理决策、评估优化、控制执行向多域感知提供反馈控制信息；多域感知、网络知识、管理决策、评估优化、控制执行向学习分析提供反馈控制信息；多域感知、学习分析、管理决策、评估优化、控制执行向网络知识提供反馈控制信息；控制执行、网络知识向管理决策提供反馈控制信息；网络知识、评估优化、物理层、链路层、网络层、应用层向控制执行提供反馈控制信息；管理决策、网络知识向评估优化提供反馈控制信息；多域感知向物理层、链路层、网络层、应用层提供反馈控制信息。

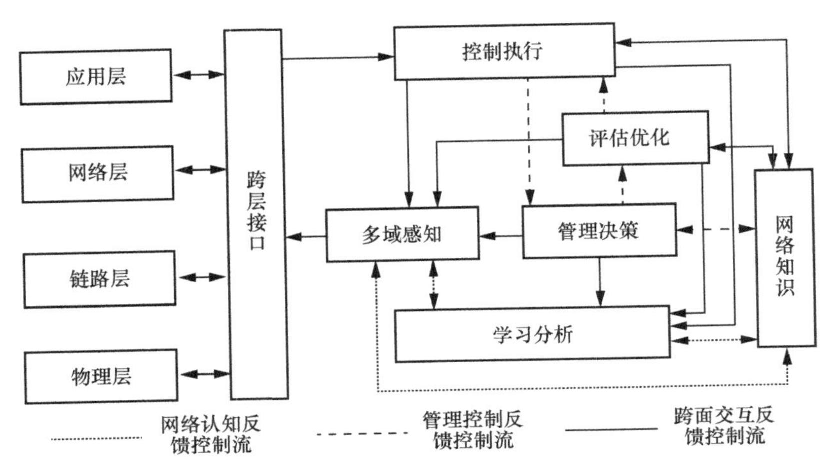

图 3.7　功能架构的反馈控制

3.4.2　智能体协同机理

智能体间通过高效协同，共同实现多域信息的认知并辅助多智能体、区域、全网的决策生成和下发，协同认知是实现智能体间群智协同的基本原理，接下来按照两个智能体间的协同机理、多智能体间认知协同、区域认知协同、全网认知协同来详细描述智能体间的协同机理。

3.4.2.1　多智能体间认知协同机理

在无控制设备参与的条件下，智能信息网络局部的网络设备和终端设备可自组织形成协同网络，利用自组织交互的方式，实现局部认知协同，从而共同完成某一任务。多智能体自组织交互模型如图 3.8 所示，为了实现智能体间协同，Ⅰ类、Ⅱ类智能体和具备路由转发或终端功能的Ⅳ类智能体之间通过交互信息流实现交互信息的传递，交互信息利用网络的信令信道传递，交互信息包含用于协同认知的网络知识、进行协同认知的控制指令和请求消息等。通过多智能体自组织协同能形成局部非中心的分布式网络认知能力，使智能信息网络具备网络自适应能力，以及小范围区域智能化应用下的、基于网络认知的自主组网和运行能力。

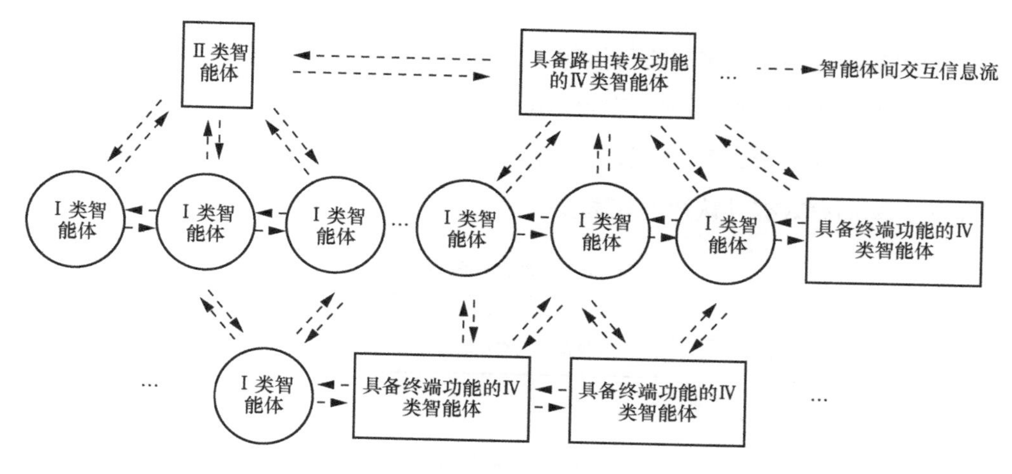

图 3.8　多智能体自组织交互模型

智能体间的交互信息流采用基于 ACK 机制的交互方式，在占用少量信令信道传输反馈信息的条件下，确保信息的准确接收和交互流程的顺利进行。多智能体间协同交互主要通过基于交互语言的格式化约定语段（第 7 章详细论述）和反馈信息构成，每次智能体接收交互信息后，反馈一条 ACK 信息，直至接收最后一条交互信息，最后一条交互信息中包含以交互语言表征的交互结束的标识语，接收方智能体在解析信息中的标识语后，反馈最后一条交互信息确认交互流程结束，从而实现交互双方的信息交互过程，解除握手。整个交互过程按照交互协议实现，智能体间通过点对点、点对多点等方式进行交互，交互信息的发送和接收根据设备能力的不同，可以采用全双工、半双工等方式进行，具体过程如图 3.9 所示。

在没有Ⅲ类智能体参与的条件下，多个Ⅰ、Ⅱ类智能体和具备路由转发功能、终端功能的Ⅳ类智能体可以通过自组织的方式进行网络局部的协同认知，形成网络配置方案，提升网络运行效能，同时，使网络具备更高的抗毁性。从参与协同认知的单个智能体角度看，多智能体间自组织认知协同流程如图 3.10 所示。

从图 3.10 中可以看出，多智能体自组织协同过程在每个智能体间可以划分为 20 个步骤，其中，某一智能体首先根据网络连接需求发起协同认知指令，参与协同认知的其他智能体接收指令，接收解析后首先对知识进行匹配查询，确认本地是否有可用策略，若有则交付执行，若无则各个智能体启动元智能进行感知、学习，形成新的网络优化策略交付执行，并同时将感知、学习过程获得网络环境参数、对应的决策等网络知识进行存储用于下次调用。协同认知的过程，智能体基于交互语言的交互参数条件、计算结果、算法公式等信息，实现分布式的多边计算能力，从而有效提升认知的效率。

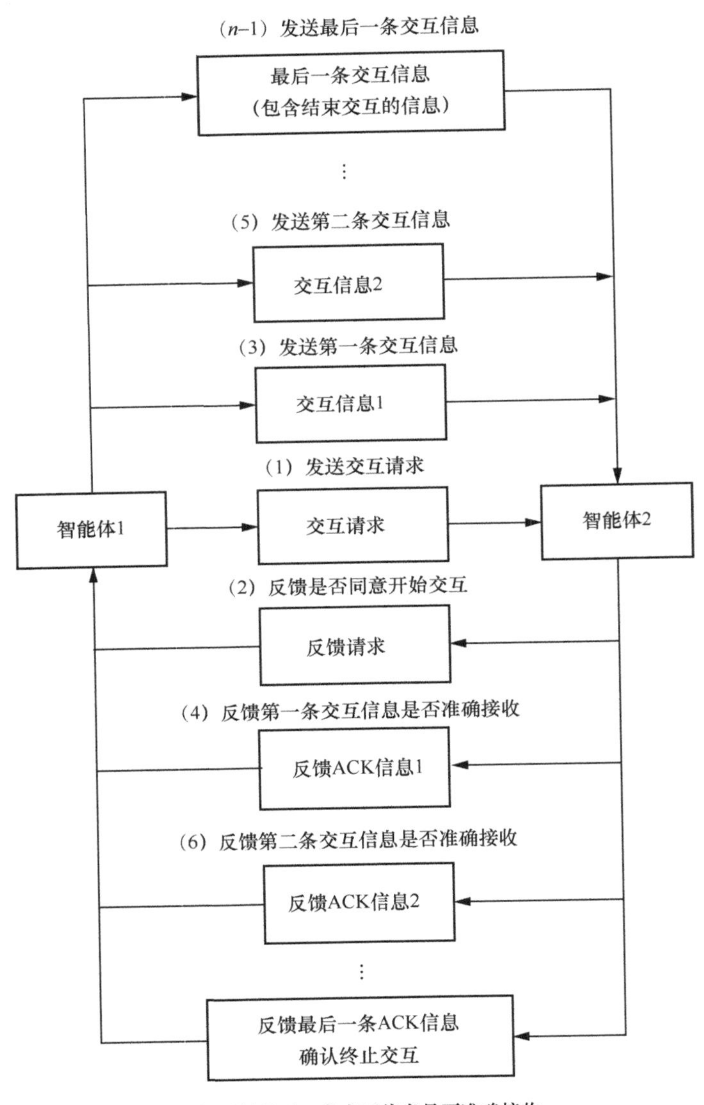

图 3.9　多智能体间自组织协同交互过程

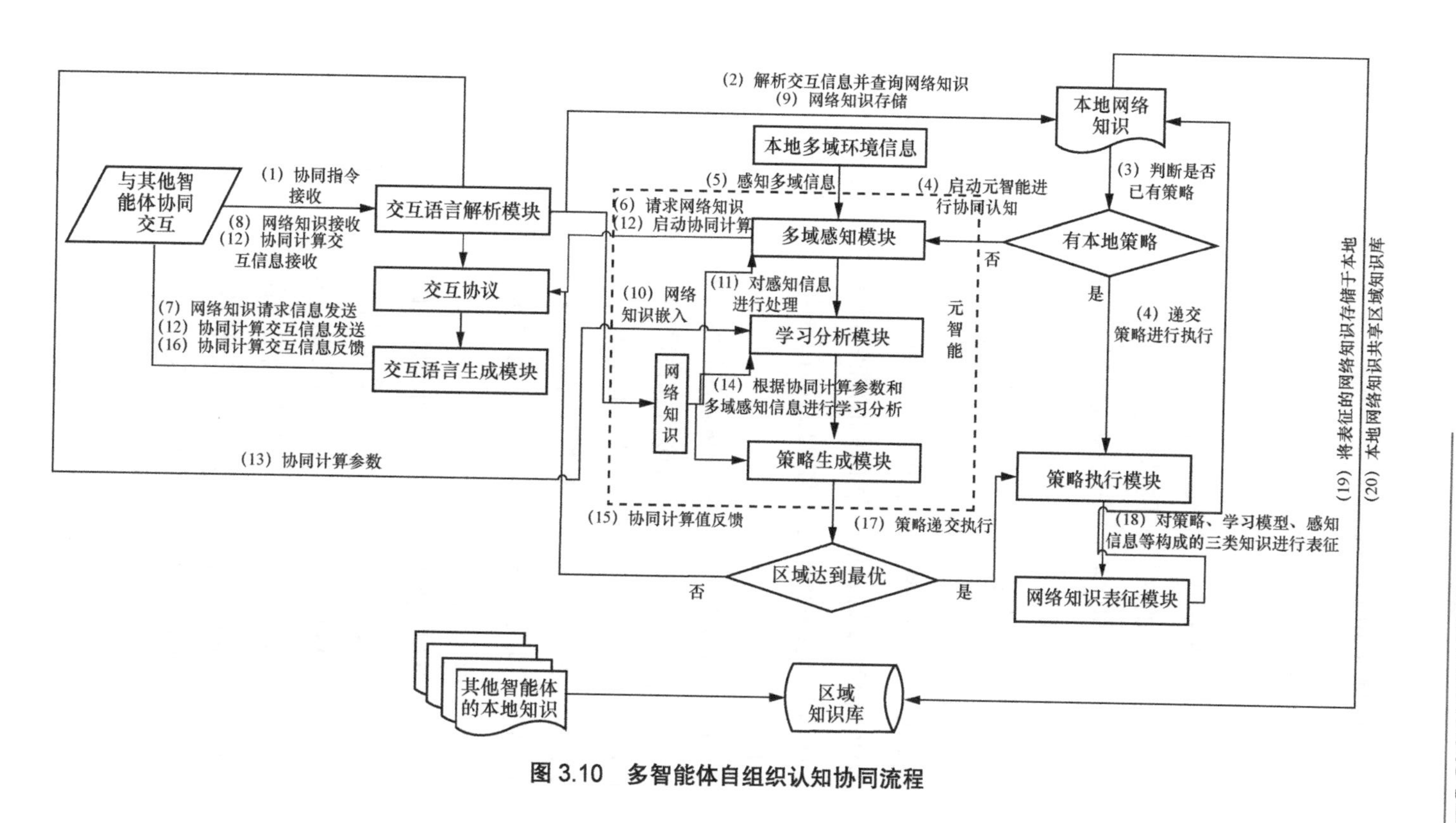

图 3.10　多智能体自组织认知协同流程

3.4.2.2 区域认知协同机理

Ⅲ类智能体和具备网络控制功能的Ⅳ类智能体与其他智能体可通过分层级联方式组网形成局域网，局域网的控制中心为某一具备网络控制功能的Ⅲ类或Ⅳ类智能体，该智能体受上级控制智能体的控制。这种场景下，智能信息网络构成基于中心控制的区域协同认知网络模型，该模型如图 3.11 所示，从图中可以看出，区域认知中心由作为区域网络控制中心的智能体担任，在下发控制指令给区域的Ⅰ、Ⅱ类智能体并接收其反馈信息的同时，还可以接收上层控制智能体的指令作为生成区域认知网管指令的参考，区域协同认知模型中的受控网元为Ⅰ、Ⅱ、Ⅳ类智能体和Ⅰ、Ⅱ、Ⅳ类智能体组成的自组织协同网络。区域协同认知模型中包含三类信息流，即非网络控制智能体间的交互信息流、区域网络控制智能体与其他智能体间的控制指令与反馈信息流、上层网络控制智能体发往区域网络控制智能体的控制信息流。模型中的区域协同认知流程如图 3.12 所示。

从图 3.12 中可以看出，区域协同认知分为 19 步，整个过程与多智能体协同认知过程相似，区别主要在于，区域认知协同中，参与的智能体除了终端类型智能体（Ⅰ类）和路由、交换类智能体（Ⅱ类）外，还涉及区域控制中心——网络管控类智能体，参与认知的Ⅰ、Ⅱ类智能体间交互的同时，还受到区域中心的控制，是分布式与中心式结合的协同方式。与此同时，网络知识通过本地知识库的存储和汇聚，形成区域网络知识。

区域协同交互过程如图 3.13 所示。Ⅲ类智能体通过广播方式周期性下发指令，周期开始前规划连接的受控智能体的反馈信道，并将反馈信道信息封装至下发的指令中，各智能体解析后，通过各自的返回信道反馈 ACK 信息和其他请求信息，同时，对于受控于某一区域（占有该区域网络资源）的多智能体自组织集群网络，由选出的群首（选择相对信令信道相对空闲的智能体）接收区域控制中心的指令和反馈信息，每个周期可以采用选择不同的群首与控制中心交互，以提升网络效用。

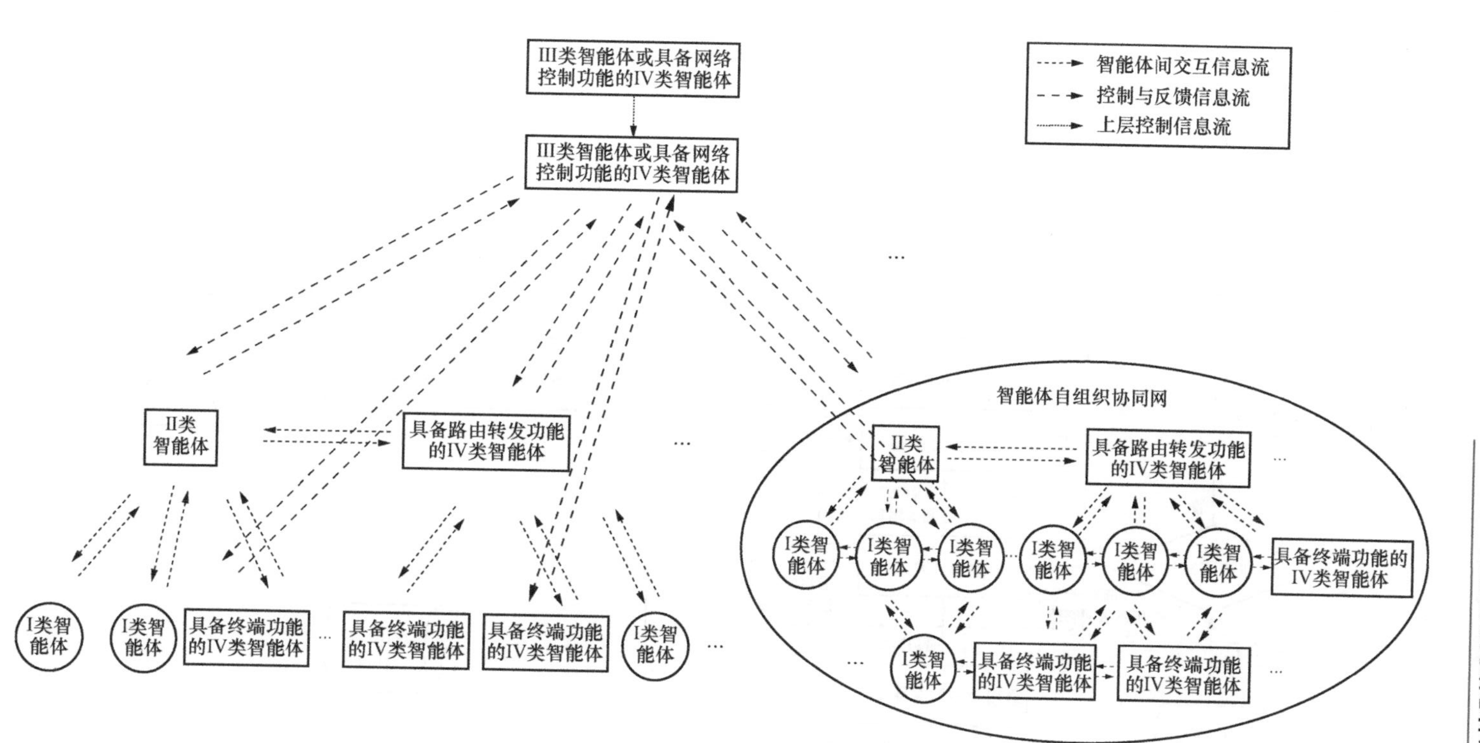

图 3.11　区域协同认知网络模型

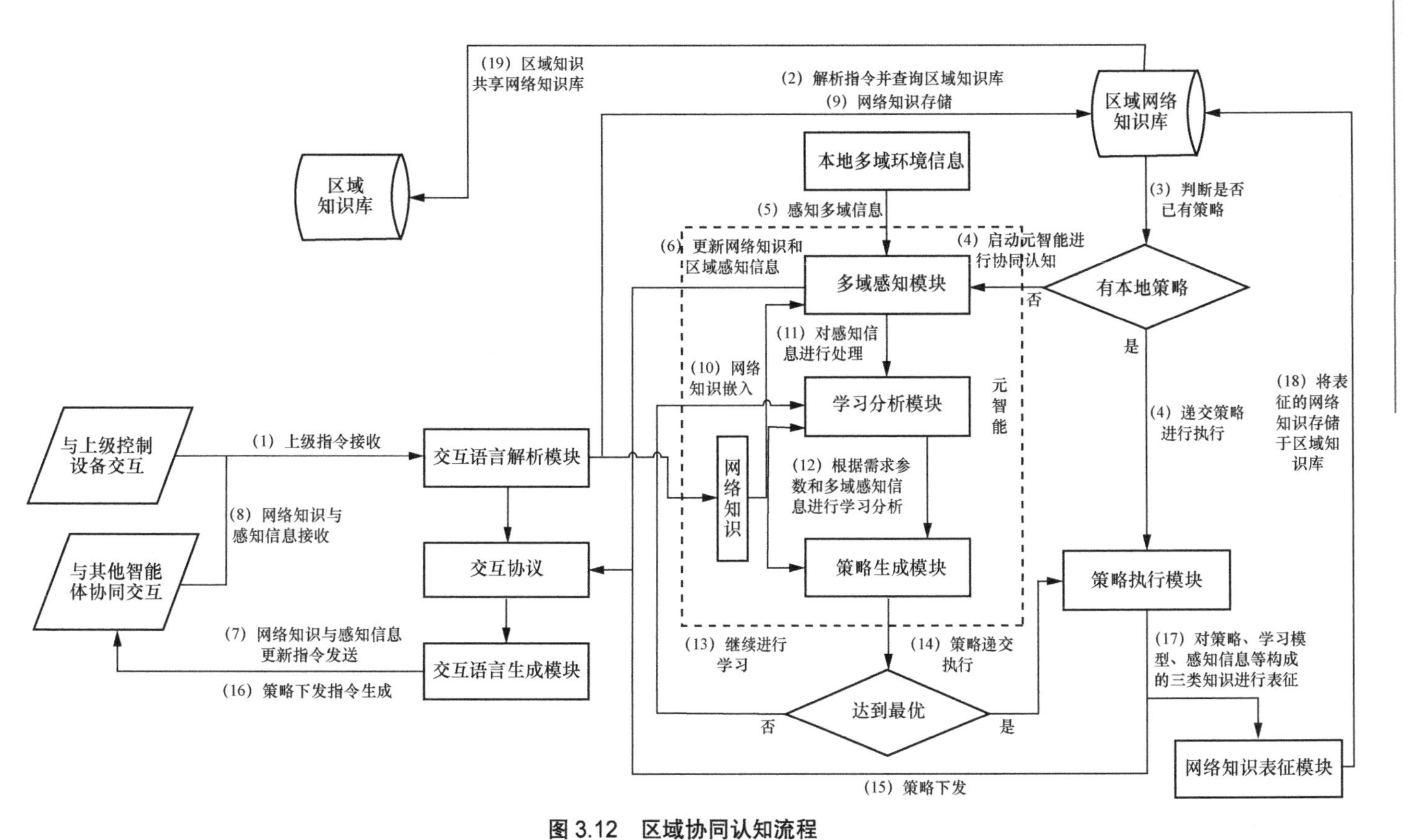

图 3.12 区域协同认知流程

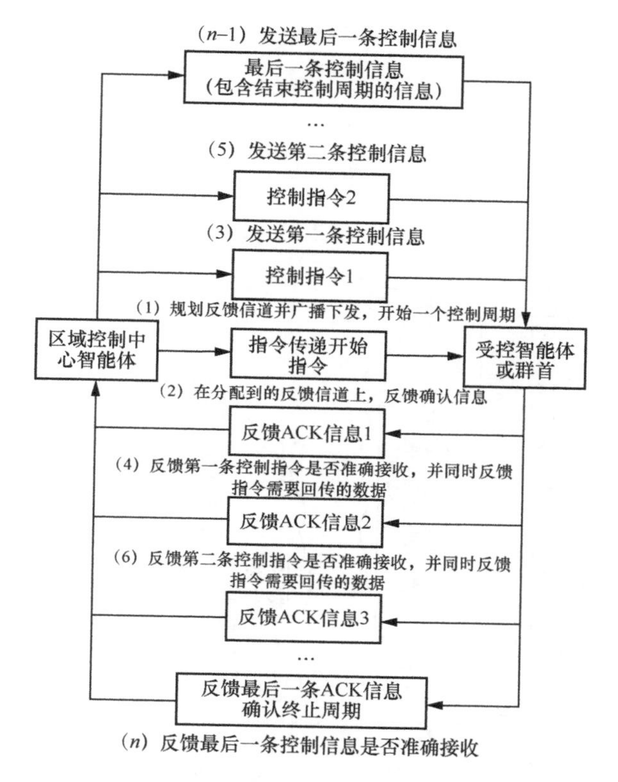

图 3.13　区域协同交互过程

3.4.2.3　全局认知协同机理

智能信息网络是由四类智能体构成的分级分布式网络，全局认知过程由各区域认知协同过程汇聚形成，全局协同认知网络模型如图 3.14 所示，全局协同认知主要由网络大脑和区域中心协同完成，其信息流包含两种，组成网络大脑的网络控制智能体间的交互信息流和上下层控制设备间的控制与反馈信息流。模型中的全局协同认知流程如图 3.15 所示。

从图 3.15 中可以看出，全局协同认知流程由 19 步组成，整体过程也与多智能体认知协同过程一致，其中，顶层智能体由多个 III/IV 类智能体中选出承担单次认知协同交互意图中的网络中心，也可以采用多个中心的方式，实现多边网络控制。全网的网络需求由多个区域汇聚而成，网络协同主要在顶层中心智能体和区域中心智能体之间进行。

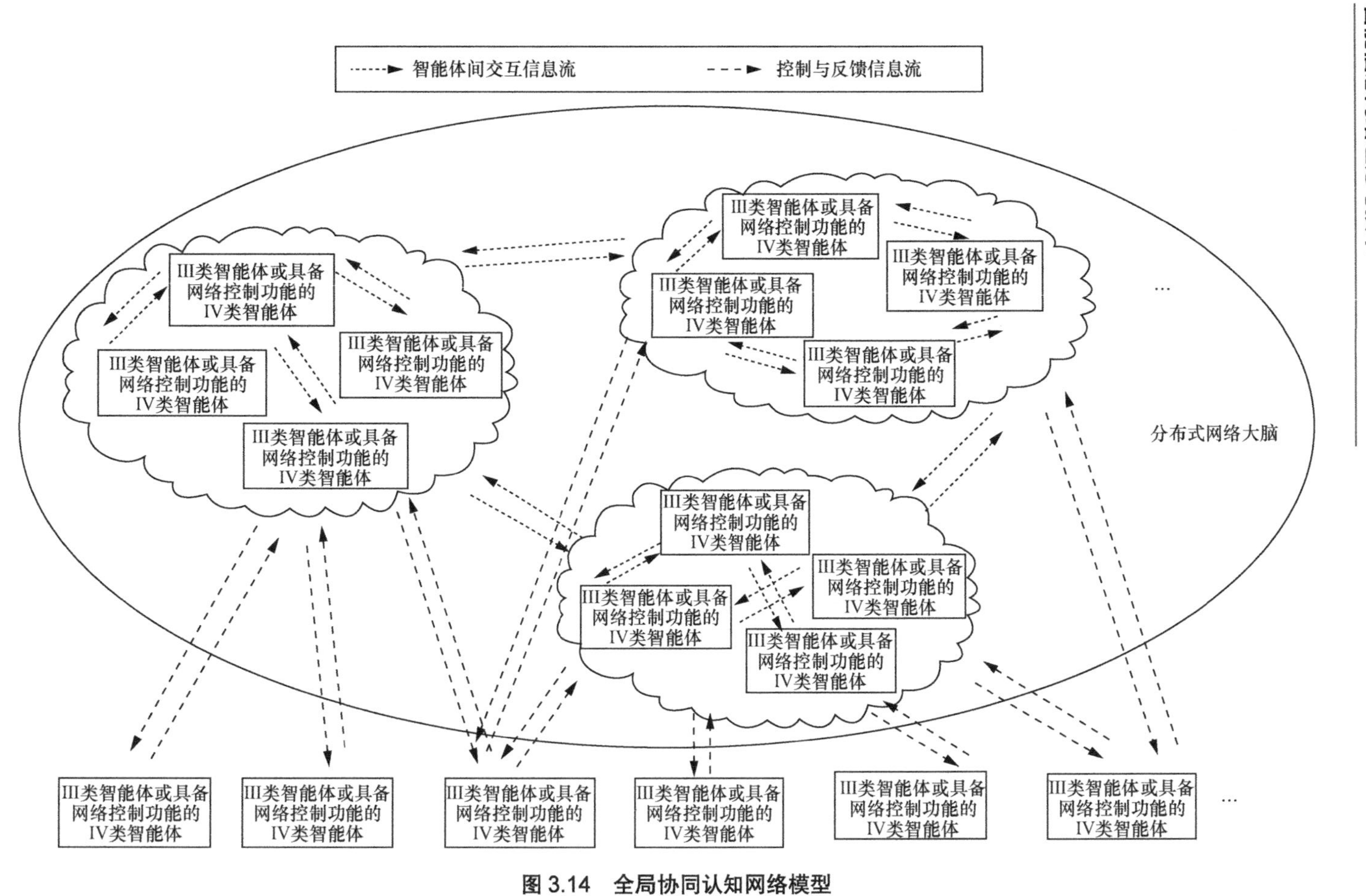

图 3.14 全局协同认知网络模型

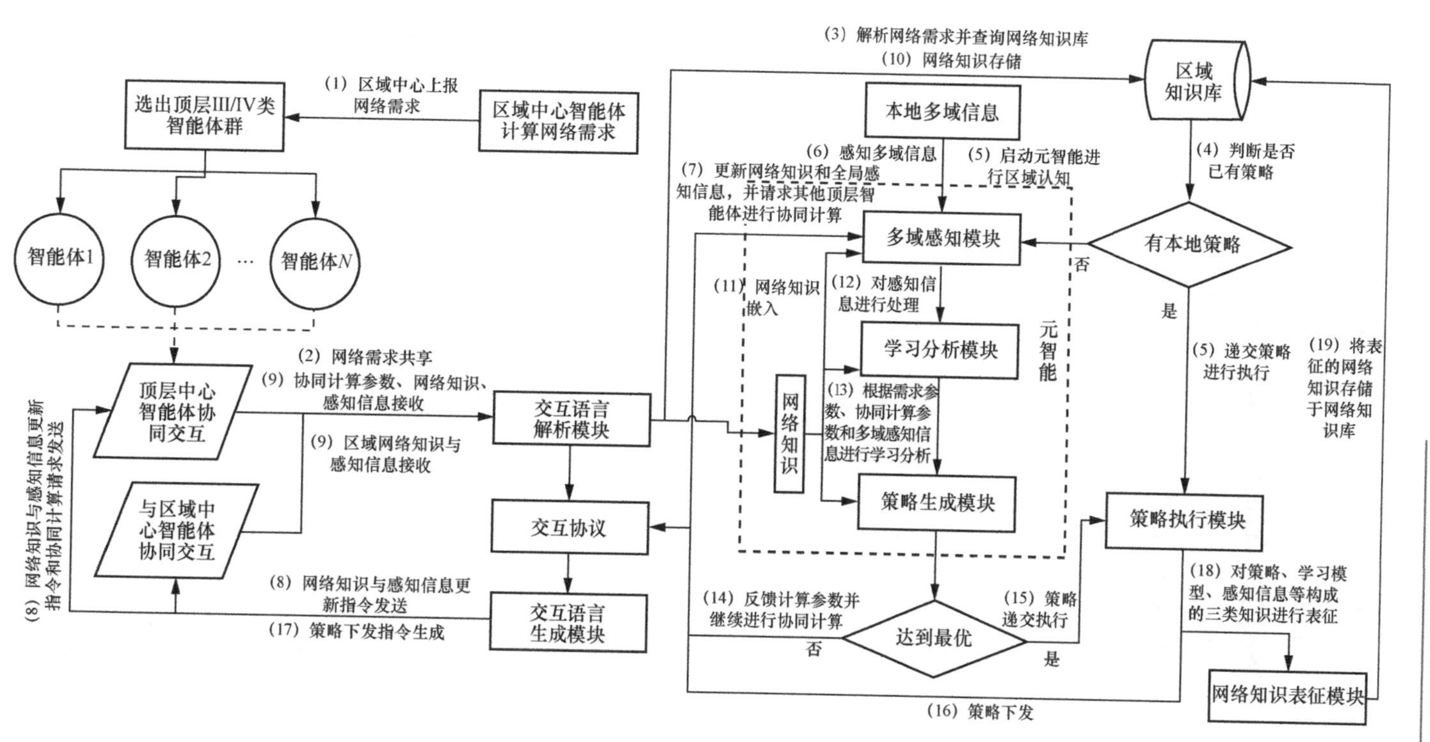

图 3.15　全局协同认知流程

顶层智能体间的智能体交互过程与图 3.9 类似，顶层智能体与区域中心智能体间的交互过程与图 3.13 类似。上层网络控制智能体采用广播方式下发指令，指令中包含各下层网络控制智能体的返回信道参数，下层智能体按照分配的返回信道返回 ACK 信息和其他交互信息。全局认知下发的策略，用于产生区域协同认知上层指令，作为各区域认知的指令生成的输入和参考信息。

第4章

智能信息网络认知理论与模型

4.1 网络认知概念内涵

认知是指人们通过思维活动（如形成概念、知觉、判断或想象）获取知识、认识客观世界的信息加工活动。概念、知觉、判断或想象等认知活动按照一定关系组成的功能系统，从而实现对个体认识活动的调节作用。

网络认知是指网络感知内外部信息，形成网络知识的信息加工活动，是智能信息网络大脑构建的基础。其内涵是以网络为认知主体，认知（如通过感知、学习、分析、加工等）其所处的电磁环境、自身状态和用户行为等多域信息，形成网络知识的系列活动，感知、学习、分析、加工等按照一定关系组成功能系统，使网络能够实时精准掌握电磁环境、自身状态和用户行为变化，为智能信息网络快速响应、敏捷重组、动态适配等提供支撑。

4.2 网络认知模型及架构

4.2.1 网络认知模型

网络认知模型的核心部分是多域感知、学习分析、网络知识和优化决策。借鉴复杂适应系统理论，网络认知模型可以看作“刺激–反应”的基本功能。通常，基于“刺激–反应”环境交互模型可以采用如下描述方法，如果重要用户试图接入受限链路传送数据，便分配资源。这里的刺激就是“重要用户接入”，而反应则是“分配资源”。类似地，对于“普通用户”的反应则可能是“拒绝接入”。在此，电磁环境、网络状态和用户行为等多域信息形成外界刺激因素，而反应则是优化决策的实施方案策略。网络知识是对多域信息特征进行学习分析的统一表征，主要包含电磁环境、网络状态和用户行为特征信息，其网络知识部分包含于网络认知模型内部，如图 4.1 所示模型。

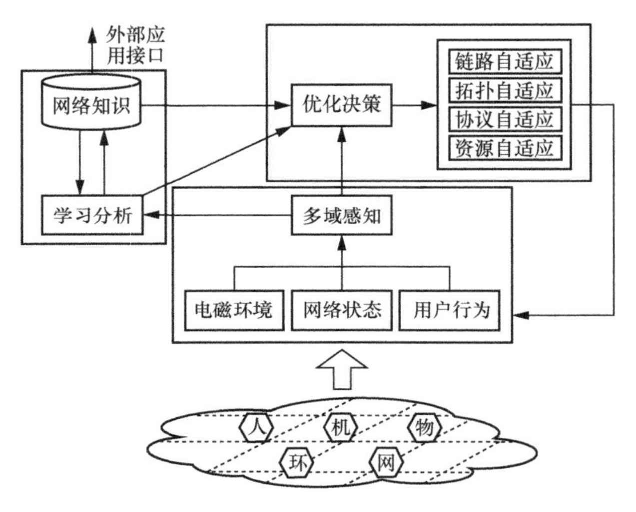

图 4.1　网络认知模型

网络认知中的认知实体包括：可以采集网络电磁环境和内部状态信息的传感器，但重要的是这些认知实体在功能上不仅可以被动或主动感知，而且能够进行实体之间的信息交互，这对于区域信息共享与融合以及缩短收敛时间十分有效；对某些输入和状态模式进行响应而执行的一系列行为的知识库；将知识用于网络的当前状态得到一个或多个结论的推理引擎或相应算法；使网络能够改变其行为特征或在某些方面按照结论工作的一些组件。

从逻辑关系角度出发，网络空间主要用于服务人类社会并直接或间接受人类行为的支配或改造，又要受到客观物理环境带来的主动影响或被动影响，因此，这里将多域环境分为电磁环境、网络状态和用户行为三个域。客观物理环境则以电磁环境特征为感知对象；网络状态以网络本身的实时变化为依据；用户行为则以应用网络平台的用户行为特征为对象，这三者共同构成了多域感知的三大对象。感知信息经过初步处理融合，其形成的元数据输入学习分析单元，经过基于数据挖掘和智能信息处理技术的学习过程，形成结构化或半结构化的知识进入知识库，所形成的知识为优化决策单元提供输入。优化决策基于感知的实时态势与所形成的知识进行比较，相似的场景可以进行预测，直接进行动作调整。否则，基于网络资源、用户需求等约束条件进行网络优化性能的优化决策，形成调整策略。

链路自适应、拓扑自适应、协议自适应、资源自适应等动态行为是网络认知行为的结果和输出，优化决策的结果与网络资源接纳与控制机制进行交互，使优化决策的动作结果能够作为网络动态重构的依据。

4.2.2　网络认知架构

（1）网络认知模型部署

网络认知架构是将网络认知模型应用于网络架构，将网络抽象为物理层、信息层和知识层，如图 4.2 所示。从纵向上看，网络认知是物理层—信息层—知识层的闭环过程；从横向上看，物理层进行数据采集、信息层进行数据处理、逻辑抽象后，得到的信息进入知识层的知识库，形成知识图谱。

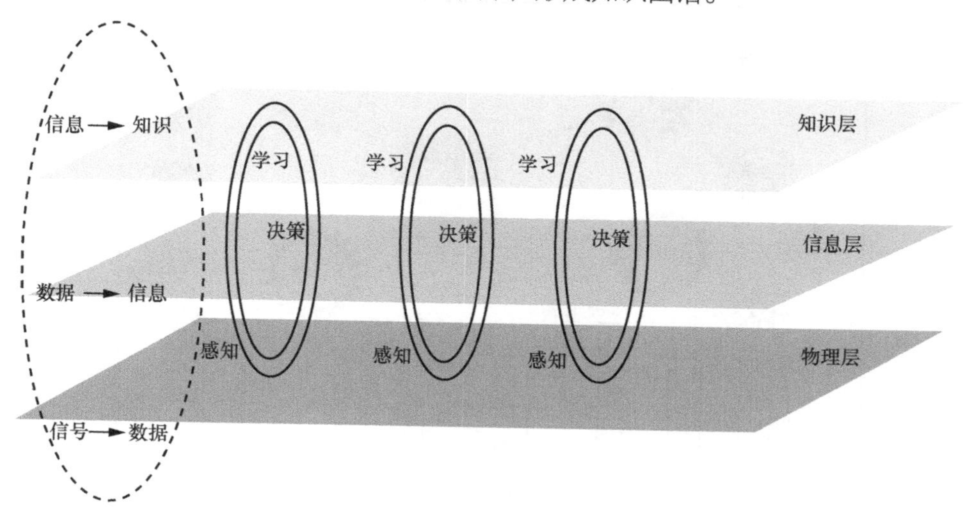

图 4.2　“物理层—信息层—知识层”三层结构

从规模上分析，网络认知模型部署可区分为节点级、区域级和全网级。节点级认知循环考虑的是将智能体视为单个认知节点，通过认知过程适应节点周围环境的变化，如单个认知无线节点，其工作过程可以看作节点级认知循环。区域级认知是由若干节点组成的不同规模的区域中心，具有观察所属节点整体态势的能力，从而对资源进行重新规划，以提升服务能力。而全网级认知通常难以实现，多个异构网络，节点类型多样、优先级不同、认知边界难以界定，从而难以收敛，局部最优往往已能实现网络效能。节点级网络认知模型运行可作为区域级或相邻节点级网络认知模型运行的感知输入，区域级网络认知模型运行可为节点级网络认知模型运行提供决策输出，全网级网络认知模型亦然，不同级别、不同类型、具有连接关系的网络认知模型相互协同、相互关联、相互支撑。

（2）分级分布式架构

网络认知架构采用分级分布式的比较理想，分区域优化有利于避免网络认知过程产生振荡而难以收敛，既可保证时效性，也可保证服务质量，分级分布式网络认知架构如图 4.3 所示，其构建方法为：采用分级式网络认知部署方式，全网设有若干个区域认知节点，每个节点自行收敛，进行认知信息挖掘，逐级汇聚；既保证了节点自治权，又设有区域中心，保证区域集中权；对不同粒度认知信息融合处理，形成区域态势，可逐级交互，既保证时效性，又突出抗毁性。

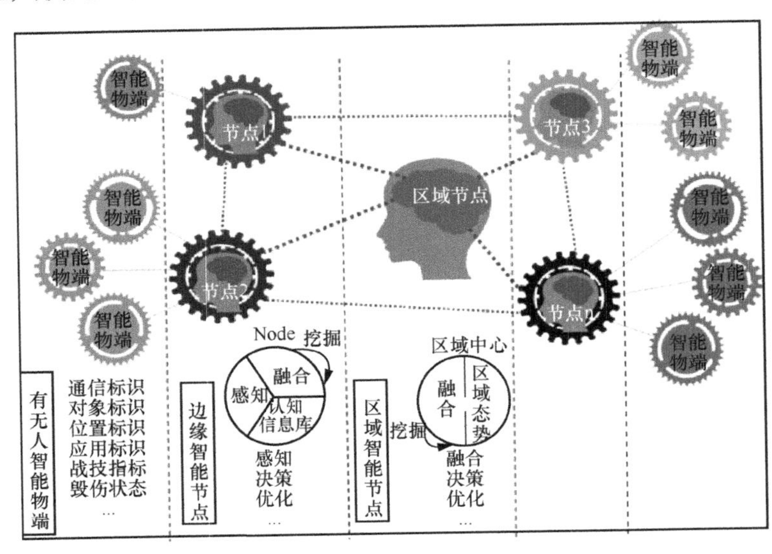

图 4.3 分级分布式网络认知架构

从系统实现的角度，建立多域认知流程如图 4.4 所示。可以看出，网络多域认知主要由认知模块（主要包括本地认知模块、协同认知模块、主动认知模块）、态势生成模块、认知信息库（主要包括本地认知信息库、区域认知信息库）组成。其中，认知模块负责网络多域认知信息的本地采集、区域融合与预测推理，态势生成模块负责多域认知信息的直观显示，认知信息库负责多域感知信息的存储。

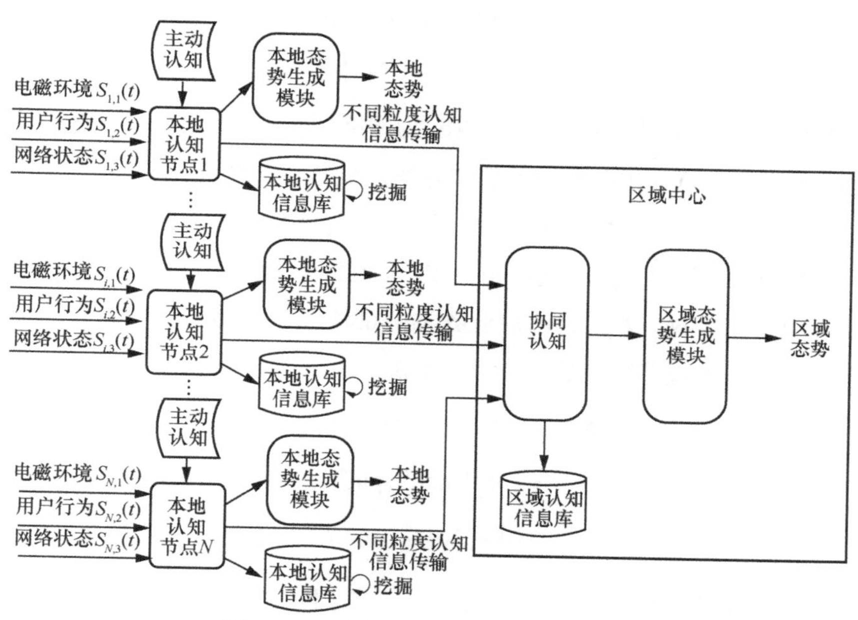

图 4.4 网络多域认知和态势生成流程

4.2.3 网络认知运行机理

（1）运行机理

网络认知对网络状态进行感知，促进融合与协同，对分离的、局部的优势能力与资源进行有序融合。在由智能体（认知实体）组成的网络中，网络不再被动、滞后地响应用户需求，而是主动感知用户需求、电磁环境、可用资源变化，并对感知信息进行汇聚、学习、交互，通过分析个性化需求，主动提供服务。

网络认知模型可通过元智能功能结构直接嵌入网络节点，使网络节点具备智能联接能力，并可为新接入网络的节点快速赋“智”，不同网络节点间协同交互，实现以网络为认知行为主体的智能化网络。在此模型下，智能体可分级分布式部署，假设网络节点共分为 M 级，总数为 N ，则第 m 级第 i 个（ $m\in M,i\in N$ ）通信节点的多域感知模块获取 k 时刻的网络电磁环境、自身状态、用户行为等多域特征参数 $\boldsymbol{P}_k^{m,i}$ 为

$$\boldsymbol{P}_k^{m,i}=\begin{Bmatrix}\boldsymbol{E}_k^{m,i}\\ \boldsymbol{N}_k^{m,i}\\ \boldsymbol{U}_k^{m,i}\end{Bmatrix}=\begin{Bmatrix}\Lambda_e\left(\mathbf{Eb}_k\right)\\ \Lambda_n\left(\mathbf{Nb}_k\right)\\ \Lambda_u\left(\mathbf{Ub}_k\right)\end{Bmatrix} \tag{4.1}$$

其中， $\mathbf{Eb}_k$ 为电磁环境域感知输入， $\mathbf{Nb}_k$ 为网络状态域感知输入， $\mathbf{Ub}_k$ 为用户行为域感知输入，$\Lambda_e()$ 为电磁环境域感知方法，$\Lambda_n()$ 为网络状态域感知方法，$\Lambda_u()$ 为用户行为域感知方法，$\boldsymbol{E}_k^{m,i}$ 为信道质量 $q_k^{m,i}$ 、干扰强度 $p_k^{m,i}$ 、传输信号时延 $t_k^{m,i}$ 等电磁环境域特征参数，$\boldsymbol{N}_k^{m,i}$ 为网络拓扑 $\mathrm{nt}_k^{m,i}$ 、网络拥塞级别 $\mathrm{ncl}_k^{m,i}$ 、丢包率 $\mathrm{plr}_k^{m,i}$ 等网络状态域特征参数， $\boldsymbol{U}_k^{m,i}$ 为用户业务类型 $\mathrm{ubt}_k^{m,i}$ 、用户优先级 $\mathrm{up}_k^{m,i}$ 、用户位置 $\mathrm{upos}_k^{m,i}$ 等用户行为域特征参数，分别表示如下

$$\begin{aligned}\boldsymbol{E}_k^{m,i}&=\left\{q_k^{m,i},p_k^{m,i},t_k^{m,i},\cdots\right\}\\ \boldsymbol{N}_k^{m,i}&=\left\{\mathrm{nt}_k^{m,i},\mathrm{ncl}_k^{m,i},\mathrm{plr}_k^{m,i},\cdots\right\}\\ \boldsymbol{U}_k^{m,i}&=\left\{\mathrm{ubt}_k^{m,i},\mathrm{up}_k^{m,i},\mathrm{upos}_k^{m,i},\cdots\right\}\end{aligned} \tag{4.2}$$

从关系计算型知识 RK 中未训练学习模型 $\{\Psi_1(),\Psi_2(),\cdots,\Psi_s()\}$ 中选取与当前多域环境匹配的预测学习模型 $\Psi_p()$ ，利用起始时刻至 k 时刻的多域特征参数进行离线训练，如

$$\Phi_p=\Psi_p\begin{pmatrix}\left\{\boldsymbol{E}_1^{m,i},\boldsymbol{E}_2^{m,i},\cdots,\boldsymbol{E}_k^{m,i}\right\}\\ \left\{\boldsymbol{N}_1^{m,i},\boldsymbol{N}_2^{m,i},\cdots,\boldsymbol{N}_k^{m,i}\right\}\\ \left\{\boldsymbol{U}_1^{m,i},\boldsymbol{U}_2^{m,i},\cdots,\boldsymbol{U}_k^{m,i}\right\}\end{pmatrix} \tag{4.3}$$

训练完成的学习模型 Φ_p 经统一表征 $\boldsymbol{M}(\Phi_p)$ 后，作为关系计算型知识 $\mathbf{RK}^{m,i}$ 存储于网络知识中。

同时，通过多域特征参数计算评估参数 $\mathbf{EP}_k^{m,i}$ ，如通信传输信道的实时信干噪比 $\mathrm{SINR}_k^{m,i}$ 、通信成功率 $\mathrm{SP}_k^{m,i}$ 等，调用并对比网络知识中的相关门限值或相似案例 $\mathbf{Th}^{m,i}$ ，如

$$\mathbf{EP}_k^{m,i}=\left\{\mathrm{SINR}_k^{m,i},\mathrm{SP}_k^{m,i},\cdots\right\} \tag{4.4}$$

$$\mathrm{Judge}=\begin{cases}\mathrm{TRUE}, & \mathbf{EP}_k^{m,i}\leqslant \mathbf{Th}^{m,i}\\ \mathrm{FALSE}, & \mathbf{EP}_k^{m,i}>\mathbf{Th}^{m,i}\end{cases} \tag{4.5}$$

判断网络是否需要执行优化决策，若Judge=FALSE，即当前网络性能良好，则继续循环执行多域感知；若Judge=TRUE，即网络性能受到多域环境影响，需执行优化决策。

首先，查询逻辑决策型知识LK中是否存在与当前多域环境匹配的抗干扰决策方案**CPlan**，若有相似决策方案，则进一步调用关系计算型知识RK中的学习模型等方法对已有相似决策方案进行微调，生成与当前网络内电磁环境高度匹配的综合决策方案$\mathbf{CPlan}^{m,i}$；若没有相似决策方案，则执行学习分析和在线决策，首先对网络多域环境进行学习分析，即调用关系计算型知识$\mathbf{RK}^{m,i}$中已训练完成的多域环境预测学习模型$\mathbf{\Phi}_p()$，输入多域感知获取的特征参数，输出$k+1$时刻的多域环境预测信息，即

$$\boldsymbol{P}_{k+1}^{m,i}=\begin{Bmatrix}\boldsymbol{E}_{k+1}^{m,i}\\ \boldsymbol{N}_{k+1}^{m,i}\\ \boldsymbol{U}_{k+1}^{m,i}\end{Bmatrix}=\mathbf{\Phi}_p\left(\boldsymbol{E}_k^{m,i},\boldsymbol{N}_k^{m,i},\boldsymbol{U}_k^{m,i}\right) \tag{4.6}$$

利用多域环境预测信息$\boldsymbol{P}_{k+1}^{m,i}$进行在线决策，选择合适的决策方法，如端到端决策选择端到端学习模型、非端到端决策选择多目标优化方法等，同时输入实时知识、历史知识以及其他节点决策方案，在网络综合需求条件下，生成最终的综合决策方案，如切换传输质量和带宽均满足需求的信道、调整传输信号功率和调制方式、重构传输路由、调整用户优先级以及用户位置等，综合决策方案经统一表征后，存储至逻辑决策型知识LK中。综合决策方案生成可表示为

$$\mathbf{CPlan}^{m,i}=\Omega\left(\left\{\boldsymbol{P}_k^{m,i},\boldsymbol{P}_{k+1}^{m,i},\mathbf{CPlan}^{m,l},\cdots\right\}\middle|\boldsymbol{D}^{m,i}\right),\forall i,l\in\boldsymbol{N},i\neq l \tag{4.7}$$

其中，$\mathbf{CPlan}^{m,i}$为生成第m级第i个节点的综合决策方案，$\mathbf{CPlan}^{m,l}$为其他不同节点的综合决策方案，$\boldsymbol{D}^{m,i}$为网络综合需求，$\Omega()$为在线决策方法。

网络认知通过对各节点认知行为进行有效管控，实现节点间的相互协作、相互依存以及相互竞争。网络认知通过对网络状态综合性能观察，提高网络节点（接

入、交换、路由、转发）和链路处理能力（链路带宽、延时、差错率），使网络接纳和承载具有不同优先级（重要性）业务（不同可信级别、不同接入位置以及位置变化）的能力增强，从而使得业务量大小、业务服务质量满足程度与网络资源利用率能够得到有效提高，对可信、移动、生存性以及业务端到端服务质量（QoS）及网络资源利用率进行多目标优化，为网络采用的接纳控制和网络资源分配策略改进提供参考，同时为网络行为预测提供依据。网络状态信息与网络认知模型之间进行信息交互，经相关处理后，作为网络动态调整与性能优化的依据。

（2）模型应用

网络认知在微观层次上，构建“多域感知-学习分析-网络知识-优化决策”环，感知电磁环境变化，从单节点推广到网络级，将电磁域、用户域和网络域纳入统一视图，拓宽了感知空间。依据感知进行判断并做出正确决策，并进行调整适应变化（运行故障、电磁干扰、网络攻击等）。具体而言，基于感知结果，分析电磁域密集信号繁杂的种类和动态多变的特征，掌握电磁环境的复杂程度；分析网络域的木马欺骗、病毒传染和主动攻击，网络状态的实时变化，拓扑结构与拥塞、时延等信息；分析用户域的多样化用户需求，用户类型、信息种类和接入手段的多样性，包括信息类型、数量、时效性，对安全和服务质量等级的要求等。基于分析结果的融合处理，利用多目标优化理论实现网络性能的优化，目的是实现网络集约服务，其核心就是解决在用户类型、业务种类、安全等级、接入方式、信道类别等多约束条件下，如何以有限的网络资源最大限度地满足用户需求。

在网络内生安全方面，网络认知针对安全目标形成安全认知行为，为未知行为溯源和主动防御提供支撑。在传统网络安全方面，结合网络管理设备、网络安全设备、网络监管设备和嵌入网络的防火墙、杀毒软件、攻击检测等实时和历史数据，学习分析、关联和归并，利用智能信息处理技术，对网络安全态势进行预测，提出应对策略。

在抗干扰方面，构建复杂信息环境下的网络威胁与损伤认知行为模型，以及网络干扰环境下的生存态势认知与评估模型，研究网络干扰环境下的生存态势，通过信息采集、信号分析、数据关联与整编等智能信息处理过程，对干扰源的干扰信号特征分析学习，应用知识表示与推理，并进行提高网络生存能力实现方法分析，能够增强网络的综合抗干扰能力。

4.3　网络认知关键技术

4.3.1　多域感知技术

4.3.1.1　概念内涵

“感知”一词原本表示人类与外界的交互过程，通常分为感觉过程和知觉过程。完成该功能过程的最基本构成是“器官+大脑”，人类的每一个器官都具备感知能力，经过某种刺激后，可接收一定范围内的信号，经由神经网络传输至大脑，由大脑进行解读处理，形成主观映像。“感知”一词目前已广泛应用于各行各业，通常作为智能信息处理系统的最基本功能。

“多域感知”借鉴“感知”原理，“感”是获取手段，即通过频谱分析仪、网络探针、用户意图识别系统等多样化设备获取多域环境的数据信息，“知”是融合处理凝练成可信度高的统一的理解共识，即利用信息网络中的网络探针、特定程序等软件形态，或者具备物理形态的各类功能各异的传感设备等作为感知手段，主动或被动采集各类信息，经过信道传输至处理中心的过程。

4.3.1.2　多域感知对象

（1）电磁环境

主要包括网络所处地域时空特征信息以及自然、外部设备等电磁辐射信号，可引起信号间相互影响和干扰等，共同构成了影响网络性能的电磁环境。同时，主要关心电磁环境的时域、频域、空域、能域、调制等方面特征，基于感知结果，分析物理电磁域密集信号繁杂的种类和动态多变的特征，结合时空特征，经过融合处理，形成某一时刻或某一时段内的电磁环境特征。

（2）网络状态

对于信息网络状态描述，可以采取多种方式，例如某时刻的网络状态，拓扑状态、连通度、传输速率等；也可以采取某时段内的统计特征，如可用资源、协调变化、毁伤评估、服务占比等；也可采用定性描述，如干扰信息采集、信号分析信息入侵检测预警、病毒类型、授权和信任等。但无论采用何种方式，最终需要体现与网络能力的对应或映射关系，或者追求最佳网络性能。

（3）用户行为

根据用户业务类型，对用户数据按照端到端的要求进行描述，包括时延、容量、误码率、可靠性、抗扰性、QoS、体验质量（QoE）、连通度、资源管理、成本代价等。例如，对用户类型、业务等级、目标用户等，建立端到端的用户 QoS 需求辨识，确定业务流优先级和目的地址，量化业务流的 QoS 需求，预测数据流量，建立一段时间 t 内用户行为集。

4.3.1.3 感知技术与方法

不同感知对象信息采集可能需要不同的技术方法，形成一系列功能不同的传感系统。但各类不同的传感系统将构建统一的传感网络体系，实现实体基础设施与信息基础设施互联互融互通，有利于从整体上解决各类异构数据的融合处理。

（1）电磁环境感知

电磁环境信息主要关心网络所处的时空地理位置、对网络影响较大的电磁环境等。

① 时空位置感知

当前，我国北斗系统可提供高精度、高可靠性、导航、授时服务，基于北斗终端及相关系统，能够获取地域时空位置特征信息需求。获取时空位置，需要在网络空间进行信息融合处理与表达，一种是基于地理信息系统的网络空间可视化模型，即基于地理坐标系映射网络空间，侧重于表达网络空间要素的地理属性特征；另一种是基于网络拓扑的网络空间可视化模型，以拓扑学理论为基础，基于单元与连接线等描述形式表达网络空间的拓扑连接关系，并采用剖分降维的方式描述子单元拓扑信息。

② 电磁环境感知

复杂电磁环境指在一定地域内，由空域、时域、频域、能量域上分布的数量繁多、样式复杂、密集重叠、动态交错的电磁信号构成的电磁环境。通常包括自然条件、人为因素所产生的多种电磁现象的叠加。从构成上分析，包括雷达环境、通信环境、光电环境、导航电磁环境、自然电磁环境共同构成，这些环境在不同程度上会影响和破坏电子设备正常工作；从空间上分析，电磁辐射有来自太空、空中、海上、地面、水下各类电磁辐射源；从时间上分析，有时相对静默、有时非常密集，具有突发性；从能量上分析，电磁信号能量分布强弱不均，对通信效果影响不同。

（2）网络状态感知

被动感知只要是通过监测网络的数据流来对网络实时状态进行推测，这种方法并不发送探针（探针是由同一源发送的数据包序列），因此，不会增加网络负荷。但被动感知只能针对单个设备，对于整个网络来说，这种方法会形成大量的数据，要进行分析处理，时间较长，而且占用空间较大。但这种方法对网络流量测量来说十分有效。

主动感知主要向网络发送探针，依据探针所携带的信息来推测网络的情况。因为是主动采集网络数据，进行分析推测网络情况，所以这种方法会增加网络负荷，应用大量的探针来进行感知的方法并不可行。这种方法的优点在于感知行为的可控性较强，但形成新的流量会影响网络的运行，从而导致所测结果与实际差异较大。通常应用的是基于很小的探测流量，所以使用范围较广。

分层感知是基于网络分层的思想，为采集侧层的交互信息提供了可能。为此，基于前面给出的网络认知结构，结合被动感知和主动感知的方法，提出分层感知的方法，来对网络各层信息变化进行分析，从而对应于网络状态的变化。或者说，相应的网络状态的变化，能够转化为相应层的信息数据改变。

（3）用户行为感知

从网络角度来看，用户行为的表征主要与网络资源的占用、分配等密切相关，分析用户行为的目的是准确高效掌握用户状态，描述用户行为特征，建立用户行为集，形成可以学习分析的格式化输入。民用网络对用户行为重点在于研究业务与用户之间的关系。用户行为分析是在获得网站访问量最基本数据的情况下，对有关数据进行统计分析，从中发现用户访问网站的规律，并将这些规律与网络营销策略相结合，从而发现目前网络营销策略中的问题，并为进一步修正或重新制定网络营销策略提供依据。所研究的基本数据主要包括：网络停留时间、访问流程、浏览器类型、使用的关键词等。民用网络运营商仅仅对服务器中存储的固有用户行为的某些信息进行提取，还没有上升到感知的层次。

4.3.1.4 多域参数体系

（1）电磁环境域参数

电磁环境宏观上主要涉及时、频、空域上信号特征的参数分布。其中，电磁环境信号最主要的特征包括信号接收强度（信道增益）、时延扩展、多普勒扩展、到达角度分布以及干扰强度。其中，接收强度反映了信号的衰减程度；时延扩展和多普勒扩展体现了信道频域与时域上的相关性，影响到通信策略的调整；信号达到角度分布有利于针对性设计方向性天线；而干扰则与信道增益一同决定了链路的理论容量，决定着系统传输速率的上限。对于时-频-空域信号参数的采集可以对整个通信环境进行描述，进而实现对通信系统传输的总体优化。

具体到物理层来讲，这些参数对于通信系统发射参数的配置以及接收机各个模块得到设计具有重要意义。接收机主要包含同步、信道估计、信道均衡、译码等模块，多径时延信息可以辅助帧同步、多普勒频移信息可以辅助频率同步，而信噪比信息可用于优化时频同步算法。利用信道的自相关信息以及信噪比信息可以优化信道估计算法、信道均衡算法以及计算译码模块所需的软信息，信道的自相关由时延功率谱以及多普勒功率谱共同决定。由此可见，传输环境参数均可用于接收机各模块的优化。而发射参数的配置与各参数有较强的关联性，其对应关系如表 4.1 所示。根据这些参数实时地调整发射机参数配置可以有效地提高系统的效率与传输速率。

表 4.1　电磁环境域特征参数

类型	参数
信道特性	信道名称、信道带宽、信道质量（衰落水平、多普勒效应、信噪比、信号强度等）
天线属性	全向、定向、辐射距离；定向天线还包括：波束角度、波束间隙、波束控制/切换时间
通信行为	占用信道编号、发射功率、通信波形、信号质量、传输时延
干扰行为	干扰模式、不同模式下的干扰功率

（2）网络状态域参数

网络状态信息大体分为指标和参数两类。指标反映了网络的整体性能，在系统中一般作为优化目标。参数主要反映网络各层的具体状态和约束，用于指导相应算法和协议设计。在开环系统中，一般可将参数信息作为输入，指标信息作为输出；在闭环反馈系统中，参数信息和上一时刻的指标信息都可作为系统输入。此外，获取信息的方式可能还有知识库和案例库，由于和机器学习算法配合紧密，不在此进行讨论。网络状态应包含以下参数信息。

网络容量：指当前网络服务质量高于某一门限时网络能容纳的最大呼叫速率。通过网络容量的评估可以判断网络的负荷。

功率供给和能量效率：指网络设备的电源供应源、剩余电源容量、能量效率以及备选方案的能量效率。这些参数可以评估一个网络的生命周期。

可用性指标：网络的可用性可以通过网络连通性、网络响应时间和网络抖动来表征。其中，网络连通性是指网络节点能否建立通信链路进行通信，路径是否可以到达、网络是否拥塞；网络响应时间是指终端发起到远端的连接请求，收到远端回复所需的时间；网络抖动是指分组时延的变化程度。

可靠性指标：网络的可靠性是指信息传输的差错率，直接影响网络服务质量，网络服务质量通常使用差错率、吞吐量、端到端时延、时延抖动等网络参数来表征。

有效性指标：网络的有效性指标可以通过传输速率、带宽、时延带宽积、频带利用率、信道利用率和网络利用率来表征。

综上所述，参数类信息总结如表 4.2 所示。

表 4.2　网络状态域特征参数

类型	参数
网络架构	网络拓扑、网络规模、节点密度、网络连接
传输层	拥塞级别、队列长度、包处理时间、滑动窗口大小、端到端可靠性级别，拥塞瓶颈位置、传输控制协议连接持续时间、重传超时设置
路由层	多路/单路、多跳/单跳、链路吞吐量、路径时延、平均链路质量、丢包率、重新路由时间、路径稳定性
MAC 层	访问冲突率、退避时间、链路误帧率、对隐藏终端的鲁棒性、超帧长度、访问类型、纠错率

（3）用户行为域参数

用户行为是一个大的范畴，包括用户的通信行为、移动行为、交互行为等。这些行为和网络协议栈的各层协议有着紧密的联系。而要了解用户行为必须对用户行为进行刻画和描述，以便计算机能够识别和分析。

用户行为数据其实就是能够反映用户行为的网络数据，这些数据也在各层次之间进行交互。不同的是，不同网络层次上采集到的用户行为数据代表着用户行为的不同侧面或者维度。根据网络架构，用户行为数据采集主要包括用户终端的记录数据和无线接口的采集数据。因而，用户行为数据层次来源可分为终端侧和网络侧。终端侧更接近用户，其数据也更详细丰富，而网络侧由于资源集中，采集规模较大，成本较低。

主要关心用户行为特征，从信息域和物理域相结合角度进行考虑。其中，物理域特征能够反映用户在地理空间位置变化，为分析用户行为及其对网络性能影响提供地理坐标参考，主要包括用户地理位置、移动速度等。信息域特征将从用户业务类型、数据量、发起和结束时间等指标，直接反映用户在网络中实施业务传输的行为；此外，为了更为人性化刻画网络状态，还可引入业务传输主观评价性能指标，该指标可通过在终端侧用户对网络业务传输状况和性能进行主观评价。具体用户行为域特征参数如表 4.3 所示。

表 4.3　用户行为域特征参数

类型	参数
用户地理位置	用户节点地理位置的三维坐标
用户移动速度	用户节点当前移动方向和移动速度
用户移动历史和模式	用户节点的移动轨迹
用户业务类型	话音、数据、视频、图像等
用户业务数据量	某种业务类型对应的发送业务量大小
用户业务发起时间	某种业务类型对应的发送业务的发起时间
用户业务结束时间	某种业务类型对应的发送业务的结束时间
业务传输主观评价	传输业务过程中，用户给出的主观评价值
业务传输客观评价	传输业务过程中，发送成功/失败次数、访问次数、使用时长、上下行速率
用户通信活跃度	空闲模式、主被叫成功率、呼叫保持时间、呼出比
用户连接和交互行为	附近邻居用户数、所在区域的邻区数、社区拓扑结构、通信相似度
用户能力相关	最大队列长度、存储能力、运算能力

4.3.2 学习分析技术

4.3.2.1 概念内涵

在智能信息网络领域，“学习分析”是指将网络视为行为主体，基于人工智能机器学习、知识表示、知识推理等技术，获得学习对象的特征信息，经过融合分析处理后，统一表征网络知识，并且可以通过增量学习而不断更新。

4.3.2.2 学习系统

在网络认知模型，通过认知行为能够根据内外部状态进行智能决策，调节网络状态，包括协议调节、资源重组、拓扑结构优化等。但这种情况的前提条件是，基于知识库表示的预先设定的方式做出相应的决策调整，也只是在预先定义的知识范围内进行调整，对于新的情景，则需要进行学习。

学习所需要的知识具备如下功能：具有网络状态的知识；利用数据挖掘和多目标优化以满足端到端的网络目标；从过去的经验中学习的能力。

网络中的学习机制是指具备学习功能的网络要素之间基于某种或多种学习策略，经过一定流程，形成网络知识传输的渠道和作用方式。

针对网络认知模型中的学习分析功能要求提出一种学习系统，主要包括学习环境、学习引擎、综合知识三个模块。其中，学习环境实现对多域信息及离线知识库的信息集成，支撑学习引擎中的离线学习功能；具有满足在线学习知识库、离线实时信息的高速实时数据总线，支撑学习引擎中的在线学习功能。学习引擎中的在线学习功能主要用于满足Ⅳ类智能体中处理能力较强的实时在线学习要求，离线学习功能主要用于满足Ⅰ、Ⅱ、Ⅲ类智能体中处理能力有限的离线学习需求。学习引擎中的学习活动主要是从数据中寻找一般规律，或从特殊到一般。学习活动需要解决以下基本问题：①结果的正确性；②先验知识的正确性；③计算的复杂性。同时，通过学习引擎为综合知识库提供新的网络知识输入，综合知识库既可以支撑上级知识库，也可以为局部网络重构提供知识服务，并与学习环境之间形成一种迭代循环验证机制。常见的学习技术包括监督式学习、非监督式学习、强化学习、回归算法、基于实例的算法、正则化方法、决策树学习、深度学习等类型。

4.3.2.3 学习架构

在网络认知模型中，通用学习架构主要包括特征学习模型、专用学习模型、情景适配模型、规则学习模型等。整个网络能够针对不同的任务，进行适配选择合适的学习模型，并在多域特征信息、已有网络知识等数据基础上进行学习，支撑多域感知优化、网络知识推理、路由寻址优化等。通用学习框架如图 4.5 所示。

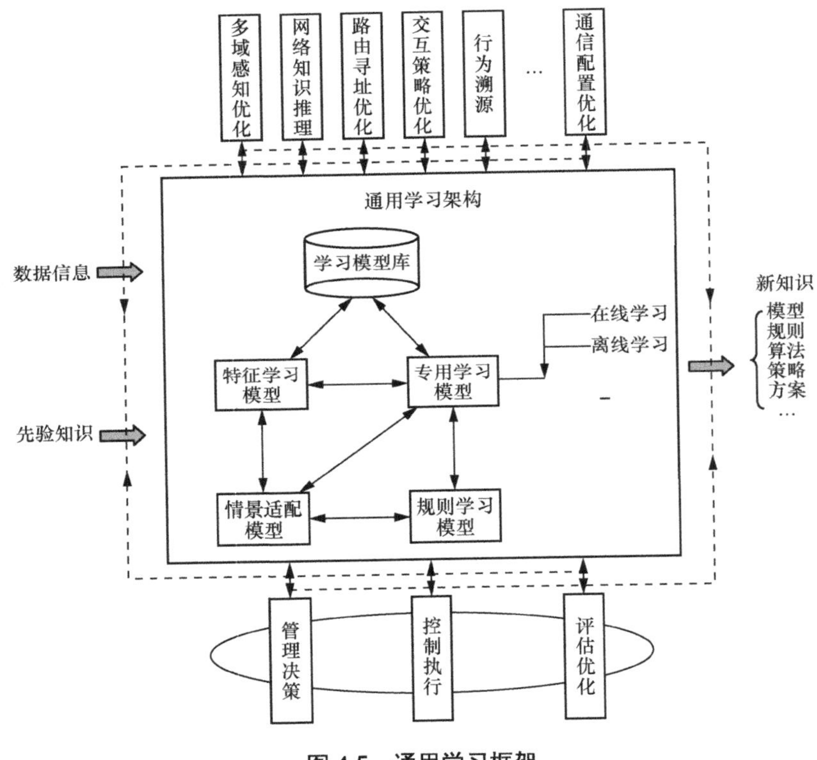

图 4.5 通用学习框架

电磁环境复杂多变，网络需要完成的任务多种多样，因此，学习模型必然是多样化的，以满足各种业务需求。通用学习架构能够针对不同的网络任务，依据网络知识自主选择合适的学习模型，如下所示。

（1）卷积神经网络（CNN）

CNN 广泛应用在信号调制识别、频谱感知、资源分配等领域中。在信号调制识别中使用 CNN 的优点是降低系统复杂性、不需要专业设计的变换和特征提取，缺点是极易遭受对抗性攻击。

在频谱感知领域，基于能量和循环平稳特征的感知方法引入 CNN 模型，可以提高检测概率，但缺点是循环平稳值和帧结构信息需要主用户的先验知识，检测复杂度随接收信号长度的增加而增加。

资源配置主要包含频谱分配与功率分配，资源认知优化包含 Underlay 和 Overlay 两种模式。针对第一种模式，优化对象是同频条件下的发送端的功率值；针对第二种模式，优化对象是频谱在不同发送端间的无干扰分配策略。面向网络资源配置的优化问题，往往无法构建简单的优化函数，或者无法通过简化获取问题的解析解，深度强化学习通过学习构建优化问题的输入输出关系来逼近最优解，可以高效解决非凸或多项式时间内无法解析的复杂资源优化问题。已有研究采用 DQN（CNN 与 Q 学习结合），优点是省去了在表格中记录 Q 值，缺点是需要反复迭代与环境进行大量交互，导致较大的功耗和传输时延。

（2）递归神经网络（RNN）

如果此刻预测结果和关联信息存在较远距离，RNN 认知这种关联信息的水平将大幅降低。同时，训练 RNN 的难度较高，训练过程中会产生梯度消失或梯度爆炸等问题。针对上述问题，RNN 被发展为长短时记忆（LSTM）网络。然而，LSTM 网络较难在每一个时刻都维持数据的结构特性，容易产生数据空间特征坍塌为是否被占和功率水平等问题。因而，有学者通过卷积的方式进一步发展出 ConvLSTM，替代将输入与各个门的前馈连接方式，并将状态间的计算方式转为卷积方式。基于此，实现了 RNN 的时序建模，同时保留了空间特性的表征能力。

RNN 在频谱占用预测已有应用，然而现有的 LSTM 网络关注的重点为学习效率与构建的 RNN 的深度，对于算力要求和 RNN 结构的复杂度问题没有较好的解决方案。

（3）深度信念网络（DBN）

DBN 基于概率生成方式实现，主要应用于非监督学习于神经网络的参数初始化方面。至于监督学习任务，通常实现方式是在神经网络的每层中加入表征类别的神经元，每个神经元与一个浅层分类器联通。目前，DBN 在信息网络中的研究相对缺乏。

4.3.3 优化决策技术

4.3.3.1 概念内涵

在网络认知模型中，优化决策是指网络作为认知行为主体，对动态变化的网络多域环境做出合理、实时的行为策略。优化决策是网络认知所必须具备的关键技术之一，其核心在于综合网络电磁环境及自身状态，使网络计算以快速接入、安全通联等为目标的合理、安全的网络行为策略，并进一步完成对网络的控制。

网络认知中的优化决策能够根据多域感知输出的特征信息、已有网络知识对当前网络的行为做出合理决策，并根据不同的行为规划出合理的网络策略调整方案，指导完成网络的重配置。目前，常用的优化决策方法主要有：多目标优化、博弈论、层次优化、贝叶斯、基于机器学习等方法。

4.3.3.2 优化决策方法

（1）多目标优化

多目标优化问题（Multi-objective Optimization Problem，MOP）是指多个目标需要同时优化的问题，且多个目标间往往存在矛盾关系，即无法找到一组解同时使得多个目标函数最优。在智能信息网络中，计算资源、通信资源在多用户间的优化配置、多用户接入与链路均衡、不同网络性能间的取舍都是典型的多目标优化问题，输入参数为 x ，优化目标函数个数为 m 的多目标优化函数，通常可以表示为

$$
\begin{aligned}
&\max f_i\left(x\right), i=1,2,\cdots,m \\
&\text{s.t } x\in \boldsymbol{S}
\end{aligned}
\tag{4.8}
$$

参数 x 的约束条件构成一个可行解空间，可记为 $\boldsymbol{S}$，网络认知模型基于多域环境感知到的数据、网络知识等进行认知可形成多种约束条件，构成可行解空间，指导用户向着多种网络性能最优的方向做出综合决策，决策的目的即找到解 s^* 满足条件 $s^*=\arg\max_{s\in\boldsymbol{S}} \boldsymbol{f}(s)=\arg\max_{s\in\boldsymbol{S}}\left(f_1(s),f_2(s),\cdots,f_3(s)\right)$ ，其中， $\boldsymbol{f}(s)=\left(f_1(s),f_2(s),\cdots,f_m(s)\right)$ 为解 s 的目标向量。这些目标函数之间通常耦合且存在竞争

关系，即优化其中一个目标，可能会以损害其他某些目标函数性能为代价。

如果换一个视角，可将多目标优化问题看作单目标优化问题的特殊情况，主要特殊在于决策空间为多维，决策空间对应的可行解无法进行简单的比较，同时若决策空间的维度之间存在耦合关系，可能无法获取唯一的最优解。

多目标优化问题求解的常用方法包括数学规划方法、凸优化、进化算法等。传统的数学规划方法主要包括加权法和 e 约束法。加权法，指的是将多个目标函数按照一定的规律进行加权，通过加权和的方式，实现多个目标函数到单一目标函数的转化。权值可能会影响目标函数表征的可行空间的变化，通常可以利用库恩–塔克（Kuhn-Tucker）条件来约束转化后的单一目标函数的最优解，使其满足原问题的非支配要求。对于智能信息网络，在感知到业务需求或电磁环境发生变化，考虑多用户与多业务优化时，各类业务与用户获得的性能与其所处的多域环境参数构成多目标优化问题，在考虑用户优先级、业务优先级的条件下，通过网络认知，可以实现多域环境参数与性能期望的快速匹配，实现复杂环境下多用户的资源配置，网络认知的多域参数可以结合优先级权重为各类用户性能配置资源占用权重，从而实现网络整体效能的提升。假设认知处理后的用户权值为 ω_i ，其中 $i=1,2,\cdots,m$ 代表 m 个用户或业务，则通过线性加权原多目标优化问题可以转化为单目标优化问题求解，如式（4.9）所示。

$$\begin{aligned}&\max \omega_i f_i(x)\\&\text{s.t } x\in \boldsymbol{S}\end{aligned} \tag{4.9}$$

e 约束法，指的是通过某一参数 e，令某一目标函数大于该参数，从而将该目标函数转化为约束条件。此时，根据 Kuhn-Tucker 条件，转化后的单目标优化问题的解在某些条件下满足原多目标优化问题的非支配特性。对于智能信息网络，通过网络认知处理多域环境参数，可以认知当前环境及过去一段时间的环境参数对网络性能的影响，就某些应用场景，如功率受限的认知 Underlay 接入场景，主要影响网络性能的是信道条件，次级用户需要在尽可能低的功率条件下，占用信道条件较好的通信资源。再如不同类业务的差异化 QoS 需求满足场景，不同时延、容量、速率门限值等各自是其主要需要满足的参数性能。此时，其他性能目标可以在可接受的范围内保障，即可以转化为最低限度参数 e 范围内的约束条件。假设通信场景中的主要目标函数为 $f_1(x)$，通过网络认知得到其他目标函数的最低可接受性能为 $e_i, i=2,\cdots,m$，则多目标优化函数可以转化为单目标优化函数求解，如式（4.10）所示。

$$\begin{aligned}&\max f_1\left(x\right)\\&\text{s.t } x\in \boldsymbol{S}\\&\quad f_i(x)\geqslant e_i, i=2,3,\cdots,m\end{aligned} \tag{4.10}$$

凸优化方法主要针对目标函数为凸或约束空间为凸集的问题实现求解，某些问题可以通过数学推导转化为凸优化问题，也可采取此方法求解，该方法可以有效降低寻解过程的复杂度。针对信息网络，大规模 MIMO 等的应用使网络数据、信息信号模型等复杂度提升，资源优化、信道的优化等问题复杂度大幅提升，亟待实现低复杂的优化计算。针对上述优化问题，通过数学简化、松弛约束条件等转化为凸优化问题，则能大幅降低算法的时间复杂度，提高计算效率。上述转化为单目标优化的问题，如果满足目标函数为凸函数，或者可以转化为凸函数，则可以通过凸优化快速求解。

然而，很多先验知识不全、多域参数无法全部认知或者通过推理准确获取的场景，可能无法快速确定各目标函数间的权值和多个目标的重要程度，则无法转化为单目标优化函数求解。此时，往往需要从多个目标函数构成的解集中挑选能够适应该通信场景的解作为决策结果，并根据下一时段的多域参数变化动态调整。此时可以引入帕累托（Pareto）最优的概念：整个系统达到一个状态，使得系统中每个参与者（每个目标函数）都无法在不损害其他参与者性能的情况下提升自己的性能，则可以说该系统是 Pareto 最优的，此时目标函数的解成为 Pareto 优势均衡解，或 Pareto-front。具体表征如下。

针对前面提到的多目标优化问题，给定可行解空间 $\boldsymbol{S}$ 和目标空间 $\boldsymbol{R}^m$，$\boldsymbol{f}(s)=\left(f_1(s),f_2(s),\cdots,f_m(s)\right)$，$\boldsymbol{S}\rightarrow\boldsymbol{R}^m$ 为目标向量，针对可行解空间中的两个解 $s,s'\in\boldsymbol{S}$，有如下表示。

① 若 $\forall i\in[m]$，有 $f_i(s)\geqslant f_i(s')$，则称 s 对 s' 弱占优，记为 $s\succeq s'$；

② 若 $s\succeq s'$，且 $\exists i\in[m]$，有 $f_i(s)>f_i(s')$，则称 s 对 s' 占优，记为 $s\succ s'$。

则有如下定义。若不存在 $s'\in\boldsymbol{S}$，使得 $s\prec s'$，则 $s\in\boldsymbol{S}$ 是 Pareto 最优，s 也称

为 Pareto-front 。对于智能信息网络中的多用户联合优化、多网络性能均衡，往往不存在唯一解，且复杂多域环境构成的可行解空间往往不规则，且因动态性无法直接获取其到目标空间的显式映射，通常这类优化决策问题的 Pareto-front 只能通过搜索的方法尽可能地逼近其真实解集，然而穷尽搜索可行解空间往往计算复杂度随着参数空间的量级复杂度呈指数增长，无法满足智能信息网络优化决策的时效性和计算资源有限性的需求和约束。一系列智能算法、仿生算法和启发式算法因其能够快速收缩搜索范围，成为解决该类问题的主要方案。

遗传算法和进化算法基于模拟种群选择和交叉变异的演化方式，获取优化目标耦合存在竞争冲突关系的多目标问题的 Pareto 解。通常遗传算法是根据不断排序、比较和剔除的方式逼近 Pareto 最优，按照其排序方式、比较方式等具体分为如下方法。

① SPEA、SPEA-II算法。SPEA 算法通过聚类分析对非支配解集进行筛选，利用二元锦标赛方式选择个体进入下一代。SPEA-II算法则是在 SPEA 算法的基础上在适应度赋值、个体密度值计算方法和外部档案集合维护三个方面进行改进。

② NSGA、NSGA-II算法。NSGA 算法采用非支配排序的方式对种群进行分层，引入了基于拥挤策略的小生境技术，即通过适应度共享函数的方法对原先指定的虚拟适应值进行重新指定，保证在选择操作下等级较低的非支配个体有更多的机会被选择进入下一代，进而使得算法以最快的速度收敛到 Pareto 最优。NSGA-II算法则在 NSGA 算法的基础上提出了快速非劣排序法，提出拥挤度和拥挤度比较算子在快速排序后的同级比较中作为胜出标准，代替了需要指定共享半径的适应度共享策略，引入精英策略，扩大采样空间，进而防止最佳个体的丢失，提高了算法的运算速度和鲁棒性。

（2）博弈论

博弈论面向的是多个（两个及以上）参与者构成的决策问题，参与者的收益之间往往存在交织。博弈论所面对的优化问题与传统优化问题存在一定的区别，主要表现在：传统的优化问题中，参与者不存在理性假设，即参与者选择策略时不会考虑该策略对其他参与者的影响，其他参与者的策略也不会影响该参与者的策略选择；但对于博弈论问题，参与者存在理性假设，考虑到了信息的不完全和非对称，通过对决策产生的结果的合理预期、参与者决策的互相作用和共同作用来决定参与者组成系统的最终优化方向。

通常博弈问题可以分为三种，分别为静态博弈、动态博弈、合作博弈问题。对于静态博弈问题，决策信息对于所有参与者为非透明的，即每个决策者无法预知其他决策者的策略选择。对于动态博弈问题，则参与者的决策方向信息共享，即任意决策的参与者都可以按照决策时序根据其他参与者的决策进行策略选择，所谓动态和静态的区别主要在于是否存在决策的先后顺序以及能够共享决策过程的动态信息。对于合作博弈问题，其与静态博弈、动态博弈最大的区别在于，参与博弈的各方能够建立某种契约，为参与各方提供某种保证自己收益同时不损害其他参与者收益，即寻求整体最优特性的驱动力，使得参与者之间通过这个契约建立合作关系，推动博弈过程向参与该博弈的参与者共赢的方向发展，这种约束关系存在时，该博弈即可以看作合作博弈问题。

随着博弈论理论的不断成熟和发展，博弈论被引入到无线通信网络中，主要用于解决频谱分配、功率控制、能效最优等问题。

在分级分布式的网络认知架构下，各智能体可以通过协同共同完成网络任务，这种协同智能体既能获得利益（获取网络通信资源），同时又愿意牺牲部分利益（性能）来实现系统性能的提升。多域环境经多域感知提取特征信息后，通过结合已有网络知识的学习分析，可以获取各类配置方案下的智能体策略（如采取的通信方式和参数）和收益（如系统与单智能体的性能）等决策辅助信息，用于构建一个合作博弈模型。针对合作博弈，假设有 K 个参与者（参与者可以是智能信息网络中的用户、业务等实体，也可以是与目标函数关联的性能参数）。令 $U_k \in \boldsymbol{U}$ 为第 k 个参与者的效用，其中 $\boldsymbol{U}=(U_1,\cdots,U_k,\cdots,U_K)$ 表示各参与者的效用可行空间，它为一个非空、有界、凸的闭空间。令 $\boldsymbol{U}^{\min}=(U_1^{\min},\cdots,U_k^{\min},\cdots,U_K^{\min})$ 为各参与者所需的最低效用，任何低于该效用的条件都将不被该参与者接受，各参与者为了实现共同效用最大化，可以采取合作共赢的方式，通过“让利”，即牺牲自己的部分利益的方式达到平衡。结合各用户效用和最低效用可以构造一个合作博弈 $f(\boldsymbol{U},\boldsymbol{U}^{\min})$，$f(\boldsymbol{U},\boldsymbol{U}^{\min})$ 的最优解称为纳什均衡解，其定义如下。

如果 $\boldsymbol{U}^*=(U_1^*,U_2^*,\cdots,U_K^*)$ 符合以下条件，则 $\boldsymbol{U}^*$ 为合作博弈 $f(\boldsymbol{U},\boldsymbol{U}^{\min})$ 的一个纳什均衡解。

① 合作个体相对理性：$U_k^* \geqslant U_k^{\min}, \forall k$。

② 满足可行域：$\boldsymbol{U}^* \in \boldsymbol{U}$ 。

③ 占优性：$\boldsymbol{U}^*$ 为 Pareto 最优解。

④ 可行空间非相关性：若 $\boldsymbol{U}^* = \arg f(\boldsymbol{U}, \boldsymbol{U}^{\min})$ 且 $\boldsymbol{U}^* \in \boldsymbol{U}' \subset \boldsymbol{U}$ ，则有 $\boldsymbol{U}^* = \arg f(\boldsymbol{U}', \boldsymbol{U}^{\min})$ 。

⑤ 可线性变换：$\xi(\boldsymbol{U}^*) = \arg f\left(\xi(\boldsymbol{U}), \xi(\boldsymbol{U}^{\min})\right)$，其中 ξ 代表任意的线性变换。

⑥ 目标空间对称：若交换任意参与者，$\boldsymbol{U}$ 保持不变，则所有参与者的纳什均衡解都是相同的，即 $U_i^* = U_j^*, \forall i, j$ 。

此时，若合作博弈 $f(\boldsymbol{U}, \boldsymbol{U}^{\min})$ 存在一个唯一的纳什均衡解 $\boldsymbol{U}^{\text{opt}}$ 满足上述条件，它可以被表示为

$$\boldsymbol{U}^{\text{opt}} = \arg \max_{U \in \boldsymbol{U}\ U \geqslant \boldsymbol{U}^{\min}} \prod_{k=1}^{K} (U_k - U_k^{\min}) \tag{4.11}$$

其中，$\boldsymbol{U}^{\text{opt}} = (U_1^{\text{opt}}, U_2^{\text{opt}}, \cdots, U_K^{\text{opt}})$ ，同时，$U_k^{\text{opt}} \geqslant U_k^{\min}, \forall k$ ，并且它可等效于

$$\boldsymbol{U}^{\text{opt}} = \arg \max_{U \in \boldsymbol{U}\ U \geqslant \boldsymbol{U}^{\min}} \sum_{k=1}^{K} \ln(U_k - U_k^{\min}) \tag{4.12}$$

此时，该问题的目标函数若为凸函数或可以转化为凸函数，则可以利用凸优化方法快速求解。

（3）层次优化

层次优化问题主要针对参与优化决策的参与者存在层次化特征时，参与者如何选择策略的优化过程。层次优化存在以下主要特征：优化问题存在层次化结构，各层的参与者按照层次选择策略；各层的参与者存在不同的且相互存在竞争制约关系的优化需求；整个优化问题中只有部分参量与每层参与者相关，用于约束该层目标函数；按照由上至下的顺序分配决策权，下层参与者选择的策略不会影响上层参与者的策略；下层参与者的决策不仅影响自身目标，而且还影响上层参与者的目标；所有参与者的决策空间为一个整体，不可划分。两层规划模型是上下层之间存在耦合和层级关系的决策模型，描述具有主从关系的两个决策者博弈问题，通常为上层决策者先做出决策，而后下层决策者做出最优决策并反馈给上层决策者。两层规划是一种具有两层递阶结构的优化问题，是最基本的层次优化问题。而多层次（高于两层）则可以看作两层优化问题的嵌套式拓展。对于两层优

化问题，上下两层的优化问题均由目标函数和约束空间组成，然而下层优化问题的最优解影响则上层优化问题的目标函数和约束空间，同时，下层优化问题的最优解与上层优化问题的决策空间有关。在智能信息网络中，网络认知模型采用分级分布式部署方式，通过逐层汇聚方式实现感知信息的汇聚和认知过程的处理，同时，具备智能认知功能的智能体也是分级分布式组网的，网络管控与决策通常由顶层网管设备（Ⅲ、Ⅳ类智能体）与各子网的管控设备（Ⅲ、Ⅳ类智能体）及智能路由与网关（Ⅱ、Ⅳ）类智能体等协同完成，分级分布式的层次结构对于多子网构成的层次网络决策而言，可以建模成一个层次决策问题。

对于两层结构的网络优化决策，其规划模型可以建模为

$$\min_{x\in X}\min_{y\in\varphi(x)} F(x,y) \tag{4.13}$$

$\varphi(x)$ 为式（4.14）优化问题的最优解。

$$\min_{y}\left\{f(x,y):y\in K(x)\right\} \tag{4.14}$$

其中，F 和 f 为 $R^m\times R^m$ 上的实值连续函数，$\boldsymbol{X}$ 和 $K(x)$ 分别为网络顶层与决策优化层的约束空间。对于上述二层网络优化决策问题，通常的求解方法如下。

① 极点枚举法。主要基于枚举的方式搜索两层优化问题在约束空间中的全部极点，通过重复迭代搜索极点进行比较，最终获取满足该两层优化问题可行解约束空间的最优解。

② 分支定界法。利用 Kuhn-Tucker 条件，替换下层优化问题，代入上层优化问题中，从而将原问题转化为一个非层次优化问题，求解转化后的优化问题，代入原问题的约束空间中，判断获取的解是否为原两层优化问题的最优解。

③ 下降方向迭代法，如最速下降法。根据目标函数可行空间的特性，找到使得目标函数值降低的函数输入变量变化方向，并基于该变化方向（迭代方向），计算推导获取每次变化的步长值，从而设计合理的迭代算法使得目标函数值随着迭代朝着最优方向逼近。

④ 惩罚参量法。根据两层优化问题中的下层问题的特性，构建合理的惩罚函数，并将惩罚函数作为参量引入上层优化问题的目标函数中，基于此，原两层优化问题被替换为一个基于惩罚参量的非层次优化问题，可以通过非线性优化方式

求解该问题的最优解。

（4）贝叶斯因果决策

贝叶斯因果决策理论通过基于概率的方式为参与方提供合理的策略选择方案，通过决策行为的效用来评价决策行为，引导参与方理智选择最佳的策略。决策选择方式可以分为证据决策和因果决策两种，前者只有在明确看到能让结果最优的证据时才会驱动参与者选择该策略；后者则是依据能力与结果之间的因果关系来驱动决策选择，因果决策方式更加趋向于理性选择。

贝叶斯定理为数学领域中概率论中的一个定理，它与随机变量的条件概率及边缘概率分布有关，可由贝叶斯公式表征如下

$$P(B|A)=\frac{P(A|B)P(B)}{P(A)} \tag{4.15}$$

在上述贝叶斯定理的基础上，又发展出了贝叶斯网络的概念，由一个有向无环图和条件概率表集合组成。有向无环图中每个节点表示一个随机变量，可以是可直接观测变量或隐含变量，而有向边表示随机变量间的条件关系，条件概率表中则存储每个节点与其存在前向条件关联节点的联合条件概率。在贝叶斯网络中，每个节点的发生概率只受到与其直接相关联的后向节点的发生概率的影响。贝叶斯因果决策理论以贝叶斯定理和期望效用最大化原则作为其理论根基，在这一理论中，主要有三个核心概念，即结果的效用、状态的概率和行动的期望效用。贝叶斯因果决策是一种不确定的因果推理决策模型，在智能信息网络中，由于多域环境的参数值的动态性、参数空间复杂性以及变化的不规则性，根据当前及前一段时间感知到的多域环境信息特征，无法直接准确预测下一段时间的多域环境特征，但可以通过学习分析，基于网络知识获取当前网络状态、电磁环境等的变化趋势，即状态的转移概率集合，不同业务和应用场景对应的多个状态转移方向可以构建为贝叶斯网络，采用贝叶斯因果推理决策，在不知道前置条件是否发生、只知道条件概率的情况下，辅助网络向着最理想的状态进行决策。

（5）基于机器学习的方法

机器学习技术作为人工智能技术的主要分支之一，旨在通过计算机系统模拟人类学习行为，通过推理获取经验和知识，从而具备针对某一规则下的数据预测

和识别等能力。机器学习按照其实现方式的不同，可以分为无监督学习、有监督学习、计算推理、强化学习等。

无监督学习主要体现在训练数据中没有明确的标签或目标输出。如 K 均值聚类算法，它的思想是将数据分为 k 个组或簇，同一个组或簇内的数据点相似，由该组的聚类中心表示属于该组的类别，不同组或簇间的数据点则具备比较大的差异。此外，降维算法也属于无监督学习，主要用于在尽可能保留数据有用信息的同时降低数据冗余，有效简化数据结构，提高数据处理效率。

有监督学习与无监督学习相反，每个训练样本数据中都存在已知的标签或输出值，其主要用途是针对已知标签数据或输出已知的数据进行样本训练，构建输入输出关系，从而实现未知数据的准确输出映射。有监督学习通常面向两种类型的问题：回归问题和分类问题。支持向量机（Support Vector Machines， SVM）是一种解决二分类问题的有监督机器学习方式。该方法的主要思路是基于特征空间间隔距离最大化，将分类问题转化为凸二次规划问题求解。SVM 主要用于解决线性规划问题，至于非线性规划，可以基于核方法（Kernel Trick）将原始数据映射到特征空间实现特征值抽取的方式来实现。此外，决策树、随机森林等方法用于实现对决策过程的可解释性等。

然而，基于统计的学习方式无法较好地实现决策的推理。为解决该问题，有学者提出了基于案例的推理方式，通过模拟人类日常推理活动的过程，以认知心理活动过程为出发点，通过多个相似或关联问题的经验获取一定的规律性知识，指导未知问题的求解。与前述的传统基于规则的知识系统不同，基于案例的推理方式并不是基于明确的专家知识规则来实现问题的求解，因而也不要复杂的抽取专家知识规则的过程。它通过将已经存在解决方案的问题构建为由问题特征空间和解空间组成的案例并存储，对于输入数据来说，首先检索存储案例，若无法匹配到同一案例，则找到最相似的案例，通过修改该案例中的解决方案，找到该问题的最优解；最后，将这一对新的问题特征空间和解空间的映射组成新的案例存储到系统中。不难理解，这种方法中最重要的就是如何设计案例间的检索和相似度量方法。通常设计相似度度量方法分为两步开展：一是抽取问题的特征值，构建问题的数学特征表达，可以采用主成分分析（PCA）方法等来实现数据表征处理，有效降低数据维度；二是基于一定的算法实现案例问题特征空间的数学表征的相似度量计算，可采用 K 近邻法等方法实现。

上述方法并不一定能在可接受的代价（时间）内获取所有问题的最优解，强化学习通过建立状态到行为的映射，对环境引入奖励反馈机制，实现状态到行为的最优映射。与有监督学习等不同的是，强化学习的方法并不会直接告诉你如何产生正确的行动，而是通过延迟奖励、重复试错的方式让状态和行动之间的映射关系向收益（奖励）最大的方向演进。

为了探索更优的决策策略，可以使用基于强化学习的方法。强化学习通过与环境的交互实现策略的选择，以满足奖励最大化，其最常见的模型是标准的马尔可夫决策过程（Markov Decision Process， MDP）。强化学习通常可以分为基于模式的强化学习、无模式强化学习、主动强化学习和被动强化学习等。强化学习智能体通过观测环境中的状态，产生策略下的 Action，再次作用于环境，环境根据状态转移概率和回报函数给出下一状态和回报，通过不断迭代和交互，智能体更新策略最终达到最大的累积折损收益。强化学习的求解方法包含策略搜索和值函数法等，与深度学习结合，还可以形成深度强化学习方法。Q 学习就是一种典型的值函数方法，其特点是不需要进行建模，核心是 Q 值函数，通过给出某一状态下的行动的价值，在每个状态的所有可能行动中使得 Q 值函数最大来实现最佳策略的选择。但由于该方法需要通过查表的方式计算 Q 值函数，计算的复杂度随着行动和状态空间的大小而变化，难以实现高效的搜索。

智能信息网络中，优化决策可以通过机器学习方式与学习分析进行功能集成，针对网络顶层的规划和不需要协同计算的通信任务优化，可以采用机器学习的方式，以离线学习（针对常用场景的预训练）和在线学习（针对衍生场景的泛化学习）方式快速实现网络优化决策生成。

4.3.3.3　优化决策架构

在网络认知模型中，优化决策架构主要包括任务集约优化、专用学习、通信组网映射、知识推理、参数调整等模型，如图 4.6 所示。

智能信息网络需要高效的通信资源优化机制和策略，例如联合优化带宽、频谱分配、资源调度、功率、传输速率、接入控制等，使系统的整体性能达到最优化。优化决策技术能够根据当前网络所处的状态，基于多目标优化方法、机器学习方法、知识推理方法等完成网络资源、用户需求、移动性等多约束条件下的推理、规划等，最大限度地满足用户对信息容量、可靠传输、时效性等服务质量的使用要求，同时尽可能提高网络资源的利用效率，产生网络优化策略，并控制网络重构元素，进行协议重组、拓扑变化和资源重组等，保证整个网络安全、高效、不间断地运行。

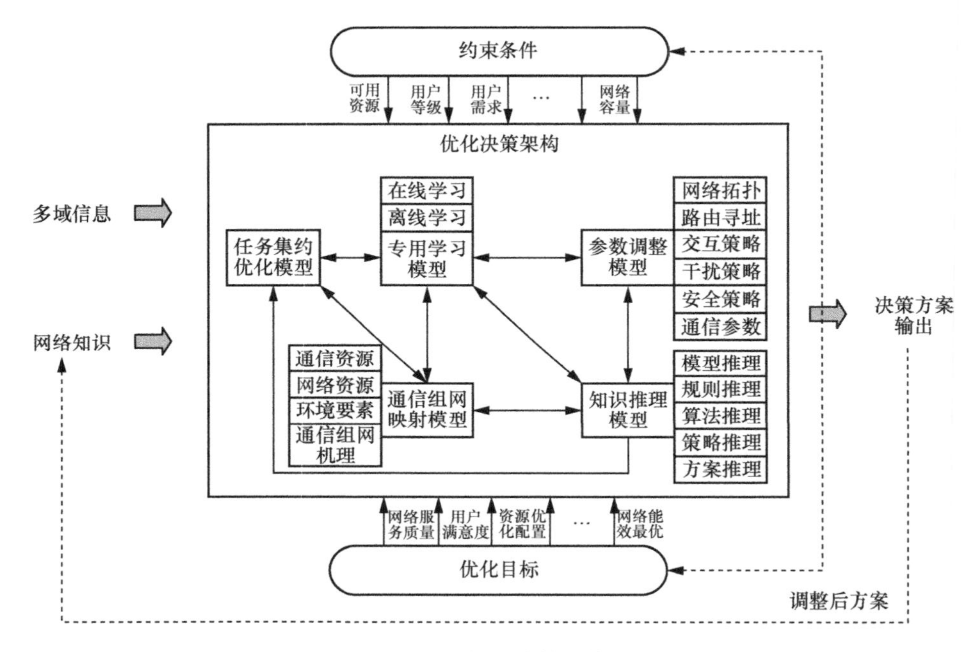

图 4.6　优化决策架构

第 5 章

智能信息网络知识体系与构建方法

网络中的智能体能够在知识层面实现直接连通，依据一定的规则和机制，如同人类社会一样，形成自管理、自优化、自学习、自演进的网络形态。虽然当今社会已涌现出海量的、各种层次上的智能体，但是，由于信息网络缺乏智能联接机制，智能体之间并未在知识层面上做到直接连通[1]。智能信息网络设计中，网络可以看成拥有“网络知识”的行为主体，“网络知识”能够驱动网络完成网络元素的联接和链路建立，支撑网络管理控制、网络行为追溯等功能的自主实现。面向网络使用“网络知识”进行智能组网、优化、运维管控等需求，如何设计及实现智能信息网络中网络知识的统一表征，为网络知识在智能信息网络中的流动和运用提供理论指导，是智能信息网络设计实现中要解决的关键问题。

5.1 概念内涵

5.1.1 概念定义

知识是人们在改造客观世界的实践活动中积累起来的认识和经验，包括对事物本质、属性、状态的认识和解决问题的方法[2]。

网络知识（Network Knowledge，NK），是对网络元素特征及其相互作用机制的抽象化表达，用于描述网络元素本质、属性、状态及其复杂关系，是网络对多域信息进行认知产生的结果。其内涵是对网络的自身状态、用户行为、电磁环境等多域信息中的事实、概念、规则进行统一表征，对不同来源、不同类型、不同领域的网络知识进行统一、高效的存储和管理，能被网络元素相互理解与应用。网络知识按照存储形式可以分为数据信息型知识、关系计算型知识。逻辑决策型知识，按照作用可以分为陈述性知识、过程性知识和决策性知识，按照知识的性质可以分为元知识、对象性知识、事实性知识、迁移性知识、性能性知识等。

网络知识与网络中的数据具有本质区别。网络数据是智能体通过感知、监测获得的未经加工的原始记录，例如网元状态、链路流量、信号质量、业务日志等，仅反映网络联接的某种客观状态属性，无法直接用来解释或表示任何含义。网络产生的不同数据之间看不出相互联系关系，是孤立和分散的。网络知识则是对网络数据进行认知、学习、挖掘、提炼后的结果，包含网络属性及状态间的深层关联与网络运行过程的本质规律。网络知识不是网络数据的简单积累，而是数据中有价值的事实、关联、规律等的抽象反映，本质上紧密依托于任务需求、电磁环境和社群背景的信息网络。

网络知识是实现智能行为决策的关键一环。智能体通过合理、灵活、高效地运用网络知识，能够对网络电磁环境与任务需求进行全面分析，并结合自身状态与能力水平做出正确决策，实现网络运行与管理的高度自治化，达到网络智能的终极目标。

就网络知识本身而言，其具有三个主要性质：境域性、交互性、社会性。

网络知识具有境域性。即使是处于同一网络中的同类型智能体，也往往具有不同的角色分工，面临着不同的电磁环境和任务，这些外部因素的细微差别都有可能导致智能体对于同一对象感知到不同数据，获得不同的认知结果。这说明，网络知识存在于一定的时空环境与理论范式中，不能脱离电磁环境和认知主体而独立存在。然而，网络知识的境域性并不意味着由此放弃对普适性的追求。实际上，正是因为网络知识在境域上具有有限性，才需要更加谨严地甄别网络知识适用的场景，完善网络知识的运用与分析机制，使智能体既能高效快速地迁移其他境域下的网络知识，又能充分应对全新境域中可能出现的问题与矛盾。

网络知识具有交互性。智能体的认知与行为紧密关联，相互作用。网络知识为智能体行为提供范本和指导，同时，智能体又在实践过程中不断发展和丰富网络知识。因此，智能体是“知行合一”的个体，知中有行，行中有知，二者互为表里，密不可分。

网络知识具有社会性。网络知识不仅来源于智能体个体的认知活动，还来源于智能体社群间的交互共享。网络知识发源于个体，并在网络中不断流动、传播、演变，网络拓扑、流动机制、传播途径等都影响着网络知识的演进历程。从这个意义上来说，网络与个体相同，都是网络知识的创造者。

5.1.2　网络知识分类

从内容角度，网络知识涵盖用户行为、网络状态、电磁环境三个领域。用户行为域的网络知识包括用户的地理位置、行为模式、业务偏好等；网络状态域的网络知识包括平均链路质量、传输控制协议、网络优化配置方案等；电磁环境域的网络知识包括信道特征参数、调制编码方案调整规则、干扰解决方案等。

从来源角度，网络知识可分为传统知识、认知知识、交互知识。传统知识一方面来自信息网络领域内的普遍共识，另一方面来自系统的设备信息库、业务流程条例等；认知知识来自网络运行过程中智能体对电磁环境的感知和学习过程；交互知识来自智能体网络间的知识迁移与共享。

从表征角度，网络知识可以从存储形式和表达内容两个视角进行统一表征。从存储形式，网络知识可分为数据信息型知识、关系计算型知识、逻辑决策型知识等三种。其中，数据信息型知识的实体定义为网络元素、属性、属性值、属性取值范围，关系定义为网络元素与属性之间的从属关系（Domain）、属性与属性值之间的对应关系（Value）、属性与属性取值范围之间的对应关系（Range）；关系计算型知识的实体定义为计算符（Calculator），包含神经网络、函数表达式、参数对照表等多种类型，关系定义为计算符的输入关系（Input）与输出关系（Output）；逻辑决策型知识的实体定义为操作符（Operator），包含对网络元素及属性的操作，关系定义为操作符之间的逻辑关系，包括顺承、条件、因果等。从表达内容，网络知识分为陈述型知识、过程型知识、决策型知识等三种。其中，陈述型知识是指关于网络元素状态和能力、电磁环境、用户行为等客观描述，网络空间相关概念、定义、公理、定理、规则等知识。过程型知识是指关于智能体关系、网络状态变化、优化决策求解操作等知识。决策型知识是指关于网络元素配置、重构、管理和决策等的知识，包括网络构建、干扰管控、拓扑控制等知识。

从类型角度，网络知识总体可以分为陈述性知识（或称描述性知识）和过程性知识（或称程序性知识）两大类。

在计算机科学领域，对知识和结构化数据的表示和存储具有不同的技术路线，最典型的包括本体（Ontology）和数据库（Database）两类。在智能信息网络约定的框架下，通过对数据进行结构化，并与已有结构化数据进行关联，从而形成智能信息网络知识图谱。所以，对于智能信息网络知识图谱而言，知识是认知，图谱是载体，数据库是实现。

5.2 网络知识表征与构建

5.2.1 网络知识表征

知识图谱（Knowledge Graph）以结构化的形式描述客观世界中概念、实体及其关系，将互联网的信息表达成更接近人类认知世界的形式，提供了一种更好地组织、管理和理解互联网海量信息的能力[3]。知识图谱给互联网语义搜索带来了活力，同时也在智能问答中显示出强大威力，已经成为互联网知识驱动的智能应用的基础设施。知识图谱与大数据和深度学习一起，成为推动互联网和人工智能发展的核心驱动力之一[4]。

面对动态多变的复杂智能信息网络，传统知识图谱的表征能力弱，管理效率低，推理机制差，难以胜任各种复杂任务。因此，网络知识图谱应运而生。网络知识图谱是面向网络知识的全新表征模型，能够以图结构高效、统一地表征网络中不同来源、不同类型、不同领域的知识，具备更强的推理能力。

与知识图谱不同，网络知识图谱不关注语义层面的语言分析与处理，而是对智能体能够识别的计算关系、程序、算法等进行统一组织，旨在为智能体的行为决策提供支撑，为网络的学习和演进提供储备空间。另一方面，网络知识图谱将知识结构与知识内容分开存储，充分利用图数据库与关系型数据库的优势，以适应网络知识动态时变的特性。此外，网络知识图谱将网络中的事件与动作封装成操作符，利用操作符之间的顺承、条件、因果关系描述网络的运行规则与业务流程，突破了知识图谱不能存储过程性知识的局限。

网络知识的类型是决定表征方式的最为关键的因素，不同领域、不同来源的网络知识在本质上仍然可以按照类型进行划分。因此，本节从存储形式的角度来定义网络知识的表征方法，将网络知识分为数据信息型、关系计算型、逻辑决策型，如图 5.1 所示。

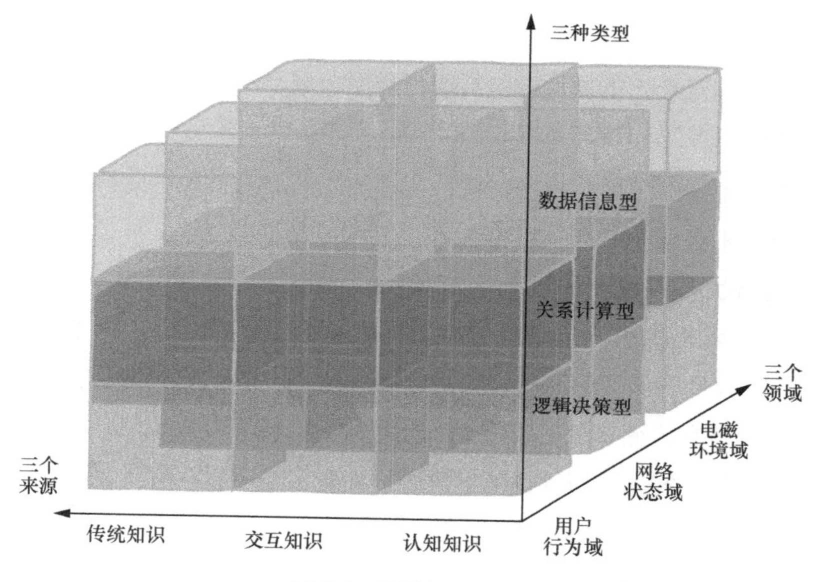

图 5.1　网络知识分类

数据信息型知识是对网络客观事物的陈述，对网络元素的数量、属性等特征的定性、定量表示，如图 5.2 所示。

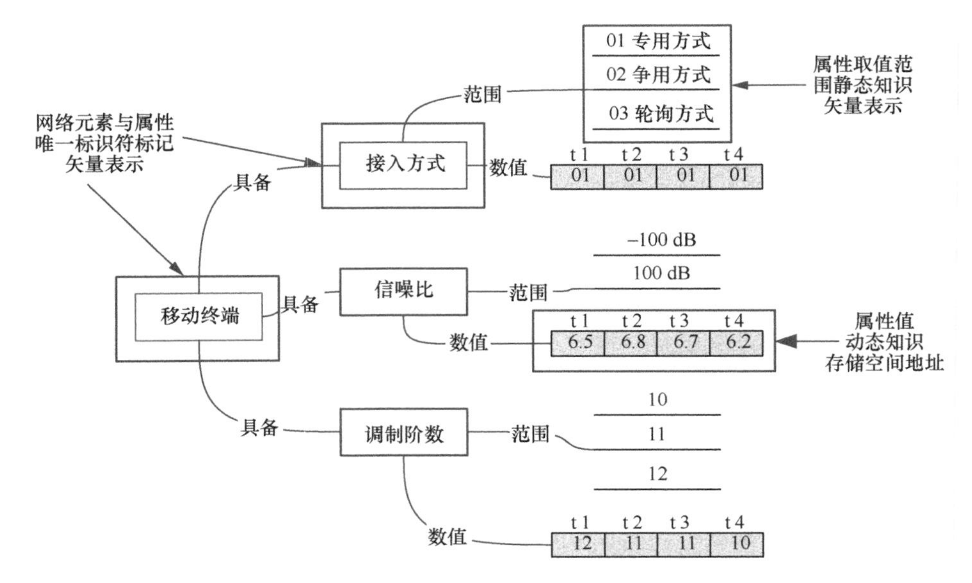

图 5.2　数据信息型知识示例

数据信息型知识的实体包括以下几类。

（1）特征实体 $\mathcal{P}=\mathcal{P}_c\cup\mathcal{P}_d$，其中，$\mathcal{P}_c=\{P_c|P.$取值类型=连续$\}$为连续取值特征实体集合，其元素 P_c 的属性键包括取值类型、最小值、最大值、单位、维度；$\mathcal{P}_d=\{\mathcal{P}_d|P.$取值类型=离散$\}$为离散取值特征实体集合，其元素 P_d 的属性键包括取值类型、取值范围、单位、维度。特征实体的属性键值对表示此特征在取值方面的固有特点，不包含此特征的真实取值。

（2）网络状态实体 $\varepsilon=\varepsilon_d\cup\varepsilon_c$，其中，$\varepsilon_d=\{E_d|E.\text{name}=x_\text{id}, x\in\{$终端网元, 路由网元, 管控网元, 复合网元$\}, \text{id}\in N^+\}$为网元状态实体集合，$\varepsilon_c=\{E_c\,|\,E.\text{name}=$信道$_\text{id}, \text{id}\in N^+\}$为信道状态实体集合。网络状态实体 E 的属性键 p 为该网元或该信道具有的所有特征参数；属性值为当前时刻的特征参数取值，随网络状态不断变化。网络状态实体的属性键值对反映网元对自身配置、邻节点与信道状态的认知，由上一时刻网元的感知数据决定。

数据信息型知识的关系如下。

（1）通信关系 w，具有方向性，起始于业务源节点的网元状态实体 E_d，终止于信道状态实体 E_c；或起始于信道状态实体 E_c，终止于业务目的节点的网元状态实体 E_d。

（2）具备关系 h，具有方向性，起始于网元状态实体 E，终止于特征实体 P，表示某网元具有某特征。记以网络状态实体 E' 为头实体的具备关系 h 的尾实体集合为 $\mathcal{P}'$，则 E' 的属性键与 $\mathcal{P}'$ 的名称一一对应。

关系计算型知识是变量间的数值映射关系，反映网络元素属性间的数值关联，如图 5.3 所示。其实体集合 $\mathcal{C}=\mathcal{C}_f \cup \mathcal{C}_t \cup \mathcal{C}_n$，其中，公式计算实体集合 $\mathcal{C}_f=\{C_f \in \mathcal{C} | C.\text{类型=公式}\}$，其元素 C_f 属性键包括类型、表达式；表格计算实体 $\mathcal{C}_t=\{C_t \in \mathcal{C} | C.\text{类型=表格}\}$，其元素 C_t 属性键包括类型、表格文件路径；模型计算实体 $\mathcal{C}_n=\{C_n \in \mathcal{C} | (C.\text{类型}\neq\text{表格}) \& (C.\text{类型}\neq\text{公式})\}$，其元素 C_n 属性键包括类型、精确度、模型结构文件路径、模型参数文件路径。

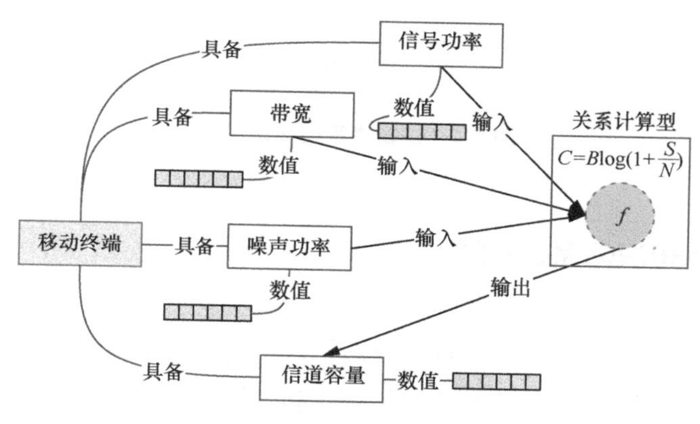

图 5.3 关系计算型知识示例

关系计算型知识的关系包括：（1）输入关系 i，具有方向性，起始于特征实体 P，终止于计算实体 C，表示该特征为该计算模型的输入参数；（2）输出关系 o，具有方向性，起始于计算实体 C，终止于特征实体 P，表示该特征为该计算模型的输出参数。

逻辑决策型知识解决问题的经验和规则，体现为网络事件之间的逻辑关系，如图 5.4 所示。其实体表示为 O，其属性键包括触发条件、程序文件路径。逻辑决策型知识的关系包括：（1）触发关系 t，具有方向性，起始于特征实体 P，终止于策略实体 O，表示网元将在该特征满足触发条件的情况下执行该策略；（2）调用关系 c，具有方向性，起始于计算实体 C，终止于策略实体 O，表示该策略执行过程中将以一定顺序调用该计算模型；（3）更新关系 u，具有方向性，起始于策

略实体 O，终止于特征实体 P，表示该策略将以该特征作为决策方案。

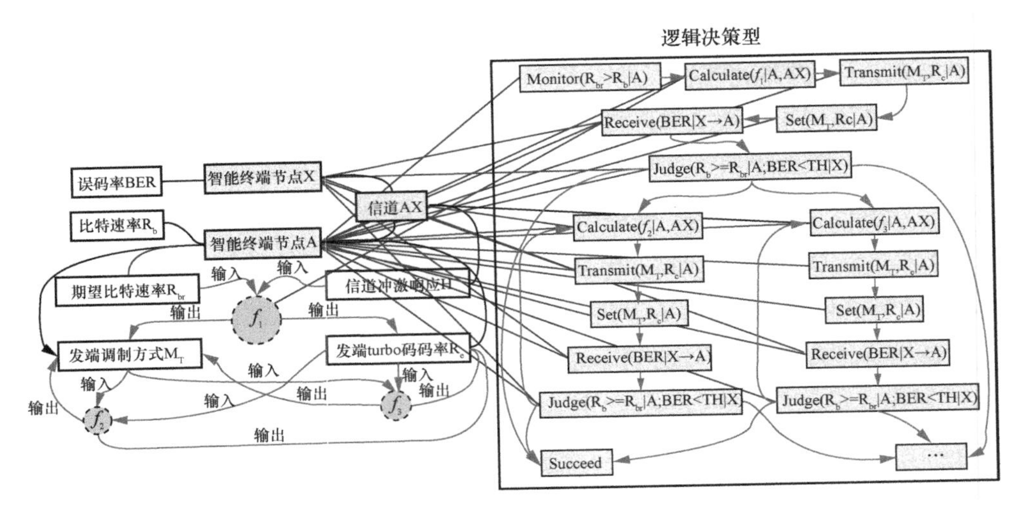

图 5.4　逻辑决策型知识示例

5.2.2　网络知识体系的构建

网络知识体系具备构建、管理、应用三大功能模块，其功能架构如图 5.5 所示。其中，构建功能包括知识抽取、增量更新、图谱融合、知识衍生；管理功能包括图谱存储、知识迁移、知识访问；应用功能包括知识查询、知识推理。

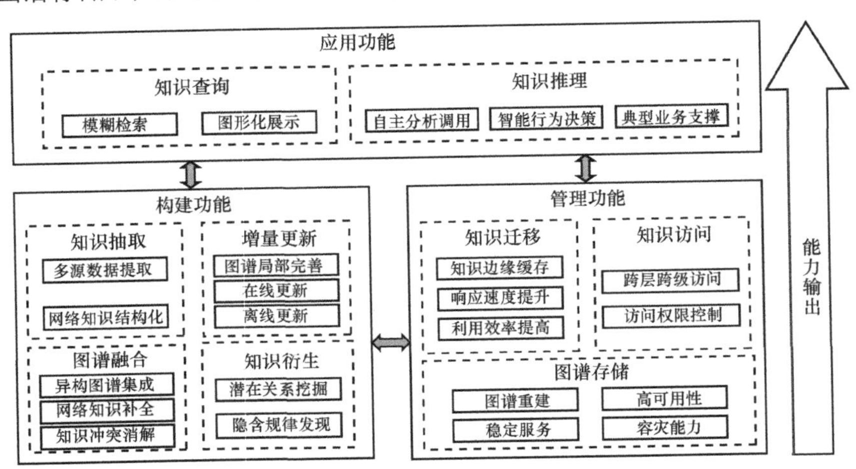

图 5.5　网络知识体系功能架构

网络知识构建是从数据到知识关联并形成图形化结构的过程，能够统一表征网络中多域多源多型的海量知识，并在智能体的学习、应用及交互过程中不断扩展和丰富，为智能体的行为决策及知识共享提供保障。其主要子功能包括知识抽取、增量更新、图谱融合、知识衍生[5]。

网络知识管理是为了让知识在网络中高效地存储、共享与使用，能够使用知识迁移机制提升知识的使用效率，通过权限的控制使得知识安全地被访问，同时保障网络知识在网络中的鲁棒可靠性。其主要子功能为知识迁移、知识访问和图谱存储。

网络知识应用主要是针对智能体的知识访问需求和利用知识进行推理完成任务和解决问题。其主要子功能是知识查询和知识推理。

5.2.3　基本工作原理

网络知识在智能体网络中扮演“大脑”的功能，在智能体网络中运行机理如图 5.6 所示。

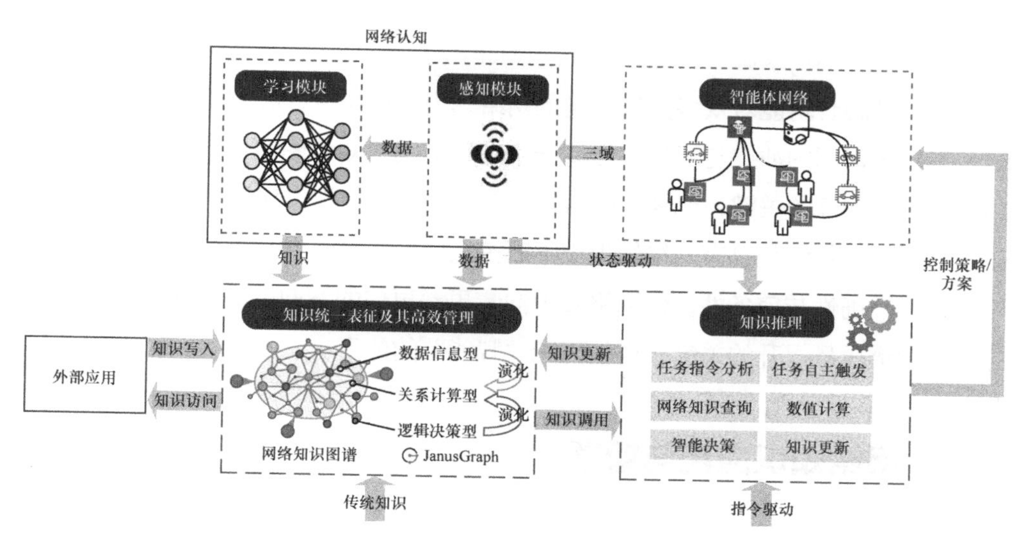

图 5.6　网络知识运行机理

网络认知的学习模块产生的网络知识，可以存入网络知识图谱，通过高效管理分类存储为三类网络知识，同时网络认知的感知模块感知到的数据可以通过网络知识的统一表征方式表征为三类网络知识，传统的通信领域知识也可以存储为网络知识的结构。三类网络知识通过知识推理功能，在网络认知到的网络状态、用户行为、电磁环境三个域的等状态信息和网络管控指令的共同驱动下，实现任务指令分析、任务自主触发、网络知识查询、数值计算、智能决策等功能，形成对智能体构成的网络的控制决策，决策的效果同步又反馈生成新的网络知识通过知识更新存储到网络知识图谱中。此外，网络知识体系支持外部应用产生的网络知识的写入和读取访问，实现跨应用的网络知识服务。

网络知识抽取是从智能体的认知与学习结果、系统数据库、业务标准等多种来源和形式的数据中提取出计算机可理解和计算的结构化网络知识，并存入网络知识图谱中。本功能面向原始数据，是构建网络知识图谱的基础[6]。

网络知识初始化完成后，智能体需要根据网络运行反馈及不断出现的新知识对网络知识图谱进行逐步改进与完善。增量更新的功能使智能体能够在网络运行过程中对已有网络知识图谱进行局部增加、删除或修改。本功能支持在线和离线两种更新模式，其中，在线更新主要面向网络知识图谱应用过程中的知识缺失和新的业务需求，离线更新主要面向数据量的增量累积与数据源的类型变化等问题。

网络知识不仅来源于智能体个体的感知学习，也来源于智能体社群间的交互共享。图谱融合功能对众多分散异构的网络知识进行集成，补充不完全的网络知识，消解知识间的冲突与矛盾，形成一个统一的网络知识图谱。本功能是实现网络知识高效交互的关键，能够为网络知识在协同共享中提供保障。

知识衍生能够从已有网络知识中不断挖掘潜在关系，发现隐含规律，提升网络知识的准确性与完备性，使网络知识向着更深更广的方向演进。知识衍生功能是知识图谱质量提升的关键，也是网元“智能”的体现。

5.3 网络知识应用与管理

5.3.1 网络知识应用

网络知识应用是利用网络知识解决网络自主开通、网络重构等业务过程，其主要子功能包括图谱查询与知识推理。

网络知识图谱支持实体、关系的快速查询与检索结果的图形化展示，便于操作用户和运维人员对网络知识图谱进行查询或修正。此外，网络知识图谱支持邻接实体及关系的模糊检索，是知识推理功能的基础。

网络知识应用技术包括知识查询技术和知识推理技术。

（1）知识查询是通过指定的查询语言，实现对网络中特定子图、实体、属性或关系的检索，并以良好的交互界面展示出结果的过程。查询需求可以分为唯一性查询需求和混合查询需求。针对唯一性查询需求可以采用复合索引（Composite Index）技术；针对范围查询等更广泛的混合查询需求，可以采用混合索引（Mixed Index）技术。复合索引技术中，索引的全部字段才能触发该索引，因此仅支持唯一性查询，具有较高的查询速度。而混合索引技术中，索引的任何字段组合都可以触发该索引，因此能够支持全文检索、范围检索、地理检索等方式，查询结果更加丰富多样，但效率相对较低。根据不同的查询需求，有机融合复合索引技术与混合索引技术，可以提供智能化的查询结果。

（2）知识推理是在任务的驱动下，依据逻辑决策型知识，调用数据信息型和关系计算型知识完成任务，并将任务完成情况反馈给知识图谱，使其根据任务完成情况更新知识的过程。基于网络状态和外部指令驱动任务触发器进行任务分析，调用网络知识中的三类知识进行智能决策。当遇到全新任务时，采取任务分解机制，将全新任务分解为可以利用网络知识解决的子任务，从而与已有的网络知识关联，借鉴强化学习的思想，对分解策略迭代寻找最优决策。通过知识推理功能，智能体能够根据用户指令或网络状态，自主调用并分析网络知识，做出智能行为决策。知识推理功能是智能体运用知识实现智能的关键。

5.3.2　网络知识管理

网络知识管理是在网络层面上优化知识分布、维护知识高可用性的过程。网络知识图谱在智能信息网络中以分层分级的架构存储。最高层为核心层，由少量相互连通的智能控制设备组成，具有全网知识的访问权限，并承担全网知识的维护管理职能；核心层下级为骨干层，主要由复合智能设备和智能路由设备组成，承担其下辖范围内智能体的知识维护管理责任；骨干层下级为边缘层，包括大量智能终端设备，是网络知识的主要生产者。

网络知识管理技术包括图谱存储机制、知识迁移机制和知识访问机制。

（1）全网的网络知识图谱分布式地存储在核心层智能体中，保证在某个节点因物理毁伤等意外情况而失效时，其他智能体仍能提供稳定持续的知识服务。骨干层智能体具有接替机制，当某个节点遭受打击丧失功能时，其下辖的边缘层智能体能够自主选举出一个节点作为接替，并通过知识迁移、图谱融合等重建网络知识图谱。核心层的分布式存储方案与骨干层的接替机制能够避免因部分节点毁伤而影响甚至阻碍全网知识系统运行的情况，保障网络知识图谱在复杂的电磁环境中具有容灾能力和高可用性。

（2）知识迁移机制将知识按照一定的规则在网络中被动传播，涉及基于知识热度的分发机制和基于任务的知识装载机制。知识迁移机制使网络知识能够在不同层级的智能体间有序上报和下发，并根据节点存储计算能力、网络知识热度等进行差异化存储，最大化地节省通信开销，提升知识服务响应速度。另外，核心层智能体建立并维护网络知识的任务标签，为智能体下发符合任务需求的网络知识，提高知识利用效率[7]。

（3）知识访问是知识根据智能体或用户的需求，在网络中主动传递的过程。网络知识图谱提供跨层跨级的知识访问机制，保障知识访问请求和响应在网络中的高效可靠传输。另外，网络知识图谱提供知识访问权限控制，限定公有知识与私有知识的开放范围，降低知识泄密风险。

5.3.3 网络知识评价

为了评价网络知识系统的能力水平，构建了网络知识系统评估指标体系。网络知识系统自顶向下由应用层、管理层、表示层构成，采用业务支撑能力、易操作性、表示能力、可理解性四方面指标分别评价系统各层的能力，最终得到网络知识系统的评价指标体系。通过对网络知识系统进行以下 4 个方面的定量评估，为网络知识系统提供反馈指导。

（1）表示能力

不同的知识表征方法有不同的表示能力。具体来说，一种知识表征方法的表

示能力 E_c 应由三个子指标来衡量，即表征类别 $E_{类别}$ 、知识粒度 $E_{粒度}$ 、知识内涵 $E_{内涵}$ ，表示为

$$E_c = \pi_t E_{类别} + \pi_g E_{粒度} + \pi_r E_{内涵} \tag{5.1}$$

其中，π_t 、π_g 和 π_r 为子指标的权重，权重越大代表此子指标的重要性越高。根据类别，知识可以分为陈述性知识和过程性知识，子指标 $E_{类别}$ 衡量了知识表征方法能否表示陈述性知识和过程性知识，表示为

$$E_{类别} = \frac{1}{N_{类别}} \sum_{n_t} \delta(n_t), n_t \in \{陈述性, 过程性\} \tag{5.2}$$

根据知识的抽象程度，对知识进行多粒度的划分，包括实例知识、概念知识、事件知识、事理知识 4 个粒度层次。实例知识是实际网络中出现的具体现象，是最细粒度的知识单元。实例知识具体包括实例对象、实例对象属性、实例对象之间的关系。概念知识由实例知识归纳概括构成，能够揭示实例对象本质内涵。从逻辑学角度，概念是思维的基本单位，是对实例对象特有的本质属性的抽象揭示和描述。概念由内涵和外延构成，内涵是指概念的含义，由概念所反映的客观对象的特有属性构成；外延是概念适用的对象或范围，由概念所指称的客观对象构成。因此，概念知识包括概念标识、概念内涵、概念外延。知识图谱通过模式层的本体模型表征概念标识，通过模式层与数据层之间的实例化关系表征概念外延，而无法表征概念内涵。本章提出的网络知识图谱表征方法利用特征实体的属性表征概念内涵，提升了概念知识粒度的表征能力。

事件知识是现实网络中元素行为的反映，是发生在特定时间、空间下的，由若干角色参与且具有特定的动作特征。事件知识具体包括时间、空间、角色、行为。事理知识是事件之间规律性逻辑关系的描述，是连接实践对象和实践目的的桥梁，由事件知识分析、归纳获得。事理知识不依赖于具体情境和实际主体，而是事件背后蕴含的道理与原则。因此，事理知识具体包括事理标识、事件、逻辑关系。这里，事件仅是事理知识的一个组成元素，因此相比于事件知识，事理知识是更粗粒度的知识表达。可以看出，在 4 种粒度的知识中，实例知识、概念知识是陈述性知识，事理知识、事件知识是过程性知识。

不同的知识表征方法在支持多粒度知识表达的能力上不同，由子指标知识粒

度 $E_{粒度}$ 衡量，表示为

$$E_{粒度}=\frac{1}{N_{粒度}}\sum_{n_g}\frac{\sum_{i}\delta(n_g^{(i)})}{N_g}, n_g\in\{事理,事件,概念,实例\} \tag{5.3}$$

其中，每种粒度的表示能力由对应粒度的具体元素表示能力组成。

从内涵角度，知识可以分为语义知识和数理知识。语义知识由语言描述的客观事实等内容组成，由词汇体系和词义系统展现，数理知识则由概念间的数字逻辑模型描述。不同知识表征方法对知识内涵的表示能力由子指标 $E_{内涵}$ 衡量，表示为

$$E_{内涵}=\frac{1}{N_{内涵}}\sum_{n_r}\delta(n_r), n_r\in\{语义,数理\} \tag{5.4}$$

（2）可理解性

可理解性 Re 衡量智能体对网络知识的理解程度，由知识图谱融合前后知识熵 H 的变化来度量，表示为

$$\mathrm{Re}=\frac{H_{融合前}-H_{融合后}}{H_{融合前}} \tag{5.5}$$

知识熵衡量知识对系统引入的熵减，代表逻辑与计算实体对特征实体的区分能力，计算式为

$$H(D_k)=-\frac{\sum_{i=1}^{M}\frac{|X_i|\log_2\frac{|X_i|}{N}}{N}}{\log_2 N} \tag{5.6}$$

其中， X_i 为逻辑与计算实体在特征实体上划分的等价类，记为 $\frac{U}{P}=\{X_1,X_2,\cdots,X_M\}$；$U$ 为逻辑与计算实体集合；P 为特征实体集合；N 为特征实体个数；$|\cdot|$ 为集合的势。知识熵与知识密度 D_K 有关，知识密度代表特征实体的平均度，定义为

$$D_K=\frac{\sum_{l}d_{逻辑实体}^{(l)}+\sum_{v}d_{计算实体}^{(v)}}{N} \tag{5.7}$$

（3）业务支撑能力

业务支撑能力是对网络知识系统应用层能力的量化评价指标，验证系统能否

快速、有效地支撑通信网络重构等多种通信网络业务。具体来说，业务支撑能力指标 Sa 由推理实时性 $\mathrm{TI}_{推理}$、业务多样性 $\mathrm{SI}_{业务}$、任务有效性 $\mathrm{Ef}_{网络}$三个子指标构成，表示为

$$\mathrm{Sa}=\pi_t \mathrm{TI}_{推理}+\pi_s \mathrm{SI}_{业务}+\pi_e \mathrm{Ef}_{网络} \tag{5.8}$$

其中，π_t、π_s 和 π_e 分别为子指标的权重，权重越大代表此子指标的重要性越高。

推理实时性由推理响应时间反映，当参考推理时间为 t_{tol}，实际推理时间为 t 时，推理实时性 $\mathrm{TI}_{推理}$ 计算式为

$$\mathrm{TI}_{推理}=\frac{t_{\mathrm{tol}}-t}{t_{\mathrm{tol}}} \tag{5.9}$$

业务多样性由任务支持种类反映，当参考任务种类为 N_{tol}，实际任务支持种类为 N 时，业务多样性 $\mathrm{SI}_{业务}$ 计算式为

$$\mathrm{SI}_{业务}=\frac{N_{\mathrm{tol}}-N}{N_{\mathrm{tol}}} \tag{5.10}$$

任务有效性由任务完成概率反映，当业务 i 进行 $N_{总次数}^{(i)}$ 次时，记其中完成次数为 $n_{成功}^{(i)}$，则任务有效性 $\mathrm{Ef}_{网络}$ 计算式为

$$\mathrm{Ef}_{网络}=\frac{1}{N}\sum_{i=1}^{N}\frac{n_{成功}^{(i)}}{n_{总次数}^{(i)}} \tag{5.11}$$

（4）易操作性

易操作性 Em 是对网络知识系统管理层能力的评估，验证系统中构建、融合、存储、查询等并发操作的完成效率，由系统吞吐量 TP 反映，表示为

$$\mathrm{Em}=\frac{1-e^{-\gamma_e \max(\mathrm{TP})}}{1+e^{-\gamma_e \max(\mathrm{TP})}} \tag{5.12}$$

其中，γ_e 为衰减因子，可根据系统的最大吞吐量确定。

系统吞吐量 TP 定义为单位时间内系统处理多种并发请求的数量，表示为

$$\mathrm{TP}=\sum_{p\in P}^{P}\frac{N_{P,并发}}{T_{P,平均响应}}=\sum_{p\in P}^{P}\frac{N_{P,节点}\bar{C}_{P,负载}}{T_{P,平均响应}} \tag{5.13}$$

其中，$p\in P=\{构建,更新,查询,融合,恢复\}$，$N_{P,节点}$ 为操作 p 的并发节点数，

$\bar{C}_{P,负载}$为操作 p 的平均请求量，$T_{P,平均负载}$为操作 p 的平均响应时间。

5.4 关键技术

5.4.1 知识抽取技术

知识抽取技术从多域多源的异构数据中提取出数据信息型、关系计算型和逻辑决策型三种类型的网络知识，并以三元组的形式存储在网络知识图谱中，主要包括对结构化数据、半结构化数据和非结构化数据的抽取。

结构化数据是指由二维表结构来逻辑表达和实现的数据，严格地遵循数据格式与长度规范，包括设备信息、业务系统等关系型数据库，用于网络知识图谱的初期构建。主要采用将关系数据库映射到资源描述框架（RDF）的 R2D（RDF to Database）技术。

半结构化数据不符合关系型数据库的数据模型，但包含相关标记，用以分隔语义元素以及对记录和字段进行分层，包括 JSON、XML 等格式的网络认知结果，用于网络知识图谱的扩展。主要技术为包装器技术。

非结构化数据是数据结构不规则或不完整，没有预定义的数据模型，不方便使用数据库二维逻辑表来表现的数据，包括文本、图谱等，主要为与人、互联网、其他传统知识图谱交互得到的交互知识，用于自身的进一步扩展。对于非结构化数据的抽取，一般采用基于深度学习的 NLP 技术，如，基于 LSTM-CNN-CRF 模型、注意力机制模型的实体命名识别技术；基于 Pipeline、Joint Model 等监督学习方法或远程监督、Bootstrapping 等弱监督学习方法的关系抽取技术；基于 Pipeline、Joint Model 的事件抽取技术。本节主要介绍从非结构化的文本中抽取结构化网络知识的方法。

基于 NEZHA–半指针–半标注模型实现三元组抽取，主要思想是通过 NEZHA 预训练语言模型得到字–词向量序列，提取输入文本的全局特征；对生成的字–词向量序列使用“半指针–半标注”结构（激活函数中将 Softmax 换成 Sigmoid）预

测头实体 s，然后对于每一种关系 p，都构建一个“半指针-半标注”结构来预测对应的尾实体 o。NEZHA 预训练语言模型的整体结构如图 5.7 所示。

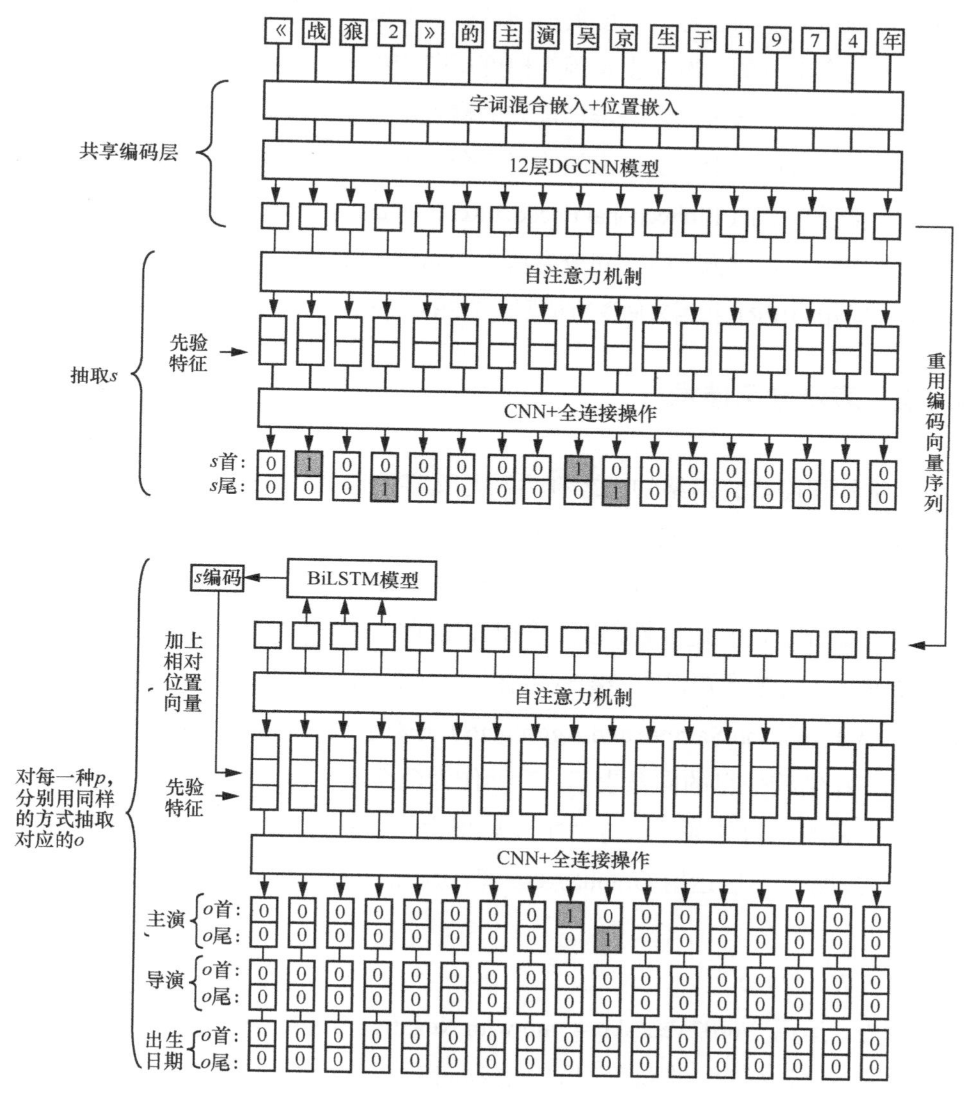

图 5.7　NEZHA 预训练语言模型的整体结构

基于 NEZHA-半指针-半标注模型的知识抽取方法在算法上有如下改进。

“半指针-半标注”结构采用“0/1 标注”，激活函数中将 Softmax 换成 Sigmoid，并且在关系分类的时候使用 Sigmoid 进行二分类。“0/1 标注”可识别实体在编码序列的开始和终止位置，进而能准确识别并抽取三元组。

由于梯度消失与梯度爆炸问题的存在，模型表达能力随着神经网络层数加深呈现先增强后衰弱的趋势。梯度消失问题和梯度爆炸问题都是网络太深、网络权值更新不稳定造成的，本质上是因为梯度反向传播中的连乘效应。层标准化可解决梯度消失问题，通过固定一层神经元的输入均值和方差来降低内部协变量转移的影响，使神经网络上一层输出的改变不会产生下一层输入的高相关性改变。

加入基于 BERT（Bidirectional Encoder Representations from Transformer）的预训练语言模型 NEZHA，此模型主要可分为基于 Transformer 基础的 BERTModel、用来做 Seq2seq 任务的 BERT 和用来做语言模型的 BERT 三部分。

5.4.2 表示学习技术

网络知识图谱将网络知识表征为图与文字的形式，难以与机器学习方法深度耦合，因此，需要研究网络知识图谱的表示学习方法，构建网络知识图谱的向量化表示。网络知识存储在基于属性图模型的图数据库 Neo4j 中，其中的节点、节点属性、边、边属性都蕴含知识，因此，表示学习不仅要考虑属性中的高层语义，还要考虑知识图谱结构包含的特征信息。本节采用基于 Word2Vec 与 GraphSAGE（Graph Sample and Aggregate）的表示学习方法，获得包含节点自身信息和拓扑结构信息的向量表示，后续作为蕴含潜在语义信息的特征向量应用于下游的机器学习任务。该方法主要思想为，首先运用 Word2Vec 方法完成词的分布式表示，然后运用 GraphSAGE 算法从顶点的局部邻居采样中聚合顶点特征。

（1）Word2Vec

首先，运用 Word2Vec/Skip-gram with Negative Sampling 在中文维基百科、百度百科等多个语料库上训练得到的中文词向量，将每个顶点包含的网络知识中的文字部分进行自然语言处理，再结合其他数据，得到该节点初始化时的向量，然后运用 GraphSAGE 得到每个顶点的嵌入表示。

网络知识中存在大量的自然语言，通常需要将语言数学化后再交给机器学习中的算法处理。词嵌入（Word Embedding）是用来将语言中的词进行数学化的一种方式，可以将非结构化、不可计算的文本信息转化为结构化、可计算的词向量。词向量通常分为 One-Hot 表示和分布式表示。分布式表示的基本思想是，通过训练，将某种语言中的每一个词映射成一个固定长度的向量，所有这些向量构成一个词向量空间，而每一个向量则可视为该空间中的一个点，在这个空间上引入“距离”，就可以根据词与词之间的距离来判断它们之间的语法、语义上的相似性，克服了 One-Hot 表示容易向量维度爆炸、无法刻画单词间关系的缺点。

（2）GraphSAGE

图嵌入旨在从图数据中学习得到图中每个节点的低维、实值、稠密的向量表示，作为顶点的特征运用于后续的网络应用任务中，如节点分类、连接预测、社区发现、可视化任务等。

GraphSAGE 是一种归纳式图嵌入方法，不需要将整个图的数据全部加入嵌入过程中，对未知数据具有很好的泛化能力，在具有相同特征的图之间也有一定的泛化能力。其核心思想是基于顶点本身的特征（如文本属性、节点信息）和网络节点连接关系，通过学习一个对邻居顶点进行聚合表示的函数来产生目标顶点的嵌入向量。需要注意的是，GraphSAGE 方法学到的是产生顶点嵌入向量的映射函数，所以当顶点的邻居关系发生变化时，产生的顶点嵌入向量会随之变化。

GraphSAGE 主要步骤如图 5.8 所示，包括：对图中每个顶点的邻居顶点进行采样，根据聚合函数聚合邻居顶点的特征信息，得到图中各顶点的向量表示供下游任务使用。

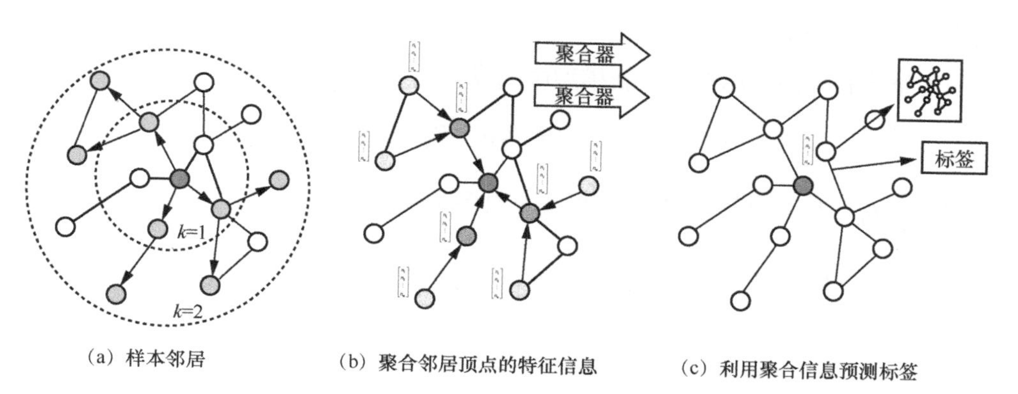

图 5.8　GraphSAGE 主要步骤

5.4.3 知识融合技术

智能体交互知识的过程中需要进行网络知识图谱的融合，其中的关键技术是关系计算型知识中神经网络模型的融合。传统神经网络的融合方法可大致分为模型权重平均、预测结果平均、模型堆叠三类。为提升结构的简单性，提升融合的实时性、通用性与简捷性，本节采用知识蒸馏（Knowledge Distillation）方法来实现神经网络融合。知识蒸馏是提高移动设备深度学习模型性能的一种简单方法，被广泛应用于模型加速，其核心思想为：将待融合模型 Softmax 层的输入蒸馏加权求和，使融合后的模型具备所有模型的预测能力。

知识蒸馏的损失函数包含两部分：其一是真实标签（硬标签）与小模型预测分布之间的交叉熵 $\text{Loss}^{\text{hard}}$，其二是复杂模型预测分布（软标签）与小模型预测分布之间的交叉熵 $\text{Loss}^{\text{soft}}$。在 $\text{Loss}^{\text{hard}}$ 中，新模型预测分布通过原 Softmax 函数 $\delta_1(\cdot)$ 进行软化；在 $\text{Loss}^{\text{soft}}$ 中，原模型和新模型预测分布通过广义 Softmax 函数进行软化 $\delta_T(\cdot)$。因此，总损失函数为

$$\begin{aligned}
&\text{Loss} = \lambda\text{Loss}^{\text{hard}} + (1-\lambda)\text{Loss}^{\text{soft}} = \\
&\lambda\text{Loss}_{\text{CE}}(\boldsymbol{t},\boldsymbol{q}^{\text{hard}}) + (1-\lambda)\text{Loss}_{\text{CE}}(\boldsymbol{p},\boldsymbol{q}^{\text{soft}}) = \\
&\lambda\text{Loss}_{\text{CE}}\left(\boldsymbol{t},\delta_1(\boldsymbol{v})\right) + (1-\lambda)\text{Loss}_{\text{CE}}(\delta_T(\boldsymbol{z}),\delta_T(\boldsymbol{v}))
\end{aligned} \tag{5.14}$$

其中，$0 \leqslant \lambda \leqslant 1$ 为硬损失函数的权重，$\boldsymbol{t}$ 为真实分布（即标签的 One-Hot 向量表示），$\boldsymbol{p} = \delta_T(\boldsymbol{z})$ 和 $\boldsymbol{q} = \delta_T(\boldsymbol{v})$ 分别表示原模型预测分布和新模型预测分布。知识蒸馏模型如图 5.9 所示。

为量化各模型预测能力在新模型中的权重，定义融合率集合为

$$\boldsymbol{\theta} = \{\theta_1, \theta_2, \cdots, \theta_N\} \tag{5.15}$$

其中，$\sum_n \theta_n = 1$。其核心思想是，根据 $\boldsymbol{\theta}$ 对多个模型的 logits 进行加权，从而更好地融合多个模型所学习到的预测分布。因此，多个神经网络融合的总损失函数为

$$\text{Loss} = \lambda \text{Loss}^{\text{soft}} + (1-\lambda)\sum_i \text{Loss}_i^{\text{hard}} =$$
$$\lambda \text{Loss}_{\text{CE}}(\boldsymbol{t}, \boldsymbol{q}^{\text{hard}}) + (1-\lambda)\sum_n \text{Loss}_{\text{CE}}(\boldsymbol{p}_n^{\text{soft}}, \boldsymbol{q}^{\text{soft}}) =$$
$$\lambda \text{Loss}_{\text{CE}}(\boldsymbol{t}, \delta_1(\boldsymbol{v})) + (1-\lambda)\sum_n \text{Loss}_{\text{CE}}(\delta_T(\boldsymbol{\theta}_n \otimes \boldsymbol{z}_n), \delta_T(\boldsymbol{v})) \tag{5.16}$$

其中，$\otimes$ 表示克罗内克积，$\boldsymbol{z}_n$ 为第 n 个模型的 logits，$\boldsymbol{v}$ 为新模型（融合后的模型）的 logits，$\boldsymbol{p}_n$ 为第 n 个模型的预测分布，$\boldsymbol{q}$ 为新模型的预测分布。采用知识蒸馏方法实现神经网络融合具有较高的实时性、通用性和简捷性。

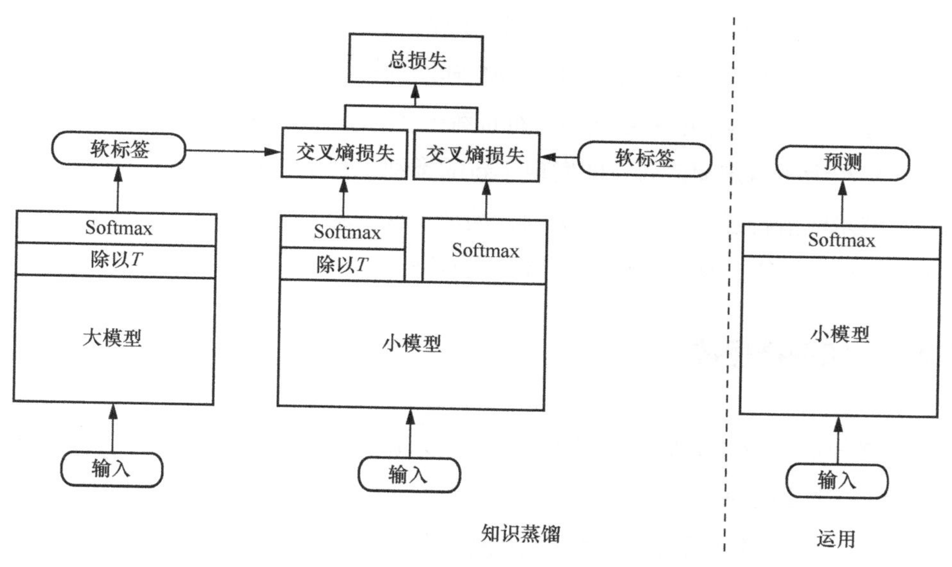

图 5.9　知识蒸馏模型

5.4.4　知识衍生技术

知识衍生技术能够在已有知识中挖掘、发现新的知识。区别于传统语义知识，网络知识的衍生主要关注关系计算型知识的发现。

一种可行的方法是利用属性值的统计规律，挖掘出实体间的计算关系。数据信息型知识提供了不同时刻的属性值集合，可以使用频繁模式树（Frequent Pattern Tree，FP-tree）算法根据属性值组合的支持度构建 FP-tree，挖掘关联属性。此外，逻辑决策型知识提供了属性关联的领域知识，可以认为同一计算符的多个连接对象具有属性关联的可能性更高。完成关联属性挖掘后，将关联属性数据构建训练集，使用神经网络合成工具（Neural Network Synthesis Tool，NeST）同时学习神经网络结构与权重，生成结构紧凑且准确度高的深度神经网络，建立属性间的计算关系。

在复杂多变的网络环境中，实体间的计算关系也会实时改变。迁移学习利用已有知识离线训练出一个包含实体间关联普遍特征的元模型，将这个元模型迁移到不同的网络环境中训练，可以衍生出针对不同网络环境的具体关系计算型知识，以适应复杂多变的网络环境，满足业务实时性的需求。

在类别衍生方面，采用单分类 SVM 辅助的神经网络类别发现技术。在训练阶段，同时对神经网络的每层输出特征训练一个单分类 SVM，当感知数据分类结果的加权和大于给定阈值时，即发现了新的类别。利用迁移学习、元学习等小样本学习技术赋能神经网络识别新类别，类别发现与新类别识别交替进行，不断提高识别精度与范围，使神经网络能够自主演进。

5.4.5 知识推理技术

网络知识的推理机制驱动网元利用网络知识自主分析网络状态并作出相应决策。具体包括如下步骤。

首先，网元实时感知网络状态与电磁环境，动态更新网元状态实体 E 中的属性键与属性值。信息网络节点具有移动性，因此节点的邻节点列表随时间不断变化。相应地，网络知识图谱中的网元状态实体与通信关系 w 随网络拓扑动态建立与删除，与当前时刻的网络拓扑保持一致。采集数据中，分为以下几种情况进行更新。（1）对于网元状态实体 E 中已有的属性键 p_e，仅更新相应属性值。（2）对于网元状态实体 E 中不存在的属性键 p_n，若网络知识图谱内存在与其名称相同的特征类实体 P_n，则在网元状态实体 E 与特征实体 P_n 间增加具备关系 h。（3）对于网元状态实体 E 中不存在的属性键 p_n，若网络知识图谱内不存在与其名称相同的特征类实体 P_n，则①建立相应特征实体 P_n，并根据采集数据补充该特征的取值范围、取值类型、维度；②在网元状态实体 E 中增加属性键 p_n；③在网元状态实体

E 与特征实体 P_n 间建立具备关系 h。

当网元状态实体 E 中的属性键 p_c 的取值发生变化时，在网络知识图谱中搜索以特征实体 P_c 作为头实体的输入关系 i 的计算类尾实体 C_c。记以 C_c 为头实体的输出关系 o 的特征类尾实体为 P_o。搜索以 C_c 为头实体的调用关系 c，若搜索结果为空，则加载并调用 C_c 实体属性中的计算模型，更新网元状态实体 E 的 p_o 属性值。完成对感知结果的状态分析，获得态势判断结果；若搜索结果不为空，则不加载 C_c 实体中的计算模型。

网元监测到 p_o 属性值发生变化，在网络知识图谱中搜索以特征实体 P_o 作为头实体的触发关系 t 的策略实体 O_o，读取并判断当前环境与状态是否满足其触发条件属性。记以策略实体 O_o 为头实体的更新关系 u 的特征类尾实体为 P_{oe}。若满足触发条件，则执行以下操作：（1）搜索以策略实体 O_o 为头实体的调用关系 c 的计算类尾实体 C_o，读取并加载其计算模型；（2）读取策略实体 O_o 的程序文件路径属性值，执行策略程序文件，按策略步骤调用并执行（1）中加载的计算模型；（3）根据程序执行结果更新网元状态实体 E 的 p_{oe} 属性，作为当前态势下的方案配置；（4）感知下一时刻的电磁环境与网络状态。

5.4.6 分布式存储技术

网络知识在智能信息网络中以分层分级的架构存储，最高层为核心层，由少量相互连通的智能控制设备组成，具有全网知识的访问权限，并承担全网知识的维护管理职能；核心层下级为骨干层，主要由复合智能设备和智能路由设备组成，承担其下辖范围内智能体的知识维护管理责任；骨干层下级为边缘层，包括大量智能终端设备，是网络知识的主要生产者。

在智能体网络中，公有知识主要来源于已有传统知识，而私有知识主要为感知、交互数据中学习获得的知识。在网络知识混合存储架构中，核心层拥有全网络的公有知识，以及较多与网络运营、网络状态相关的私有知识；骨干层则拥有局部网络的公有知识和智能体自身相关的私有知识；边缘层每个终端节点只拥有少量公有知识和智能体自身用户行为相关的私有知识。网络知识分层存储架构如图 5.10 所示。

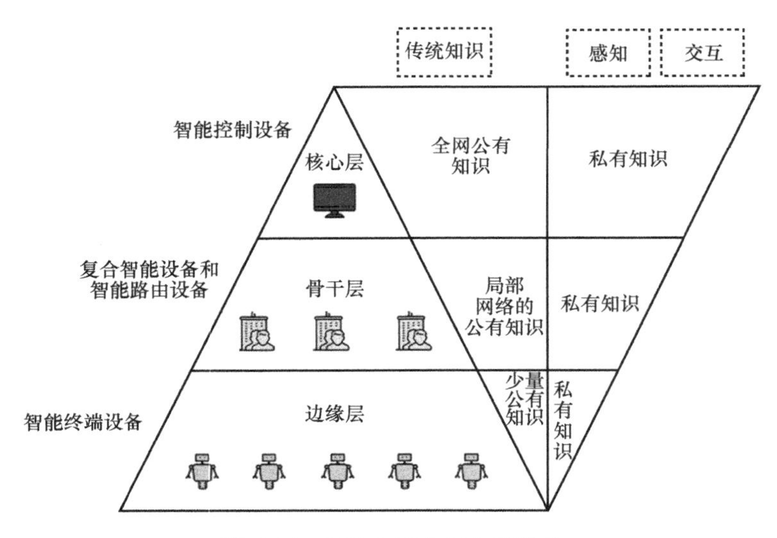

图 5.10　网络知识分层存储架构

全网的网络知识分布式地存储在核心层智能体中，保证在某个节点因物理毁伤等意外情况而失效时，其他智能体仍能提供稳定持续的知识服务。骨干层智能体具有接替机制，当某个节点遭受打击丧失功能时，其下辖的边缘层智能体能够自主选举出一个节点作为接替，并通过知识迁移、图谱融合等重建网络知识图谱。核心层的分布式存储方案与骨干层的接替机制能够避免因部分节点毁伤而影响甚至阻碍全网知识系统运行的情况，保障网络知识图谱具有容灾能力和高可用性。

（1）基于虚拟节点的核心层分布式存储与抗毁伤方案

分布式存储方案将全网知识分块,冗余地分布式存储在核心层的所有节点中。① 要保证任意节点毁伤后知识可恢复，每个节点上的知识要在其他节点进行备份。② 要保证知识的存储负载均衡和毁伤后的恢复负载均衡。因此，采用基于虚拟节点的一致性 Hash 算法进行知识的分布式存储。

虚拟节点一致性 Hash 存储步骤如图 5.11 所示,最终映射结果如图 5.12 所示,具体步骤如下。

将知识通过 Hash 算法映射到范围为 0~232−1 的 Hash 环上。

将智能体的 IP 和端口信息生成多个虚拟的 ID，将虚拟 ID 通过 Hash 算法映射到 Hash 环上，并保存映射。

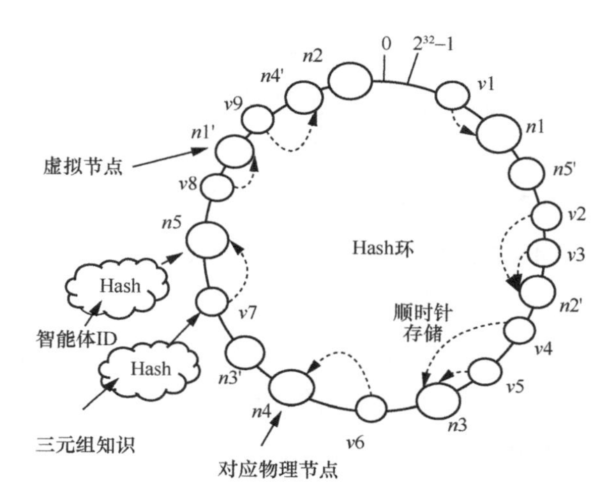

图 5.11　一致性 Hash 存储步骤

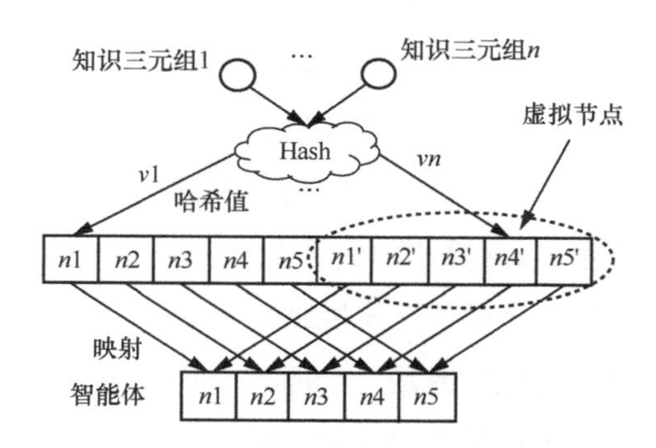

图 5.12　一致性 Hash 映射结果

将知识存储到智能体上。按照顺时针，将每个知识存储到 Hash 环上的对应位置的下一个虚拟 ID 上。为了能够容错，对知识进行备份，每个知识可以根据备份级别存储到后面的 k 个智能体 ID 上。实际存储时，根据虚拟 ID 和真正智能体 ID 的映射关系，存储到对应的真实智能体上。

在查找知识所在的智能体时，同样按照 Hash 算法，计算对应的真实智能体。

通过上述的核心层存储机制，全网知识被分布式存储到多个智能体上，每个知识都在多个智能体上有备份，因此保证了知识的可靠性。一致性 Hash 算法保证核心层外任意一个设备可以根据要访问的知识计算出对应的物理智能体，保证了查询的易用性。通过一致性 Hash 算法，同样可以保证各个物理智能体的负载均衡，保证了系统的可用性[8]。

核心层的抗毁伤是为了保证核心层在遭受打击时，仍然能够保证可用性。采用上述的存储方案最主要的目标如下：①保证毁伤后知识不丢失；②按照上述的 Hash 计算方法，能够保证在恢复后知识和物理智能体的映射一直成立；③核心层某个智能体毁伤后，接替的智能体能够恢复原智能体的所有知识。恢复方案如下。

核心层某个智能体毁伤后，在其下属的骨干层节点中随机选取一个智能体作为接替智能体，并将信息通报全网。

在接替智能体和核心层其他未毁伤的智能体上再次运行一致性 Hash 算法，按照新的 ID 计算 Hash 结果，并进行数据的分发和备份。

其他节点根据存储的信息，查找毁伤节点上的知识，并将这些知识定向分发到接替节点上。

在存储机制中的备份保证了任意一个节点的知识都存储了多次，因此节点毁伤后知识仍然在核心层中，可以保证恢复的可靠性。通过虚拟节点技术，知识和虚拟节点建立映射，再和真实节点建立映射，保证了存储是乱序的，因此当恢复时，所有节点都会参与，不会将负载集中到某个节点上，减小了单个节点的恢复负载，避免了原始一致性 Hash 算法中的雪崩效应。

（2）基于节点接替的骨干层抗毁伤机制

对于骨干层，整个核心层就像是一个拥有全网知识的虚拟节点，全网知识和骨干层仅一跳间隔。当骨干层节点毁伤时，随机选择下级的边缘层的节点进行代替，并汇聚下级边缘层的知识，维持网络的正常运行。

通过核心层的分布式存储网络能够时刻保证知识的可靠性和易用性。核心层、骨干层的抗毁伤机制，提高了整个网络的鲁棒性，可以更好地面对物理毁伤的打击，为用户提供稳定可靠的服务。

参考文献

[1] 余少华. 未来网络的一种新范式: 网络智能体和城市智能体(特邀)[J]. 光通信研究, 2018(06): 1-10.
[2] 魏屹东. 人工智能的适应性知识表征与推理[J]. 上海师范大学学报(哲学社会科学版), 2019, 48(01): 65-75.

[3] 王志娟, 彭宣维. 知识表征研究——过往与前瞻[J]. 北京科技大学学报(社会科学版), 2021, 37(05): 526-533.
[4] 王萌, 王昊奋, 李博涵等. 新一代知识图谱关键技术综述[J]. 计算机研究与发展, 2022, 59(09): 1947-1965.
[5] 段涵特. 基于复杂网络的知识图谱构建与应用研究[D]. 国防科技大学, 2017.
[6] 黄悦欣, 余隋怀, 初建杰等. 基于联合学习的概念设计知识抽取与图谱构建[J]. 计算机集成制造系统, 2023, 29(07): 2313-2326.
[7] 张启阳, 陈希亮, 曹雷等. 深度强化学习中的知识迁移方法研究综述[J]. 计算机科学, 2023, 50(05): 201-216.
[8] 李宁. 基于一致性 Hash 算法的分布式缓存数据冗余[J]. 软件导刊, 2016, 15(01): 47-50.

第6章

智能信息网络多维标识与寻址体系

Internet 中的 IP 地址耦合了身份与地址信息，对会话管理、网络扩展、业务提供形成了强约束；基于 IP 协议栈虽提供了业务与网络的独立性与灵活性，但网络与业务双向适配与优化机制的多样性不足。人类活动不断向高维时空推展以及网络实体自身的复杂性提供了多维标识的可能性和必要性。任何一个网络实体，它必同时处于特定时空、特定网络环境和业务流程等多维视角之中，对网络实体的多维标识也就确保了网络的内在一致性和演进灵便性。

6.1 概念内涵

多维标识（Multi-dimensional Identifier，MI）是对网络实体在时间、空间、网络、业务等多维视角中标识的有机融合，其中，时间和空间是基准维度，万事万物均处于特定时空中；网络（或称联接）、业务（或称应用）和对象（或网络实体）自身构成了时空基准下细分展开的三个维度。MI 体系是用于描述智能体在智能信息网络中基于统一时空基准、涵盖对象、联接、应用等多维属性的统一命名规则，并具备相应的多维寻址和路由机制、智能映射机制、智能服务模式。

MI 体系能够支持海量差异化的智能体接入，具有灵活可变长、属性可定义、寻址可进化等关键特征，具备向智能体间交互语言和服务应用表达性能需求的能力，为智能体提供快速寻址、时空特征、传递交互等联接服务，以及支持表示身份角色、行为溯源、能力状态等应用服务。

6.2　多维标识设计

6.2.1　基于时空基准的多维标识体系架构设计

基于时空基准的 MI 体系面向网络中各个智能体的对象、联接和应用三个维度进行属性抽象，实现动态灵活的标识构建[1]。每一类属性维度都存储对应属性的字段数据，对象维度对接入网络的智能体固有属性进行标记，反映接入智能体的物理属性，如设备种类、硬件配置信息等；联接维度对接入网络智能体在网络中的逻辑位置进行标识，并包含一系列通信属性，如路由协议号、寻址模式等；应用维度则对智能体所拥有的具体网络业务场景进行分类，反映用户请求的业务类型，存储应用维度的属性[2]。其体系功能定位如图 6.1 所示。

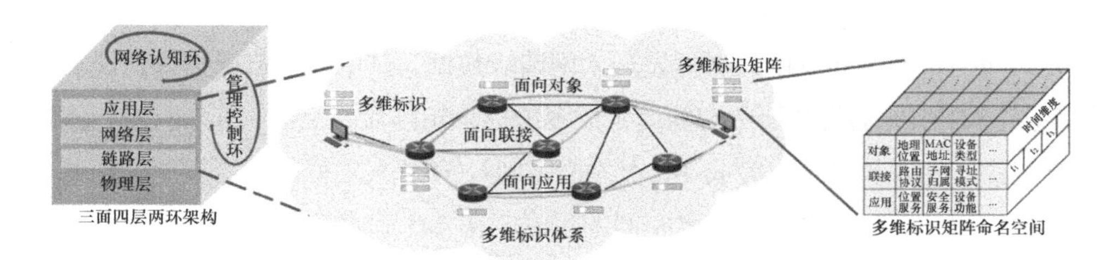

图 6.1　多维标识体系功能定位

该架构以 MI 以及标识空间分离映射为出发点，分别设计与之对应的 MI 命名与实现方法，以及 MI 智能映射机制，从而实现 MI 体系下的标识命名与管理、网络寻址和路由、标识智能映射和查询等功能。

多维标识体系以任务驱动为核心，主要具有两大特征：横向解耦和纵向关联。横向解耦是指多维标识体系同一维度的属性能够面向不同的传输任务灵活选取；纵向关联是指多维标识体系不同维度之间有复杂的联系，对象、联接和应用三种属性相互依存并且能够协同运转。基于两大特征的多维标识相比于 IP 地址具备更多的优势[3]，具体如表 6.1 所示。

表 6.1　多维标识与 IP 地址对比

对比的方面	IP 地址	多维标识
表征方式	32（128）位标识符	多维标识命名空间
分配方式	ICANN 统一分配	标识服务器或组网内部
有无中心	无中心	有中心与无中心结合
编址方式	固定	灵活
分类	多类（复杂）	一类（简单）
寻址方式	单一、固定	多样化寻址、属性寻址（灵活）
驱动方式	非任务驱动	任务驱动（智能）
传输方式	源 IP、目的 IP	目标属性矩阵（面向任务）
路由表	IP 地址更新变化	拓扑变化后更新（稳定）

6.2.2　基于时空基准的多维标识体系运行机理

在 MI 体系架构下，MI 体系的整体运行机理如图 6.2 所示。在 MI 体系中，需要入网的智能体向 MI 服务器发送入网请求数据，其中包括自身需要注册的属性字段，MI 服务器为注册的智能体生成多维标识矩阵命名空间。首先对智能体属性字段进行抽取和融合，完成 MI 矩阵的构建，通过人工智能模型预测实现时间维度的扩展，实现多维标识命名空间的生成。在 MI 命名空间生成后可同步到各路由设备和终端设备中，通过路由更新为后续的通信过程提供基础与支撑。

为了实现网络层与链路层的数据交互，设计了包括上行和下行两条路线的多维标识层间标识解析协议，上行主要是对数据包的处理，下行主要是对缓存表的查询操作，基于层间标识解析协议，实现多维标识矩阵到 MAC 地址的映射，连接网络层与链路层[4]。

为了实现超低时延的传输，新链路层在物理层提供的服务基础上，设计新链路层的传输机理，通过有线传输方案以及无线传输方案两种方法，将源自物理层的数据可靠地传输到相邻节点。其主要功能是加强物理层传输的原始比特流，将物理层提供的可能出错的物理连接改造成为逻辑上无差错的数据链路，使之对网络层表现为一条无差错的链路，并保证向用户提供透明可靠的数据传送服务。

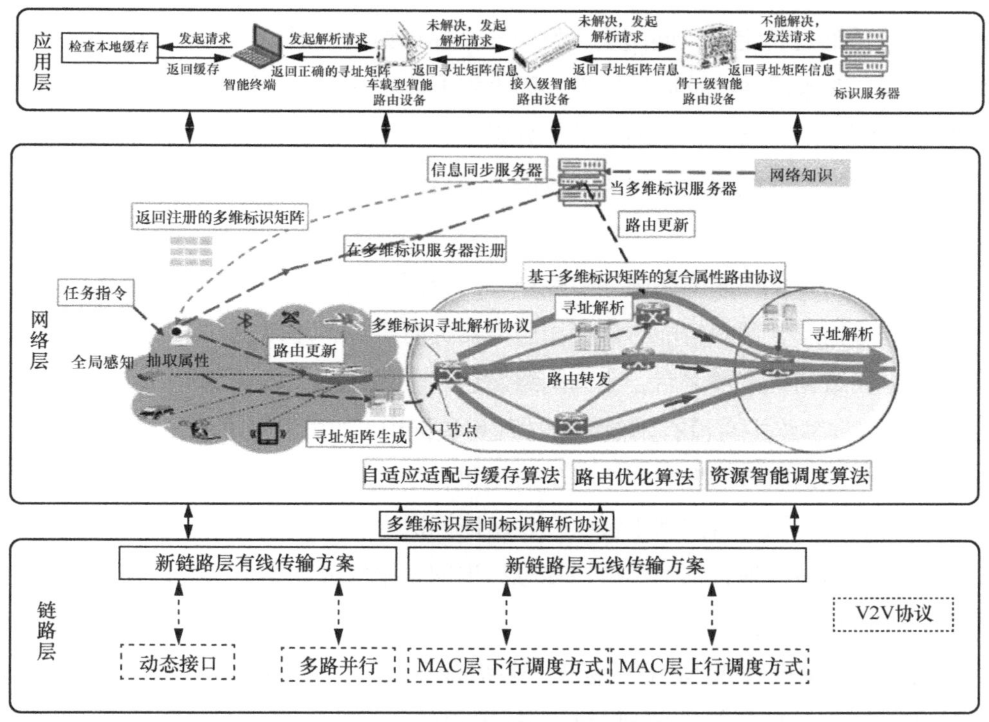

图 6.2　多维标识整体运行机理

此外，MI 生态算法库为数据包的有效传输和可靠传输提供了一系列智能算法。其中，自适应适配与缓存算法能够针对不同任务自适应地匹配相应的协议，结合任务资源亲和性和缓存分配的自适应性，获得最优的网络缓存方案；路由优化算法融合协同感知与网络知识，确定感知信息的关联性，以过往经验形成的网络知识为基础，结合当前智能体及链路状态，从 MI 矩阵中获取多维网络信息，结合深度强化学习算法实现对网络任务充分理解并调整路由调度策略；基于深度学习的资源调度算法目标是根据不同的任务通常具有不同的计算量和通信量，训练学习模型得到最优解对网络资源进行合理分配，提高网络的运行效率，增加了整个 MI 系统在资源调度上的智能性和高效的自适应性。

6.2.3　基于时空基准的多维标识分配方案

在智能信息网络中，智能体首次接入网络中，标识服务器需要对智能体分配

MI。智能体通过特定端口向网络上发出一个标识请求数据包，数据包包含智能体地理位置、对象属性以及应用属性，因为智能体不知道自己属于哪一个网络，所以数据包源地址为全零，目的地址为分级经纬度所在域，向网络进行广播。当标识服务器监听到智能体发出的请求数据包广播后，标识服务器对数据包进行解析，通过属性提取获取对象、应用属性以及地理位置的属性值。根据提取到的属性值，标识服务器向标识存储模块中提取标识，向智能体发送返回数据包，包含标识及标识租期等信息，通知智能体该标识服务器拥有资源，可以提供服务。智能体在接收到返回数据包广播之后，会向网络发送三个针对此标识的解析请求以执行冲突检测，查询网络中有没有其他智能体使用该标识；如果发现该标识已经被使用，智能体会向标识服务器发送一个拒绝数据包，拒绝标识续约，并重新发送请求消息。此时在标识服务器控制平台中会显示该标识为 BAD_ID。如果网络上没有其他智能体使用该标识，则智能体在多维标识网络中完成初始化，可以和网络中其他智能体进行通信。

标识服务器向智能体出租的标识一般都有一个租期，期满后标识服务器便会收回出租的标识。如果智能体要延长其标识租约，则必须更新其标识租约。智能体会在租期过 50%的时候，直接向为其提供标识的标识服务器发送续约消息包。如果智能体接收到该服务器回应的回复消息包，智能体就根据包中所提供的新的租期以及其他已经更新的参数，更新自己的配置，完成租用更新。如果没有收到该服务器的回复，则智能体继续使用现有的标识，因为当前租期还有 50%。如果在租期过 50%的时候没有更新，则智能体将在租期过 87.5%的时候再次向为其提供标识的标识服务器联系。如果还不成功，到租期 100%时候，智能体必须放弃这个标识，重新申请[5]。

6.2.4 基于时空基准的多维标识表征方案

MI 命名空间包含对象标识、应用标识以及时间属性，对象标识包含地理位置、存储空间、设备类型以及其他属性，应用标识包含吞吐能力、时延标准、接入方式以及其他能力，时间属性的加入可以使多维标识命名空间能够增强捕捉时间上对象及应用属性的变化，例如，针对移动智能体，能够及时更新经纬度以更新标识，实现对智能体的精确标识[2]。

MI 命名空间表征以张量形式存储，每个智能体按照对象标识、应用标识的不同属性以及时间维度分布以 key、value 表示，时间属性存储不同时间点的智能体属性，支持智能体在不同时间点状态的分析。

对象标识、应用标识属性 key 对应值如表 6.2 所示。

表 6.2 属性 key 值对照表

对象标识		应用标识	
地理位置	Lo	位置服务	Ls
安全等级	Sl	安全服务	Ss
设备类型	Et	设备功能	Ef
…	…	…	…

对于表 6.2，举例说明其标识存储的内容如下。

一个智能终端新入网接入智能信息网络，[T1,Lo,Sl,Et,⋯]分别为网络采集到该智能终端的 T1 时刻的地理位置为 30°E 30°N、安全等级为 A、设备类型为 Computer，位置服务为 1，安全服务为 Defend，设备功能为 Attack。可以通过 key-value 的映射关系进行各个属性的一一对应存储，整体形成张量形式的命令空间，用于后续按照终端属性进行寻址。

6.2.5 基于时空基准的多维标识命名与寻址方法

（1）多维标识命名空间

如图 6.3 所示，MI 命名空间包含了智能体的对象属性、联接属性和应用属性及其历史信息，是智能体在网络中与其他智能体通信的身份表征。

如图 6.4 所示，MI 命名由两部分构成，即全局命名空间和局部命名空间。在全局命名空间部分，属性具有唯一性。例如，智能体的 MAC 地址在设备出厂时就被设定，在全局具有唯一性，因此，设备的 MAC 地址属于全局命名空间属性。在局部命名空间部分，智能体的属性是可变的、不唯一的，如地理位置、安全配置等。

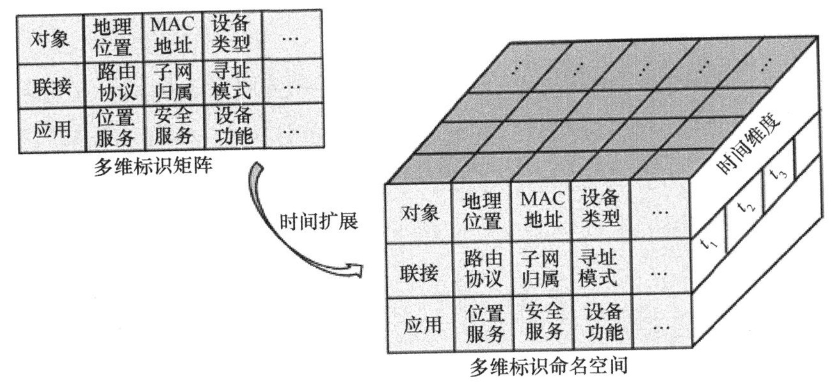

图 6.3　多维标识命名空间表征

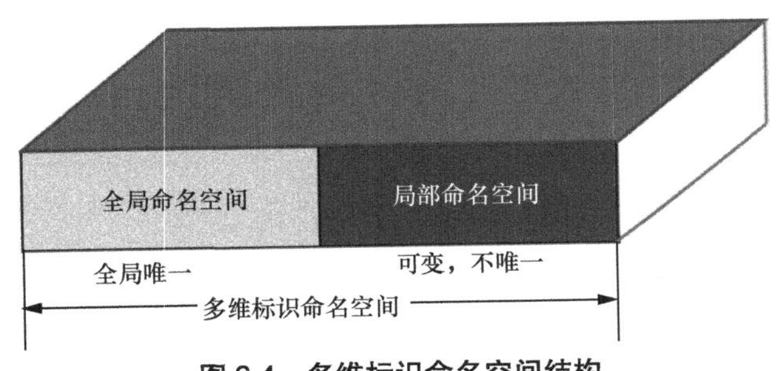

图 6.4　多维标识命名空间结构

（2）多维标识寻址矩阵

在智能信息网络中，MI 寻址矩阵（如图 6.5 所示）作为通信双方数据包的包头，能够在解析过程中充分利用矩阵优势，快速定位需要解析的字段。

一个 MI 寻址矩阵包括以下两个部分。

① 目标属性矩阵及其校验矩阵。如图 6.6 所示，在 I 类智能体发出的数据包中，目标属性矩阵根据应用层下发的任务涉及的属性构成，是纯粹的由属性构成的矩阵。由于复杂任务下，有限的属性可能无法表达复杂的任务，因此设计为一个 $3\times n$ 的矩阵，n 为变化值，此时的目标属性校验矩阵无意义，用于对矩阵进行补零。数据包在Ⅱ类智能体传输过程中，目标属性矩阵是多维标识服务器根据任务需求找到的目标智能体的多维标识命名空间生成的，用于在Ⅱ类智能体之间进行传输。此时的目标属性矩阵是一个 3×3 的矩阵，矩阵的第一行用于存放目标在网络中的唯一属性；第二行第一列、第二列、第三列分别标识目标智能体所属的骨干级智能路由设备、接入级智能路由设备和无线接入网关；第三行存放目标智能体

三类属性的特征，特征属性使用主成分分析法以及时间相关性进行提取，能够表征目标智能体的重要特征。此时的校验矩阵修改为目标属性矩阵的相关系数矩阵，即第 i 行第 j 列的元素是目标属性矩阵第 i 列和第 j 列的相关系数。在数据包传输过程中，不同级别的智能路由设备解析目标属性矩阵的对应位置即可完成转发。

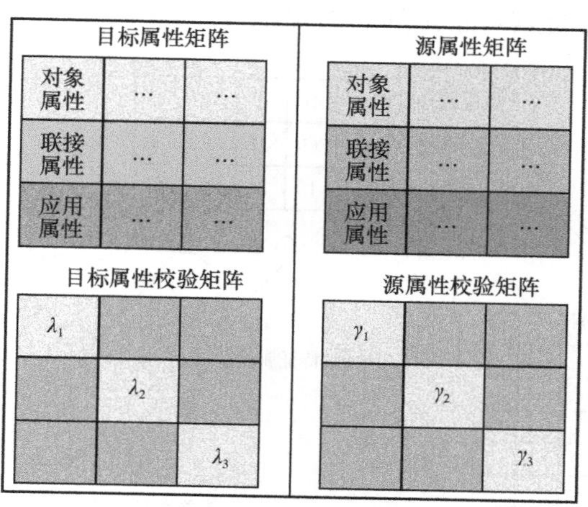

图 6.5　多维标识寻址矩阵

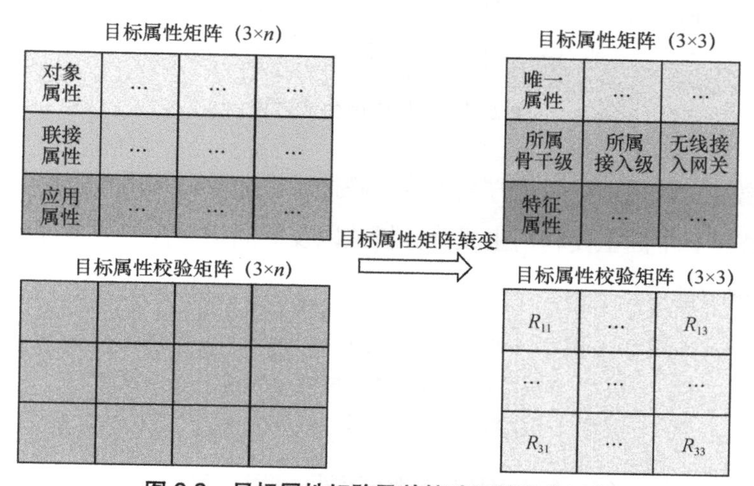

图 6.6　目标属性矩阵及其校验矩阵变化过程

② 源属性矩阵及其校验矩阵。源属性矩阵是一个 3 × 3 的矩阵，其结构与生成方式和目标属性矩阵在多维标识服务器中的生成方式一致。校验矩阵是源属性矩阵的相关系数矩阵，即第 i 行第 j 列的元素是源属性矩阵第 i 列和第 j 列的相关系数。

寻址矩阵在多维标识服务器中的生成原理如图 6.7 所示，寻址矩阵生成总体步骤如下。首先，提取多维标识矩阵中的唯一属性和所述路由设备属性填入相应位置，唯一属性利用哈希方式将其长度进行缩短。其次，根据主成分分析法以及时间相关性提取智能体的主要特征属性。最后，根据生成的属性矩阵计算相关系数并生成校验矩阵，完成寻址矩阵的生成。

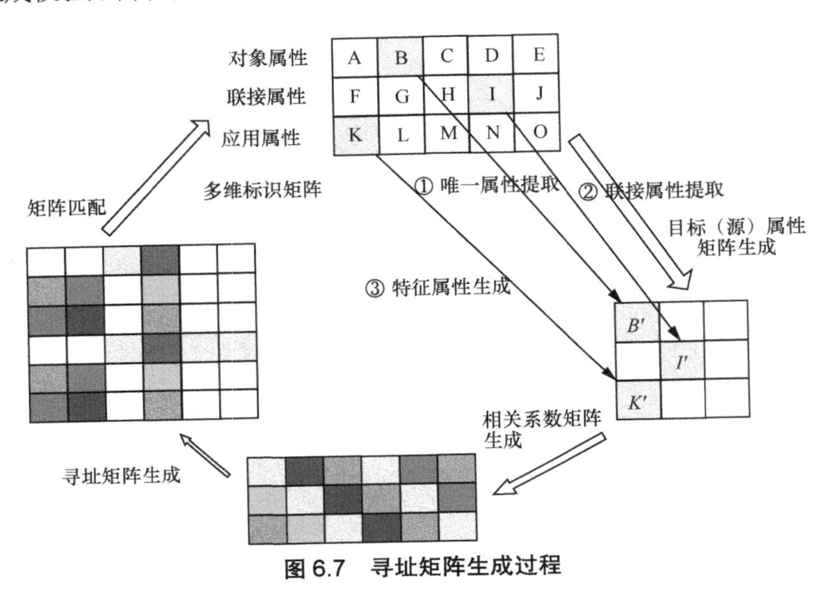

图 6.7　寻址矩阵生成过程

唯一属性提取采用哈希的方式生成，联接属性提取则采用直接提取的方式，这里不再赘述。下面主要利用主成分分析法以及时间相关性提取特征属性。智能体的 MI 矩阵表示为

$$x=\begin{bmatrix} x_{11} & \cdots & x_{1n} \\ \vdots & \ddots & \vdots \\ x_{31} & \cdots & x_{3n} \end{bmatrix}=(x_1,\cdots,x_n) \tag{6.1}$$

从第一行开始，每一行分别代表对象属性、联接属性和应用属性，求取三种类别属性的主成分特征。利用式（6.2）、式（6.3）和式（6.4）分别对其进行标准化处理，

$$\overline{x}_j=\frac{1}{3n}\sum_{i=1}^{3n}x_{ij} \tag{6.2}$$

$$S_j = \sqrt{\frac{\sum_{i=1}^{3n}(x_{ij} - \overline{x}_j)^2}{3n-1}} \tag{6.3}$$

$$X_{ij} = \frac{(x_{ij} - \overline{x}_j)^2}{S_j} \tag{6.4}$$

得到标准化矩阵为

$$\boldsymbol{X} = \begin{bmatrix} X_{11} & \cdots & X_{1n} \\ \vdots & \ddots & \vdots \\ X_{31} & \cdots & X_{3n} \end{bmatrix} = (\boldsymbol{X}_1, \cdots, \boldsymbol{X}_n) \tag{6.5}$$

计算标准化矩阵的协方差矩阵为

$$\boldsymbol{R} = \begin{bmatrix} r_{11} & \cdots & r_{1n} \\ \vdots & \ddots & \vdots \\ r_{31} & \cdots & r_{3n} \end{bmatrix} \tag{6.6}$$

其中，$r_{ij} = \frac{1}{3n-1}\sum_{k=1}^{3n}(X_{ki} - \overline{X}_i)(X_{ki} - \overline{X}_j)$。计算 R 的特征值 $\lambda_1, \cdots, \lambda_n$ 和特征向量 $\boldsymbol{\alpha}_1 = \begin{bmatrix} \alpha_{11} \\ \alpha_{12} \\ \alpha_{13} \end{bmatrix}, \cdots, \boldsymbol{\alpha}_n = \begin{bmatrix} \alpha_{1n} \\ \alpha_{1n} \\ \alpha_{1n} \end{bmatrix}$。计算主成分贡献率和累计贡献率分别为

$$\text{主成分贡献率} = \frac{\lambda_i}{\sum_{k=1}^{n}\lambda_k} \tag{6.7}$$

$$\text{累计贡献率} = \frac{\sum_{k=1}^{i}\lambda_k}{\sum_{k=1}^{n}\lambda_k} \tag{6.8}$$

取累计贡献率超过 95%的前 m 个属性值的标准化值进行加权求和作为三类属性最终的特征属性值，计算式为

$$\boldsymbol{H}=\begin{bmatrix} h_1 \\ h_2 \\ h_3 \end{bmatrix}=\lambda_1\boldsymbol{X}_1+\lambda_2\boldsymbol{X}_2+\cdots+\lambda_m\boldsymbol{X}_m \tag{6.9}$$

其中，h_1、h_2、h_3分别为对象特征属性值、联接特征属性值和应用特征属性值。

上述主成分分析法在多标识矩阵层面上提取了主成分，在时间维度上，利用时间相关性对特征属性进一步优化。分别计算出前t个时间的三类属性特征值，使特征属性在时间维度上展开，利用指数下降法进行加权，得出最终的属性特征值，即

$$H_{\text{最终}}=H_0+e^{-1}H_1+\cdots+e^{-(t-1)}H_{t-1} \tag{6.10}$$

其中，$H_{\text{最终}}$是最终的三种属性特征值，H_i是从当前时刻到第i个时刻的多维表示矩阵计算出的特征属性值。

综上所述，使用矩阵的形式为智能体存储多维标识并构建多维标识矩阵、生成寻址矩阵具有以下优势。

易于查询。对于MI矩阵来说，多维标识矩阵采用3行n列的形式，从上到下每一行分别存储智能体的对象属性、联接属性和应用属性，每行固定位置分别存储智能体的属性值。当需要查询某一智能体的某一属性值时，首先定位到该属性所属的类别，即属于对象属性、应用属性还是联接属性，再定位到预先固定的该属性在本行所在的列即可。

高效性。寻址矩阵由4个3×3的矩阵构成，在第一个3×3矩阵和第三个3×3矩阵中存储着目标智能体的信息。在数据传输过程中，中间节点解析只需要解析目标属性矩阵和目标属性校验矩阵即可，而不需要解析源属性矩阵和源属性校验矩阵。因此，定位到第一行第一列和第四行第一列位置开始解析从该点出发的3×3矩阵，在算力满足充足的条件下可以同时解析目标属性矩阵和目标属性校验矩阵。同时，进一步优化后智能体可只解析目标属性矩阵中的联接属性所在位置，不需要解析整个目标属性矩阵。与此同时，IP网络需要对源节点和目标节点的IP都进行解析，目的IP如果被修改也无法校验。

安全性。恶意节点可以同时修改目标属性矩阵和目标属性校验矩阵，但寻址矩阵生成方法能够保护信息不被泄露，包含以下两种情况。①被修改后的数据包

无法在网络中匹配到目标。MI 数据包中的目标属性矩阵是根据目标的多维标识命名空间生成的，生成过程中包含了智能体的属性特征信息以及唯一属性。修改后的目标属性矩阵无法在网络中匹配到当前目标属性矩阵的智能体，在这种情况下，数据包会被丢弃，信息不会被泄露。②数据包在网络中被恶意节点捕获。此时数据虽然被捕获，但是数据的目标节点不会被泄露，因为目标属性矩阵是根据目标智能体的多维标识命名空间生成，目标节点的 MI 命名空间只有目标节点自身和标识服务器知悉，需要破解服务就需要破解设备。

唯一性。目标（源）属性矩阵中不仅包含了智能体的唯一属性信息和目标的特征信息，还对智能体所属的上级路由设备进行了表示。同时，利用主成分分析法和时间相关性提取属性特征，由此组成的目标（源）属性矩阵在网络中具备唯一性。

可演进性。矩阵具有多种不同的性质，在本书提出的方法中，只运用了其部分特性。在后续研究中，可以对矩阵的性质进行进一步研究与开发，从而使多维标识网络具备可演进性。

自主控制性。智能信息网络由于其分级分布式的属性，采用由有中心与无中心相结合的方式。在有中心环境下，标识服务器负责目标（源）属性矩阵的生成。无中心环境下则由智能体内嵌的属性生成功能生成属性矩阵。目标（源）属性矩阵和校验矩阵的生成遵循一定规则，该生成规则只在标识服务器中被定义、修改。因此，可以通过修改目标（源）属性矩阵和校验矩阵的生成规则来屏蔽某一局域的网络，实现自主控制。

6.3　基于多维标识的路由寻址方法

6.3.1　网络协议底座

MI 协议基础底座是将业务功能拆分成许多独立模块，每个模块可以根据不同的需求使用不同的技术实现，可以独立进行开发部署运行，实现灵活的技术方案组合。基础底座包括协议定义模块、分布式配置模块及开放接口模块。协议定义模块支撑各类协议的独立开发，面向任务需求定制协议插件；分布式配置模块制定协议的执行策略，提供分布式管理能力，实现以服务为中心的协议适配；开放接口模块为定制协议插件提供调用接口，增强自定义协议框架的扩展能力[2]。面向各类智能体差异化的需求，设计了 MI 路由协议，实现四类智能体之间的数据高效传输。MI 路由协议的特点是全局感知、多域协同、智能优化。

（1）协议定义模块

协议定义模块主要负责不同终端之间的协议开发，为不同终端之间的通信提供可靠的网络连接、传输信息的功能，其功能逻辑如图 6.8 所示。

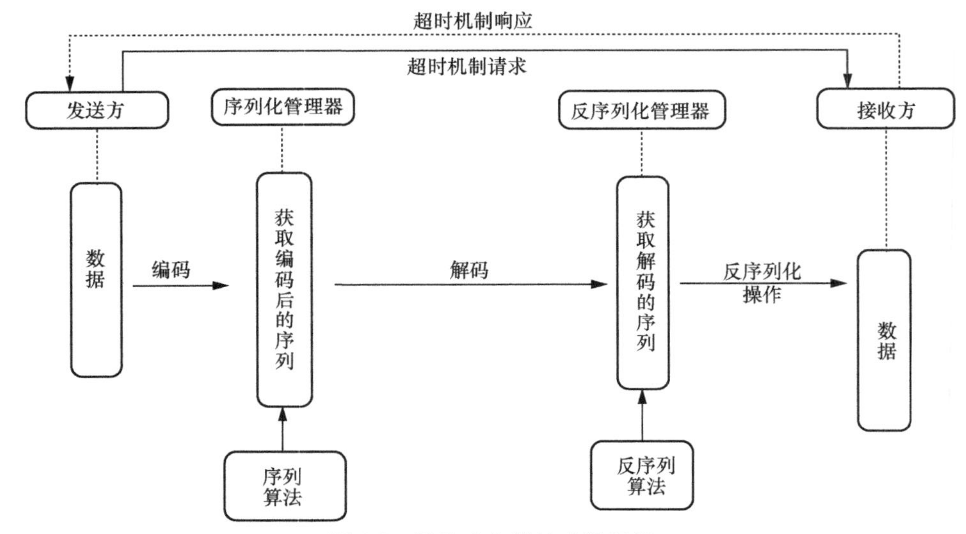

图 6.8　协议定义模块功能逻辑

在网络传输的过程中，需要对数据、信息进行封装，为了确保不同终端之间能够正确识别双方信息，需要定制开发网络通信的协议；同时，为了节省网络传输成本、提高网络链路传输效率、提升扩展性和更加适配不同的应用场景，根据需求定制不同功能的网络协议。在定制开发协议插件过程中通过协议中的字段引入超时机制判断通信双方的连接是否在线；通信终端采用序列化的方式将需要调用的方法名称、参数个数、参数类型等信息构建的消息体对象转换成可以在网络中传输的字节序列；反序列化指的是将从网络中接收到的字节序列还原成由方法名称、参数个数、参数类型等信息构建的消息体对象。

（2）分布式配置模块

分布式配置模块包括以下两个部分：分布式配置服务子模块、分布式配置管理子模块，其功能逻辑如图 6.9 所示。其中，分布式配置服务子模块用来连接协议定义模块为开放接口模块提供配置信息、协议信息的访问接口，主要提供两种接口，分别是配置访问接口、取消配置访问接口。配置访问接口主要由接收端调用，用于实现调用协议的外部通信主体获取协议的配置信息；取消配置访问接口主要提供给发送端，用于通信发送端在通信结束或者通信请求连接超时的情况下释放调用的接口，实现全链路监控避免发生阻塞。分布式配置管理子模块通过配置服务子模块对配置进行管理，并从配置服务子模块中获取和加载配置信息；为了适配各种应用场景，配置管理子模块为协议定义模块提供多种序列化算法，通过修改配置服务子模块文件的方式选择使用何种序列化算法。

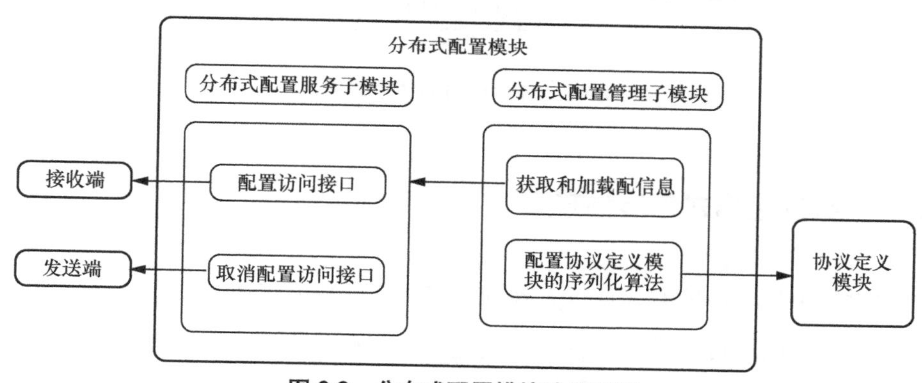

图 6.9　分布式配置模块功能逻辑

（3）开放接口模块

为适配各种业务场景，开放接口模块需要支持多种接口调用方式，包括同步调用方式、异步调用方式[6]，其功能逻辑如图 6.10 所示。为了实现开放接口模块对接口调用方式的管理，在开发时自定义一个消息体用于封装接口调用请求数据。同步调用方式的实现如下。发送端将要调用协议的唯一请求号、方法参数类型和方法参数进行统一封装。在收到调用请求后，开放接口模块负责将方法、参数等进行反序列化操作利用反射原理将调用状态以及调用结果返回给发送端。异步调用方式的实现如下。发送端同样将请求号等信息使用同一消息体进行封装，依赖于开放接口模块提供的接口向该模块进行请求，同时构造监听者对象添加到未来对象中；在返回线程发生阻塞时，循环调用监听者对象监听线程的状态，监听获得未阻塞状态的信息时退出监听并继续执行后面的逻辑。

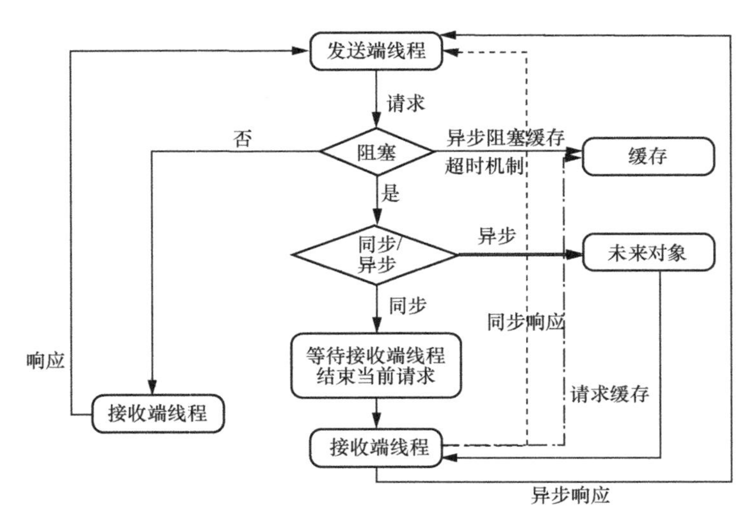

图 6.10　开放接口模块功能逻辑

6.3.2　数据包格式与传输方案

多维标识体系传输方式从以太网帧到多维标识数据包的过程详细如图 6.11 所示。首先，链路层接收到来自物理层的电信号，将其转化为包含多维标识的以太网帧格式，在向网络层的传输过程中，解析以太网帧的目的 MAC 地址和源 MAC 地址，获取到目的和源的 MAC 信息，保证互联互通。然后，解析长度类型，标记随后的填充数据长度，确认包的大小以及帧的分界点。接着，解析动态接口编号字段，获取一、三、四类智能体的联接端口。待解析完毕，开始进行目标属性矩阵区别字段的解析，用于确定数据是终端发给智能体的还是智能体之间传输的，如果是终端发给智能体的，则同时标记这个数据包的目标属性矩阵大小。待上述解析完成后，返回给网络层多维标识数据包。

MI 数据包的格式能够说明多维标识协议支持的具体功能。MI 数据包的完整格式如图 6.12 所示。

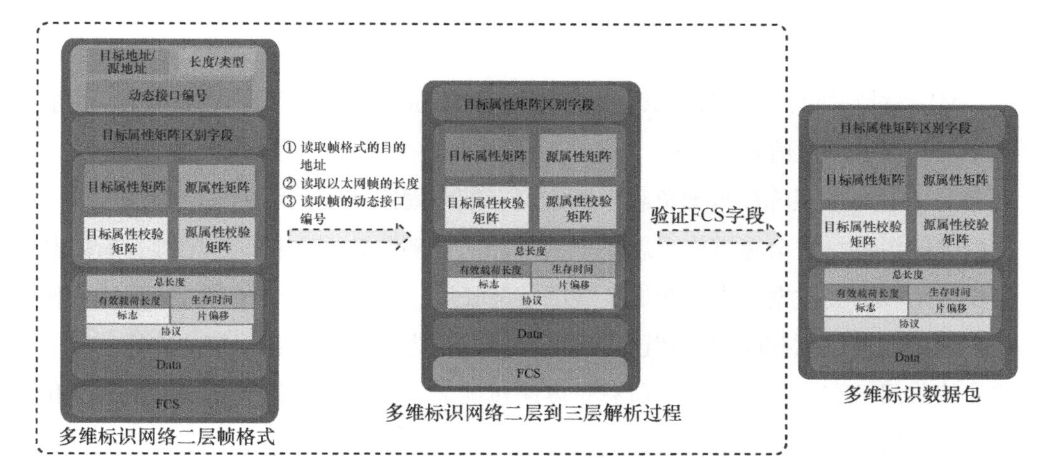

图 6.11　多维标识体系二层到三层解析

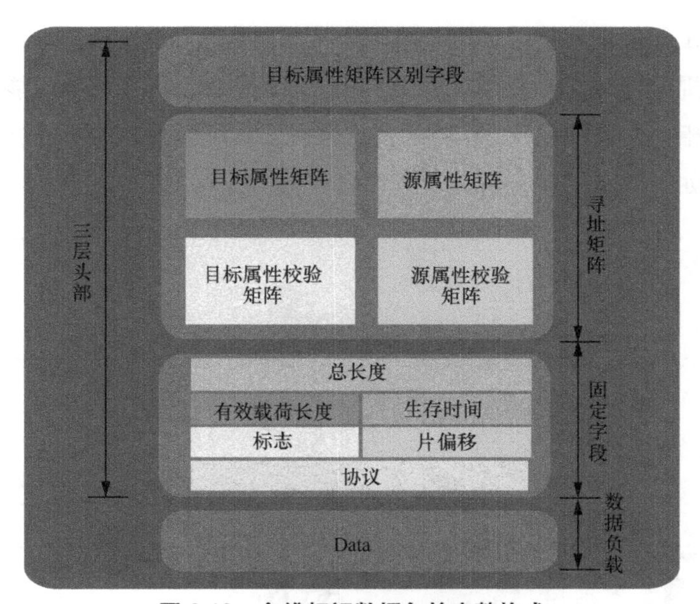

图 6.12　多维标识数据包的完整格式

整个 MI 体系的数据包传输都基于多维标识数据包，多维标识数据包通过寻址矩阵加数据的格式进行构建，寻址矩阵通过下发的任务进行构建之后，将数据包封装成寻址矩阵包头加固定字段加 Data 的形式，实现基于寻址矩阵的寻址。

目标属性矩阵区别字段用于在寻址过程中标记目标属性矩阵，当解析到该字段时，可以识别该数据包是由Ⅰ类智能体到Ⅱ类智能体转发，还是在Ⅱ类智能体之间转发。

MI 寻址矩阵作为多维标识数据包的包头，在通信需求到来时产生并支持智能体之间的寻址及通信。

在 MI 寻址矩阵和数据负载之间定义了相应固定字段，用于支持数据包传输过程中的纠错、安全等措施。总长度用于标记首部和数据之和的字节数；有效载荷长度用于定义数据包中的数据负载的字节长度；生存时间结合多维标识回收机制，定义数据包生存周期，超过该周期字段默认为 0，停止数据包的传输；标志和片偏移用于在多维标识数据包总长度超过最大字节数时进行数据报文的分片传输，提高数据的传输效率；协议用于标记上层采用的是多维标识协议栈中的何种协议。

基于 MI 寻址矩阵的寻址是一种面向任务驱动的寻址过程，通过解析多维标识数据包，提取寻址任务指令，转发多维标识数据包，匹配目标智能体的多维标识命名空间相关信息，完成智能终端的寻址。多维标识数据包传输过程如图 6.13 所示，具体如下。

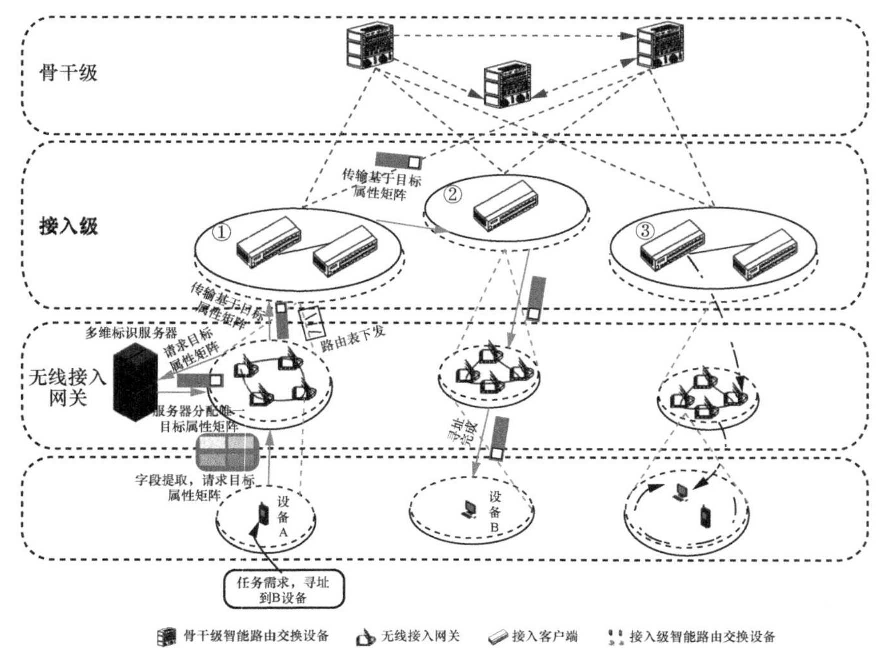

图 6.13　多维标识数据包传输过程

当设备A收到任务需求，需要将多维标识数据包发送到设备B时，设备A会发送包含设备B的相关属性的多维标识数据包给上层的无线接入网关，无线接入网关会将数据包发送给多维标识服务器，并请求多维标识服务器分配设备B的唯一目标属性矩阵，无线接入网关在收到唯一目标属性矩阵之后，将此目标属性矩阵替换进多维标识数据包中[7]。

无线接入网关进行路由表的查询，判断设备B是否在自身所处的无线接入网络中，如果设备B在此无线接入网络，则根据路由表直接将多维标识数据包发送给设备B。如果设备B不在此无线接入网络，无线接入网关会将该数据包发送给上层的接入级智能路由交换设备。

接入级智能路由交换设备会查询路由表判断设备B是否在所处的接入级网络中，若在此接入级网络中，就会将此多维标识数据包发送给设备B所在的无线接入网络，再根据路由表由无线接入网络转发给设备B。若设备B不在所处的接入级网络中，接入级智能路由交换设备会继续将此多维标识数据包发送给上层的骨干级智能路由交换设备。

骨干级智能路由交换设备会查询路由表判断设备B是否在所处的骨干级网络中，若在此骨干级网络中，就会将此多维标识数据包发送给设备B所在的接入级网络，再根据路由表由接入级网络转发给无线接入网络，最终转发至设备B。若设备B不在所处的骨干级网络中，骨干级智能路由交换设备会根据路由表将此多维标识数据包转发给设备B所在的骨干级网络，并根据路由表经骨干级、接入级、无线接入网络转发至设备B，最终完成数据包的发送。

6.4 关键技术

6.4.1 标识生态算法库

标识生态算法库能够有效地处理多样化任务，内含协议自适应适配算法和网络自适应缓存算法。协议自适应适配算法面向复杂网络下的多样任务，针对不同任务自适应地匹配相应的协议，通过该算法实现不同任务的不同协议适配，增强网络自主性。网络自适应缓存算法结合任务资源亲和性和缓存分配自适应性，获得最优的网络缓存方案，使数据缓存过程具有智能性、动态性、高效性，提升内存资源利用率。

（1）自适应适配与缓存算法

面向复杂网络下的多样任务，针对不同任务自适应地匹配相应的协议，通过协议自适应适配与缓存算法实现不同任务的不同协议适配，增强网络自主性，结合任务资源亲和性和缓存分配自适应性，获得最优的网络缓存方案，使数据缓存过程具有智能性、动态性、高效性，提升内存资源利用率[8]。

自适应适配与缓存算法主要由两个部分组成，即协议自适配算法和自适应缓存算法，实现协议适配和缓存的功能。算法运行流程如图 6.14 所示，具体如下。

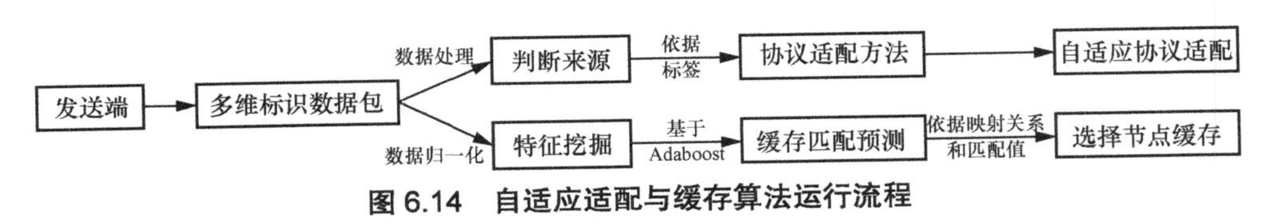

图 6.14　自适应适配与缓存算法运行流程

① 接收多维标识数据包，通过协议自适配算法判断数据包使用哪一种协议。各类数据包可以使用统一的方式进行读取。

② 在数据包重新发送的过程中，可以为数据包添加相应的协议信息。

③ 在协议自适配的过程中，对数据包进行挖掘，结合机器学习对缓存规律的学习，自适应地实现多维标识数据包寻址矩阵的缓存匹配。

（2）资源智能调度算法

智能信息网络内部的多样化任务会消耗大量内部资源，造成资源浪费以及内存压力，因此需要对内部资源实行智能调度。针对智能调度，本节提出基于深度学习的内部资源智能调度算法，根据不同的任务通常具有不同的计算量和通信量，训练学习模型得到最优解对网络资源进行合理分配，提高网络的运行效率[9]。

本算法结合 A3C 算法和任务驱动与按需联接协议栈，利用 A3C 算法的强大决策能力，将带内遥测获取到的网络数据构成数据集，搭建深度学习网络进行训练，根据学习到的经验，对内部资源进行合理分配，运行流程如图 6.15 所示。

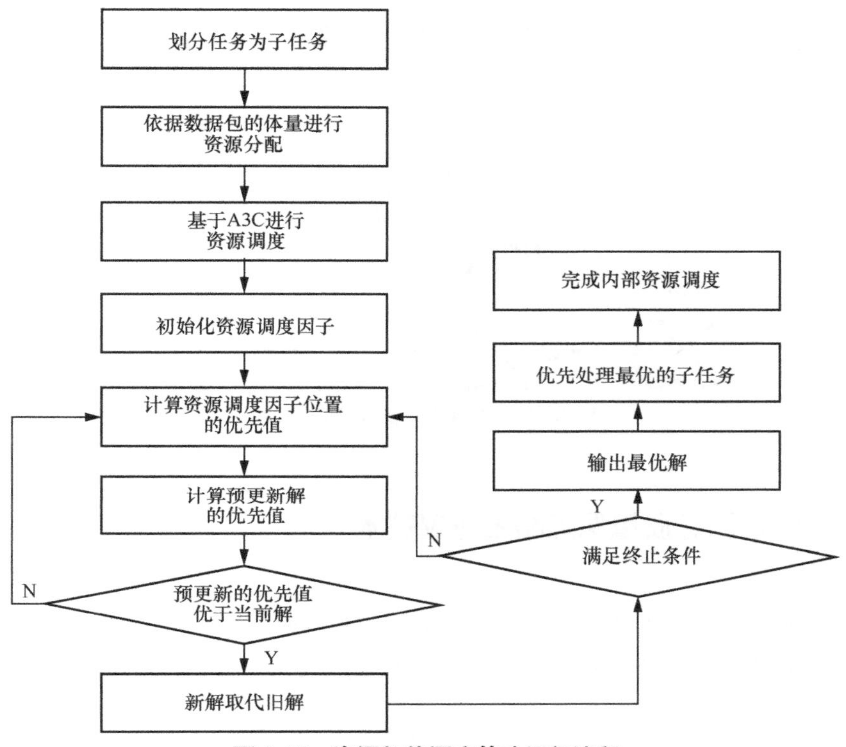

图 6.15　资源智能调度算法运行流程

（3）路由优化算法

在动态复杂的网络环境下，智能路由设备实现内部资源智能调度的同时，还需要对网络流量进行路由优化，从而提升网络性能。本节设计了由经验与网络知识驱动的复合属性路由优化算法。结合深度强化学习算法实现对网络任务的充分理解并调整路由调度策略，从而提高路由协议的鲁棒性、通信的有效性和可靠性[10]。

如图 6.16 所示，路由优化算法主要由以下三部分组成：测量、优化、控制。

① 测量网络拓扑信息以及网络中各节点的属性矩阵。属性矩阵是从多维标识矩阵中提取出任务需求信息的二维矩阵表示形式。属性矩阵的每一个元素表示其所在行对应的该元素所在的节点、所在列对应的网络任务需求属性值。

② 根据获取的输入数据以及路由优化目标，通过基于强化学习的路由优化算法进行求解，实现路由配置的优化。

③ 将已优化的路由配置重新在网络中进行部署，控制网络中的流量路径，实现网络流量的路由优化。

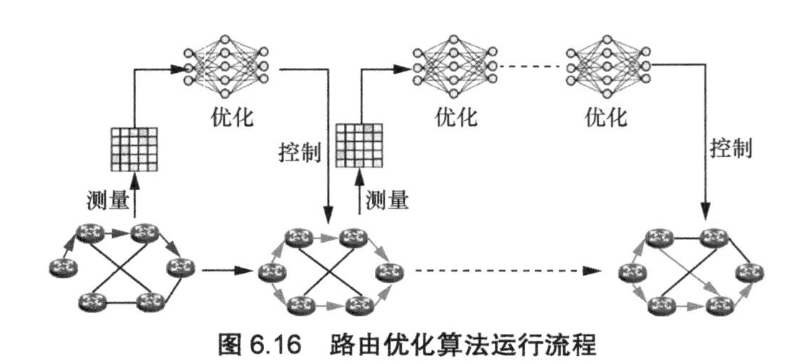

图 6.16 路由优化算法运行流程

6.4.2 全局服务质量保障路由协议技术

根据复杂多变的网络需求本节设计了全局服务质量保障路由协议，基于多维标识系统实时感知网络状态，提前预测网络状况，设计不同业务的 QoS 流量调度策略。

全局服务质量保障路由协议分为网络监测模块、预测模块、QoS 模块和流表安装模块，其中每个模块包含多个功能模块，具体架构如图 6.17 所示。

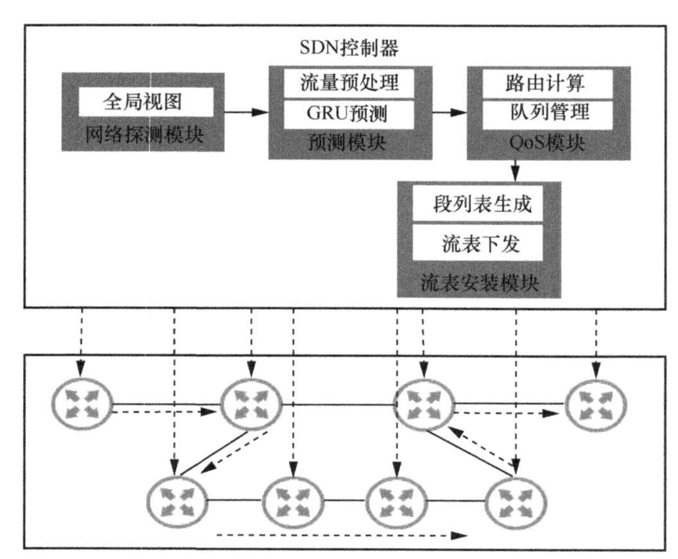

图 6.17 全局服务质量保障路由协议具体架构

网络监测模块以一定的周期执行网络监测，该模块主要用来获取网络拓扑，继而获得网络拓扑的流量矩阵，进行网络预测。预测模块基于网络流量预测模型，通过历史时刻的流量矩阵序列对未来流量数据进行预测。QoS 模块使用基于蚁群优化算法的 QoS 路由算法，以剩余带宽和链路时延为启发信息，寻找花费最低的路径。流表安装模块在边缘交换机将路由压入标签栈到数据包，通过逐节点地匹配栈顶标签和标签出栈最终将数据包送达目的交换机。

6.4.3　面向负载均衡重路由协议技术

为实现网络资源的充分利用，从而增大网络的传输能力，需要针对网络状态进行感知，对目前网络中各链路或各路径的拥塞情况进行度量，从而为多维标识数据包决定合适的传输端口[11]。本节依据上述需求设计了面向负载均衡的重路由协议。

如图 6.18 所示，该框架中的主要包括全局视图子协议、流量检测子协议、路径决策子协议、流表下发模块，功能分别描述如下。

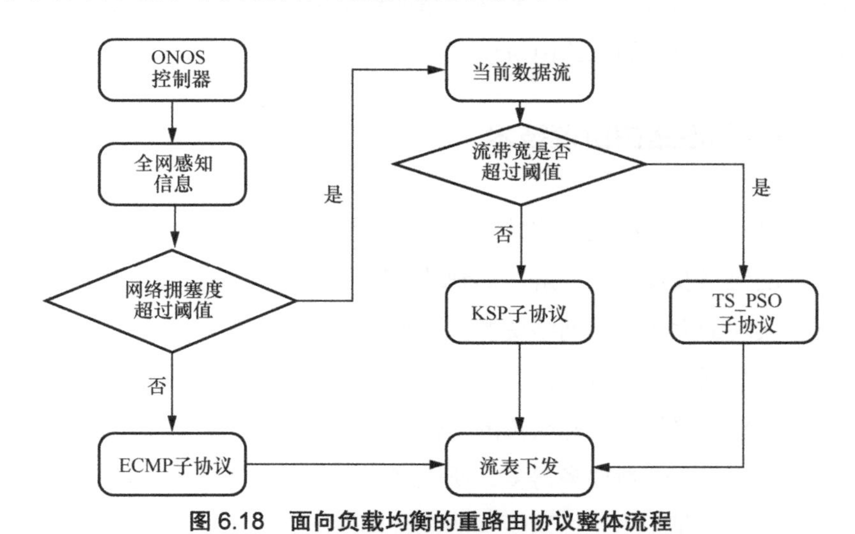

图 6.18　面向负载均衡的重路由协议整体流程

（1）全局视图子协议

全局视图子协议主要负责拓扑发现及链路状态的获取等，包括网络拓扑信息、链路带宽信息等。

网络拓扑获取功能主要是获得网络中数据平面的相关信息，了解设备间的互联情况，学习整个标识网络的全局网络拓扑，并将拓扑信息存入相关数据库中，为后续路径计算提供拓扑信息。

（2）流量检测子协议

流量检测子协议主要负责对数据流进行检测分类，从而为路径决策子协议针对大流与小流选择不同的多路径传输算法提供支撑，针对流量带宽超过阈值的长流采用 TS-PSO（Tabu Search based Particle Swarm Optimization）子协议处理，短流则采用 KSP（K-Shortest Path）子协议处理。

（3）路径决策子协议

路径决策模块首先调取全网感知模块中获得的拓扑信息、链路状态信息、实时负载情况。若链路资源充足，则调用 ECMP（Equal-Cost Multi-Path Routing）子协议对流进行路径规划[12]。

（4）流表下发模块

该模块主要通过控制器向智能路由交换设备发送多维标识数据包实现，将路径决策子协议得到的最优路径转发规则添加到路由交换设备中，从而完成路径装配，实现基于全局视图的重路由协议。

6.4.4 复合属性路由协议技术

基于多维标识矩阵的复合属性路由协议是根据多维标识的复合属性研制的一种标准全新的链路发现方式，解决端到端的路由路径动态选择问题，以避免链路阻塞情况，实现最大化利用网络资源。随着网络规模的扩大，通信网络存在的网络拥塞严重、数据成功传输率低、数据冗余率高以及网络整体性能不佳等问题，这些故障会导致网络信息指标权重的变化。基于多维标识的网络指标权重比传统单一的链路开销权重数量要多得多，所以网络变化对基于多维标识的路由计算影响会非常严重[13]。基于多维标识矩阵的复合属性路由协议通过考虑网络节点运动区域性特点结合图卷积神经网络的智能路由算法，解决频繁路由变化对业务处理带来的影响，提高网络的容错能力。所提智能路由算法借鉴 SDN 架构的集中控制器的思想，将深度学习模型部署于集中控制器中，以解决深度学习模型对运算能力的需求，并统一管理路由网络，以达到支持不同网络自治域（AS）之间的多层级精度路由转发以及支撑网络传输协议功能的目的。

复合属性路由协议流程如图 6.19 所示。基于 GCN 的智能路由生成过程包括采集信息、输入网络状态、输出节点开销、更新路由路径这 4 个步骤。首先是采集信息，由集中控制器周期性获取拓扑图中所有节点的连接信息和网络状态信息，根据链路和节点的实时特征信息以及网络拓扑关系的变化，更新节点特征向量和网络邻接矩阵[14]。然后，向 GCN 模型输入网络状态，集中控制器将采集信息步骤得到的特征向量和邻接矩阵输入训练好的 GCN 模型，以便输出路由决策依据。接着，对 GCN 模型输出单跳路由开销，控制器更新单跳路由开销，根据邻接矩阵迭代得到路由开销最小的路径，若所得到的路径相较于上一时刻有所更改，则更新路径。最后，进行更新路由路径，网络将源节点到目的节点的路由路径更新为集中控制器指定的路径。

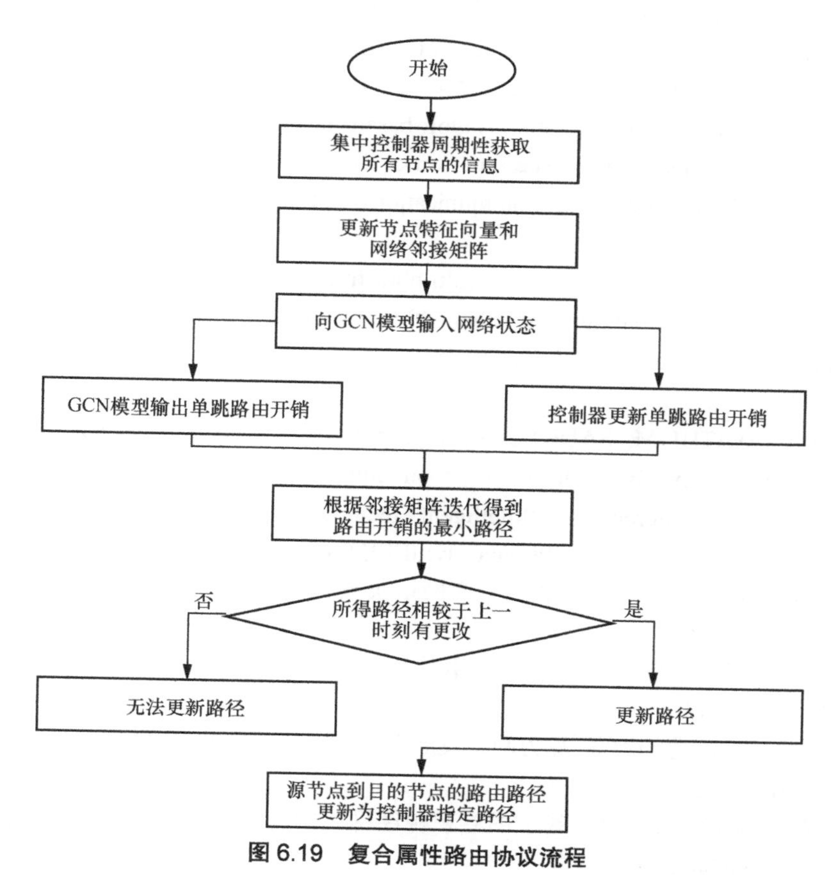

图 6.19　复合属性路由协议流程

参考文献

[1] RYKOWSKI J. Multi-dimensional identification of things, places and humans[C]//Proceedings of the 2017 IEEE International Conference on RFID Technology & Application (RFID-TA). Piscataway: IEEE Press, 2017: 152-157.
[2] 钱琪杰. 基于时空特性的多维标识体系模型研究[D]. 南京: 南京邮电大学, 2022.
[3] ZHANG W L, GONG X Y, TIAN Y, et al. High speed route lookup for variable-length IP address[C]//Proceedings of the 2020 IEEE 28th International Conference on Network Protocols (ICNP). Piscataway: IEEE Press, 2020: 1-6.
[4] 程远. 多维统一标识机制设计与实现[D]. 北京: 北京交通大学, 2022.
[5] 王文龙, 黄地龙. DHCP 协议深入分析[J]. 电脑与电信, 2010(4): 46-48.
[6] KREUTZ D, RAMOS F M V, ESTEVES V P, et al. Software-defined networking: a comprehensive survey[J]. Proceedings of the IEEE, 2015, 103(1): 14-76.
[7] 陈斐, 基于多维协议标识的服务链自动化编排优化与应用[R]. 2022.
[8] VO P L, VAN N L, LE T A, et al. A QoE-based caching algorithm for HTTP adaptive streaming contents in radio access networks[C]//Proceedings of the 2016 IEEE Sixth International Conference on Communications and Electronics (ICCE). Piscataway: IEEE Press, 2016: 417-422.
[9] LI X Z, WEI S W, KE J. Multi-objective optimization of cloud resource scheduling[C]//Proceedings of the 2021 17th International Conference on Computational Intelligence and Security (CIS). Piscataway: IEEE Press, 2021: 425-429.
[10] THILAGAVATHI M, SADIQ J S. High performance energy efficient grid based routing algorithm for multi network on chip[C]//Proceedings of the 2019 IEEE International Conference on Intelligent Techniques in Control, Optimization and Signal Processing (INCOS). Piscataway: IEEE Press, 2019: 1-3.
[11] 沈耿彪, 李清, 江勇, 等. 数据中心网络负载均衡问题研究[J]. 软件学报, 2020, 31(7): 2221-2244.
[12] 郭秉礼, 黄善国, 罗沛, 等. 基于负载均衡的联合路由策略[J]. 北京邮电大学学报, 2009, 32(4): 1-5.
[13] 何涛, 杨振东, 曹畅, 等. 算力网络发展中的若干关键技术问题分析[J]. 电信科学, 2022, 38(6): 62-70.
[14] 唐鑫, 徐彦彦, 潘少明. 基于图卷积神经网络的智能路由算法[J]. 计算机工程, 2022, 48(3): 38-45.

第7章

智能信息网络交互语言体系

为实现智能信息网络中的四类智能体的高效交互，支撑智能体间基于网络知识的自主协同和自主管理，需要创新设计一种智能体之间高效交互网络知识和自主管控策略的交互语言。现有信息网络体制众多、网络元素间交互协议自成体系、互不兼容等问题，必然成为未来网络智能交互的壁垒。智能化交互需要统一的交互语言和协议簇作为基础，同时具备高鲁棒性、高效率和高扩展能力。自然语言处理技术和网络协议优化技术有力推动了网络拟人交互的发展，但传统的不改变底层协议结构的自然语言处理技术和利用格式化数据段实现交互的传统交互协议优化设计方法，无法全维度提升网络元素间交互能力，无法实现具备智能化功能的网络元素（智能体）之间的拟人化交互。为了真正实现网络元素从普通收发端和中继节点向具备语义逻辑思维的智能体转变，使网络元素间的交互从应用与体制绑定、协议与模式固化向多模态并存、多协议兼容的交互方式演进，需要研究基于语义内涵表征和语义逻辑分析的交互协议体系，有力支持智能体对网络知识和管控指令的自主理解和快速响应。

相较于现有的人工语言指令和协议，基于智能信息网络交互语言的指令和协议具有如下三个显著优点。（1）内生的高鲁棒性。原有的指令语言在丢包或误码时，会带来较大的语义偏移，而由于拟人的会话交互语言本身具有语义自恢复能力，部分片段缺失往往不影响其语义理解，因此具有极强的鲁棒性。（2）固有的高效性。原有的指令语言为了保持准确性、无歧义性，使用复杂的指令语法和交互协议，借鉴自然语言构建拟人化的网络交互语言，使网络具有更强大的表述能力，能够充分利用智能体所具有的背景知识来极大压缩信息的长度减少物理承载的资源消耗。（3）内在的可扩展性。原有的人工指令语言难以处理新发事件，难以描述新的物理或环境参数，因此极难扩展到新的任务场景，然而通过借鉴自然语言交互的原理，网络智能交互语言随时间发展的属性、强大的语义推理能力使其具有较强的可学习能力和可扩展能力。

7.1 概念内涵

网络交互语言（Network Interaction Language，WIL），是为实现智能体间高效交互设计的一种“类人”交互的语言体系，是智能信息网络空间的统一“交互语言”，为智能体交互提供统一的语言接口，包含网络交互语言描述和解析方法、语义交互协议。网络交互语言相对于机器语言具备高级语法结构和基本语义内涵，网络交互语言描述和解析方法用于构建交互语言语段与管控指令和网络知识之间的表征映射关系，语义交互协议用于规范智能体间交互语言会话的建立和对话规则。

WIL 内涵是通过设计语法模型和语义规范方法，实现智能体间的管控指令、网络知识的高效描述和准确解析；通过对智能体间基于网络交互语言的交互会话基本规则、工作机制、会话流程进行统一规范，利用自然语言处理技术和网络通信协议优化技术，设计基于网络交互语言体系的语义交互协议，生成网络交互语言会话联接，按照协议规则指导智能体建立基于语义的交互会话，使智能体能够对网络知识及管控指令进行高效传递、理解学习和反馈表达，使智能信息网络具备智能会话的语言生成能力、语言理解能力和自主交互会话能力。

7.2 网络交互语言体系设计

7.2.1 体系架构

智能信息网络交互语言体系架构如图 7.1 所示。网络交互语言作为网络交互的媒介工具，通过基于网络交互语言的应用接口实现网络知识和管控指令（包含多维标识寻址路由指令、网络认知决策指令、内生安全策略指令）的语义接入。通过结构化、形式化的网络交互语言描述方法，自动化、智能化的语段生成和语义解析交互机理，层次化、多模态的语义交互模式，实现网络知识和管控指令的智能拟人化交互。网络交互语言描述方法为交互协议语言提供语法规范；语义交互包括网络交互语言理解和网络交互语言生成两个功能部分；层次化、多模态的语义交互模式由网络交互语言交互协议单元实现；基于可扩展的网络交互语言应用接口，能够实现多种网络交互应用的接入和运行。语义交互机理主要借鉴自然语言理解和自然语言生成等自然语言处理技术的相关理论，语义交互则需要基于通信交互原理设计全新的语义交互协议单元来实现。

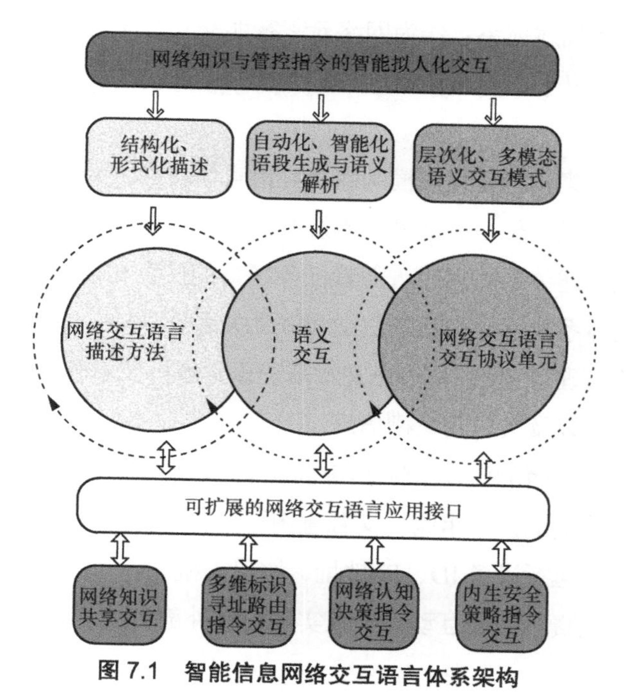

图 7.1　智能信息网络交互语言体系架构

7.2.2　功能模型

按照上述交互语言体系架构，基于拟人化的语言交互的基本过程，可构成一个智能信息网络典型的网络交互语言系统的功能模型，如图 7.2 所示。

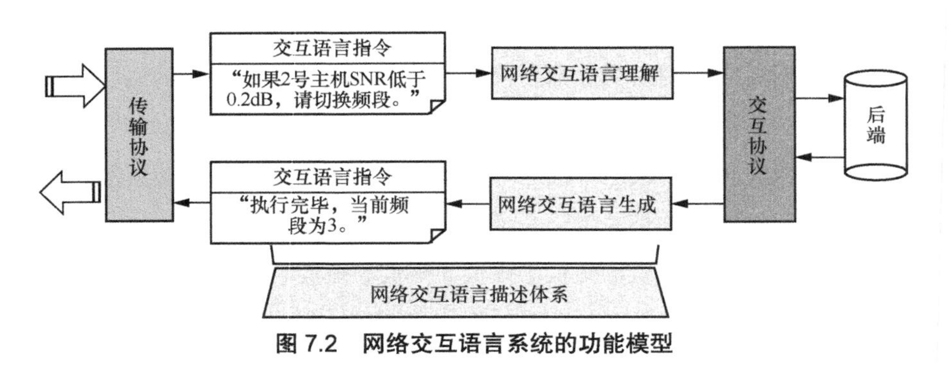

图 7.2　网络交互语言系统的功能模型

按照交互过程，将各个功能模块的功能次第描述如下。

网络交互语言描述体系：作为网络元素智能交互及协议设计的基石，网络交互语言描述体系定义了语言所使用的词汇、所遵循的语法，定义了语言的归纳和派生过程。

由人类专家采集和构建大规模网络交互语言语料库，经过加工和标注，得到语言的词汇集合、词汇类型、语义要素及其约束关系、语言的派生关系等，从而形成一套语言的描述体系。同时，随着任务场景的扩充和语料库数据的累积，网络交互语言描述体系能够学习新的归纳和派生关系。

网络交互语言理解：旨在将消息文本基于语义解析技术映射成一个语义表示，一般包含交互意图以及关键语义槽信息。

交互意图和语义槽的设计依赖于具体的任务，通常由领域专家定义形成。例如，为完成智能终端的开机组网，交互意图可以包含分配、查询、检测、请求、确认等，语义槽又包括设备 ID、IP 地址、协议类型等。

交互策略：负责产生交互动作，以实现访问外部数据、触发外部应用、控制交互流程等。

交互策略模块根据网络交互语言理解输出的语义表示和当前的交互上下文更新交互状态，进而决定应该采取的下一个交互动作，将交互动作和语义槽信息输出给语言生成模块。一般来说，交互协议模块分为两个子任务：其一是对交互状态追踪，负责跟踪和更新交互相关的信息来支持交互管理过程；其二是决策生成，根据当前的对话状态决定下一个交互动作，动作一般包括向对方请求更多信息、与对方确认信息、发送对方想要的信息等。

后端：智能体为完成交互任务所维持的结构化的环境数据，可以是自身物理参数、环境参数、业务知识、服务应用程序接口（API）等。

根据访问权限的不同，后端可分为：私有后端数据库，存放在智能体一侧，供智能体自身访问；公有后端数据库，存放在公共存储器，供网络内的所有智能体访问。根据交互的进行，后端数据库会发生动态变化。不同类型的智能体，根据管理和交互的需要，依据规定的权限对后端数据库进行不同的增、删、改、查等访问操作。后端数据库的状态、网络知识、交互历史等一起构成了智能体交互的内部状态。

网络交互语言生成：旨在将交互协议产生的交互动作和关键语义槽转化成网络交互语言消息文本。

网络交互语言生成可以视作网络交互语言理解的逆过程，在生成指令的交互语言描述时，一个最基本的约束是语义一致性，即生成的语言要覆盖指令的语义，不能有遗漏、错误或重复。

交互协议：为交互过程产生的网络交互语言指令提供高效、经济、透明的端到端数据传输服务。网络交互语言指令的传输位于通信协议的应用层，其功能与底层协议栈类型无关，需要底层通信链路的保证。

7.2.3　交互语料库

为支撑智能体之间的智能交互，赋予智能体拟人化的网络交互语言理解能力和网络交互语言生成能力，需要构建网络管控指令的网络交互语言语料库，为后续智能化、拟人化的语言交互和协议设计提供语言学的理论依据及统计建模的数据基础。

（1）语料库构建

在构建语料库时，首先收集现有通信协议中面向网络管理和控制的指令语句。本节借鉴了简单网络管理协议（SNMP）中的网络管控指令，构成基础网络管控指令集，人工将其转换为网络交互语言指令集；进而，标注网络交互语言指令的指令意图（Intent）和关键语义槽（Slot）。此外，根据不同类型的智能体进行语言能力分级，对于现有指令未能覆盖的网络管控能力，人工扩展出指令集合，构建指令的网络交互语言描述，且标注其指令意图和关键语义槽。

指令意图通常对应交互语言句子中的谓语动词，等同于传统通信协议中的消息类型，例如请求、回应、确认、同意、失败、分配、转发、通知、更改（调整）、上报、检测等。关键语义槽通常对应交互语言句子中的实体名词，等同于传统通信协议中的消息内容，例如设备 ID、IP 地址、设备状态、暗语、空内容等。交互意图集合与语义槽集合、语义槽值集合一起，构成了网络管控指令的本体知识，指导后续网络交互语言理解、交互协议优化以及网络交互语言生成。

（2）语义文法

网络管控指令的网络交互语言描述以语义解释作为其标志，以语义原子作为其基本语言单位，语义描述对语言结构产生影响。把具有相似语义功能的词归入相同的语义类别，首先是交互意图集合，其次是不同的语义槽集合。再根据一定的模式，由语义原子组成更大语义单元，直至生成单句、复句等高层语义单元。在构造不同的语义文法时，应当遵循下列原则。

① 将语义原子作为文法的终结符。语义原子是指应用领域中不可再分的知识或信息的最小单位。

② 单一语义单元可以根据网络信息应用的语义表达关系组成复合语义单元，表征文法的非终结符。

③ 语义上独立且表征含义完整的语义单元称为句子，即文法所能描述的最高级别符号，类似于句法文法中的根节点。

在网络管控领域中，以为网络配置 IP 地址任务为例，对语义文法符号作如下分析。

① 指令意图。一个句子所描述的任务类别作为该句子的意图类别，如计算地址掩码、分配网段、分配 IP 地址、检测 IP 冲突、互联网分组探测器（Packet Internet Groper，PING）以及确认或否认、纠正或重复等。这些句子范畴构成了配置 IP 地址任务的顶级符号。

② 指令的语义槽。应用领域内涉及的对象构成了完成配置 IP 地址所需的必

要条件，如地址掩码、网络地址、网络广播地址、网络的主机地址、网段、终端号、IP 地址等。这些对象作为任务的非终结符。

③ 指令的语义槽值。语义槽值是每个语义槽的具体取值，例如“IP 地址”语义槽的值可以是“192.168.100.49”。网络管控和网络知识中涉及的语义槽值大多需要满足特定的取值约束和规范。为网络配置 IP 地址的任务中，网络节点的某些配置既能看作单一语义单元，也可以理解为语义原子，比如节点的主机 DNS、IP 地址等。这时，一方面，如若采用过多的单一语义单元作为非终结符，则文法模式将和这些非终结符关联的词形成强相关关系，换言之，每个独立的语义单元都必须使用不同的词来表达。此时，词表的规模将比较庞大，如为一个复杂网络中的终端分配 IP 地址的任务中，IP 地址和终端号个数非常庞大。另一方面，如果将对象节点分到很细的程度才形成语义原子，许多模式只能靠文法描述，这将导致文法规模的增大和可读性的降低。因此，需要在文法可读性、符号规模以及词规模之间折中，选择适当粒度的语义单元作为文法终结符非常重要，配置 IP 地址任务中将设备类型、协议类型设计为终结符，而将主机 DNS、IP 地址变化多、范围广的槽进一步做词类划分。表 7.1 列出了部分关键词类的符号及其关键词例子，其中，关键词类的符号作为语义文法中的终结符；关键词类可依据应用领域指定，由领域内具有某种相似语义行为的词组成，所有关键词类和其他终结符一起组成系统词表。

表 7.1　部分关键词类的符号及其关键词示例

关键词类符号	示例
mat_device_class	无人机、手机
mat_protocol_class	TCP、UDP、FTP
mat_IP_addr	224.0.0.0、239.255.255.255
tag_exist_or_not	有没有、会不会
tag_when	什么时候、几点
tag_what	什么、哪些

根据关键词类在系统中的不同功能，又分为实体类和标记类。实体类用 mat_ 前缀表示，描述了与对话任务相关的关键信息，包括协议类型、主机类

型、主机号等；标记类用 tag_前缀表示，包括疑问词、介词、代词或其他语义符号。

（3）词汇信息库

依据网络知识和网络管控任务，抽象出指令意图的描述词汇、语义槽及槽值参数的约束，从而构建句子的谓语动词、修饰词和实体词词汇库。对词汇信息库中的词汇建立动态分级索引。对于不同任务下的专有名词，网络运维管理人员可根据词汇信息库的相关规则扩展词汇信息库。词汇信息库分为一级词汇信息库和二级词汇信息库。一级词汇信息库为受限语言词汇信息库。受限语言词汇信息库包括受限语言可以使用的基本属性词，以及系统限定使用的谓语动词、修饰词等。IIN 的四类智能体均拥有相同的基本词汇库。二级词汇信息库为动态词汇信息库。动态词汇信息库中存放的是针对不同网络管控行为的专有名词、词的多种描述（缩略语、同义词、近义词）等。值得注意的是，通过统计学习归纳语言的语法规则时，如果在二级词汇信息库中发现某些词符合一级词汇信息库的评价标准，则可以将二级词汇信息库中使用频率较高的词汇吸收到一级词汇信息库中，从而不断完善交互语言的词汇信息库。

（4）句子模板库

围绕网络管控任务的网络交互语言描述体系，按照管控意图对管控指令进行分类，再依据意图确定是否可以划分为更细的子意图，即是否划分二级、三级等子意图。为最小意图类制定句子模板，句子模板包含句子表述框架及描述语义槽的通配符。为保证语言的多样性及扩充其表示能力，为每个最小意图制定大于或等于三个句子模板，作为人类专家构造句子的参考依据，但实际采集过程中，人类专家可根据自己的语言习惯和词汇选择倾向，编制更丰富的句子表述。

表 7.2 以状态查询为例，列举了开机组网流程中的一部分交互语言指令。

基于上述网络交互语言描述体系，结合智能信息网络中智能体交互的基本需求，由两名人类专家模拟两个交互中的智能体，据此采集并加工大量的人人交互数据，构成句子级的网络交互语言交互指令、对话级的网络交互语言交互语段，为后续网络智能交互及协议设计提供基础语言数据。

表 7.2　交互语言指令示例

发送方→接收方	网络交互语言指令	指令含义及参数
终端→路由器/交换机	“请求入网，用户名<xxx>，密码<xxx>”	终端发送给路由器或交换机的请求入网指令。 意图：请求入网语义槽{用户名<xxx>，密码<xxx>}
路由器/交换机→终端	“入网成功”	路由器或交换机发送给终端的入网状态消息。 意图：告知语义槽{状态<成功>}
路由器/交换机→控制中心	“转发请求入网，申请设备号<xxx>，用户名<xxx>，密码<xxx>”	路由器或交换机发送给控制中心的入网请求消息。意图：请求入网语义槽{设备 ID<xxx>，用户名<xxx>，密码<xxx>}
控制中心→路由器/交换机	“分配 IP”	控制中心发送给路由器或交换机分配 IP 的消息。 意图：分配 IP 语义槽{default}
路由器/交换机→终端	“分配 IP”	路由器或交换机发送给终端的分配 IP 的消息。意图：分配 IP 语义槽{default}

7.3　网络交互方法和协议

作为智能信息网络组网节点的智能体，为了实现拟人化智能交互，智能体间模拟人与人之间的自然交互，采用基于回合的方式开展。因此，交互协议主要涉及三个层面的问题。

一是采用什么样的交互语言。正如人与人之间在遵循一定的语法约束下采用汉语、英语等不同的语言进行自然交互一样，智能体间的交互也需要一套可声明的、具有高度扩展性的语言系统，包括语言的符号和规则体系等，即 7.2.3 节构建的交互语料库。

二是采用什么样的交互方法。人类交互过程中最核心的两个方面就是语义表达和语义理解，智能体之间的交互也是如此，交互采用的方法主要涉及网络交互语言理解和网络交互语言生成。

三是采用什么交互协议。为了达成某个交互目标，智能体之间可能需要多轮次交互，这就要求智能体能够选择合适的交互策略，以期在最短的交互轮次内，实现交互意图的传递和理解。

7.3.1 交互方法

网络智能交互的实现方法主要借鉴自然语言处理技术，接收端通过网络交互语言理解实现意图解析，发送端根据交互意图生成交互语段，从而达到利用设计的智能网络交互语言体系实现通信意图和管控指令交互的目的。

（1）网络交互语言理解

网络交互语言理解或网络交互语言解析，旨在理解来自发送端的网络交互语言指令，提取其中包含的任务相关的信息，包括指令分发、意图识别以及槽值标注，如图 7.3 所示。

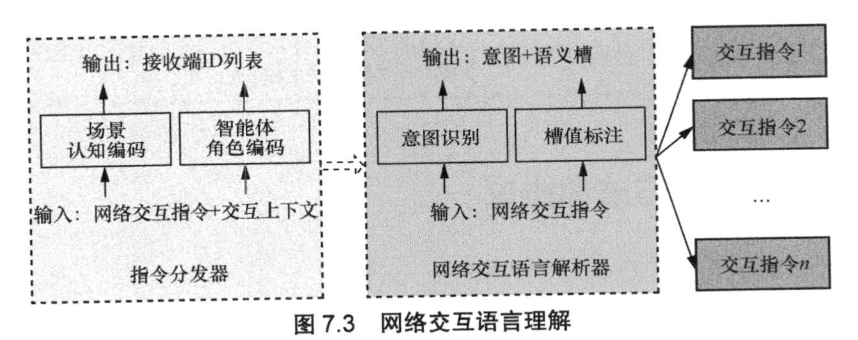

图 7.3　网络交互语言理解

指令分发是指根据需要将指令发送给不同的接收端。一种最简单的情况是每次为网络多维标识器指定的唯一接收端显式发送一条交互语言指令。然而，更自然和高效的情形是，指令或上文指令中隐含了一个或多个接收端，而一条指令对应多个不同的接收端。这时就需要根据交互的上下文场景，完成指令分发，将解析后的指令拆分成多个不同的指令，分发到不同的接收端。

接收端的网络交互语言解析器包括意图识别和槽值标注两个子任务。其中，意图识别是指识别不同类型的管控任务，例如“询问”“修改”等。值得注意的是，根据意图的多层级划分意图识别一般被建模为一个层次分类问题。

槽值标注是指识别出网络交互语言指令包含的语义槽并标注其槽值。语义槽类别通常从语言描述体系中关于网络管控任务的本体知识内得到。意图和语义槽共同构成网络交互语言指令的语义框架。槽值标注又称槽填充技术，主要采用序列标注的方法，为网络交互语言指令中的字或词打上槽类别标签。为执行此类方法，首先需要设计标签集合。一种常用的槽标签为 BIO 标签，B 表示 Begin，为槽值的初始位置；I 表示 In，为槽值的中间位置；O 表示 Out 或者 Other，为非槽值位置的标识。将 BIO 标签与槽的名称联合表征，形成“B-槽名”“I-槽名”等标识，可用于表征特征槽的槽值。目前，一些典型的序列标注模型被广泛用于填充槽值实现槽值标注和表征，如隐马尔可夫模型、条件随机场、循环神经网络、Transformer 等模型。但是，在智能信息网络的应用背景下，上述模型可能会缺乏训练数据而使得新加入的语义槽值无法被归纳为标准槽值，进而无法被准确识别。因此，序列标注模型和槽类型分类模型常常结合在一起，以更好地利用语义槽所在句子的上下文，进行准确的槽值识别。

在实际指令传输过程中，由于通信过程中存在信道干扰，接收端收到的文本序列可能存在错误，如“查询信噪比”被错误解码为“嫘询信噪鞴”。将带有噪声的文本序列输入网络交互语言理解模块时，上述基于序列标注的模型无法从错误符号中识别出正确的槽值。因此，需要设计一种支持噪声信道的语义鲁棒解析方法。

（2）网络交互语言生成

网络交互语言生成旨在将管控行为封装为网络交互语言指令，其重点在于确保生成自然、流畅的交互语言描述语句，同时有效避免网络交互语言表述在语义上的重复、遗漏和不一致问题。一种基线解决方案是，为每个智能体动作定义一套句子模板。在接收到交互协议生成的交互动作时，调用对应的句子模板，在必要时，填充相应的语义槽，进而得到完整的句子。这种基于模板的句子生成器，适用于一个指令只携带一个或两个动作的情景。对于一对多的智能体交互，一条指令可能包含多个动作，同时对应多个语义槽，此时句子模板难以实现复杂的句子规划和指令表达。考虑到网络管控任务的特殊性，可以采用基于受控语义的网络交互语言生成方法，一种可行的方案如图 7.4 所示。其中，语义控制器可以采用指针网络实现，网络交互语言解析器可以采用序列生成模型实现，n 表示解析器生成的第 n 个词。

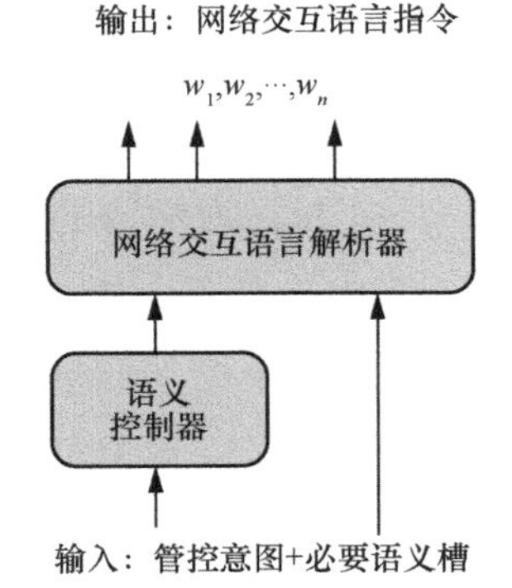

图 7.4　基于受控语义的网络交互语言生成方法

语义控制器维护一个{意图，语义槽}向量，用于记录哪些意图和语义槽已经被描述，哪些意图和语义槽需要在后续的时间序列上进行描述，以实现对网络交互语言解析器的语义控制。

7.3.2　交互协议

在传统网络管控协议中，实行管控需要在控制端人工输入指令，自上而下经过各层封装及编码，经过物理信道传输后在接收端自下而上进行解封装及指令译码，在应用层根据预先设定的指令映射规则，识别出指令意图从而进行对应的管控操作。该过程对于人工的依赖性很高，网络管控人员需要具有很强的专业知识，才能及时针对不同情况做出正确的网络管控操作。传统交互协议分层模型如图 7.5 所示。

对此，本节提出基于网络交互语言的网络交互协议，其协议分层模型如图 7.6 所示，该协议能够极大地减少管控过程对人工的依赖性，对于智能体不同的能力划分，可以根据所需要执行的意图采用网络交互语言生成模型自行生成管控指令，并且在应用层以下的各层进行传输时，不再传输传统协议中人工设计的比特序列指令，而是传输对所生成的网络交互语言进行自动编码后得到的比特序列。网络交互语言生成模型的引入可以减少人工操作，减少人力以及对技术人员专业知识的依赖；同时能够针对同一意图生成多样化的网络交互语言进行传输，而非传统管控中一个意图对应一个固定的比特序列，这一特点极大拓展了网络交互语言指令适应新的管控任务的能力。在接收端，各层依次向上直到应用层获得所传输的网络交互语言，利用网络交互语言理解模型可以精确地还原出其意图，从而进行对应的指令操作和网络配置。对于产生一定传输错误的网络交互语言指令，网络交互语言理解模型能够以很高的概率恢复出其原有意图，从而完成正确的操作，极大地提高管控过程的可靠性。

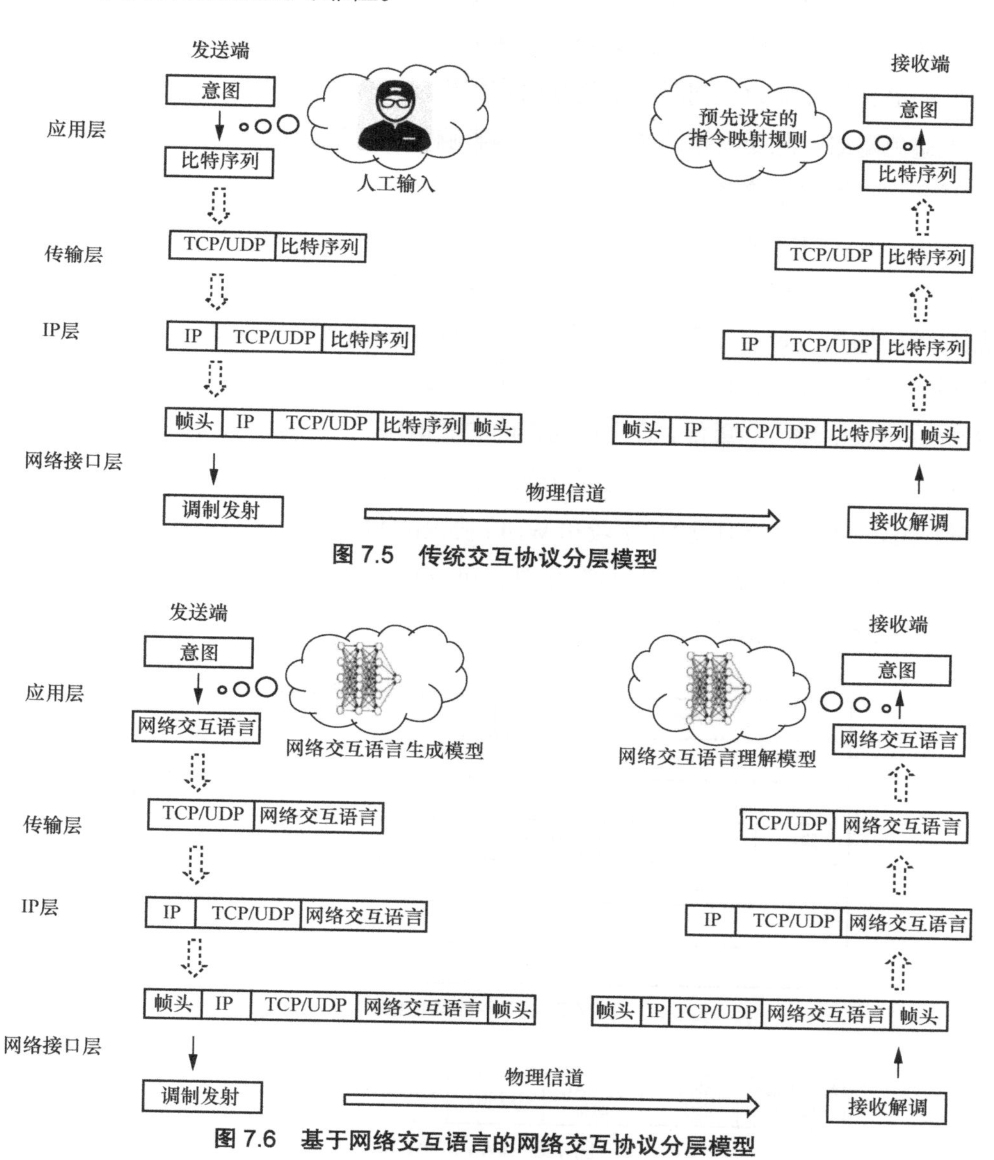

图 7.5　传统交互协议分层模型

图 7.6　基于网络交互语言的网络交互协议分层模型

基于网络交互语言的交互协议具有如下两个关键特点。一是该协议赋予智能体更强的语义理解和表征能力。以网络交互语言描述体系作为基本语言知识，智能体通过统计学习获得对管控意图一致又多样的表达能力，获得对管控意图精准和鲁棒的解析能力。智能体在学习过程中具有清晰的优化目标，使得该协议更适应智能信息网络对网络自主优化和自主进化的需要。二是该协议赋予网络交互更强的高效性和鲁棒性。基于语义表达的网络交互语言本身具有高效的纠错机制和良好的语义压缩能力，同时网络交互语言解析以管控意图理解为目标，可极大程度上避免网络资源受限和信道噪声带来的影响，使得该协议更适用于网络抖动大、时延要求高的应用情景。

进一步，基于网络交互语言的内生容错能力，可以对于应用层以下的各层协议进行优化，以提升协议效能。例如，传统协议为了保证传输的可靠性，会在下层协议中加入一定的差错校验机制，如图 7.7 和图 7.8 所示，TCP 协议的包校验和字段和 Wi-Fi 协议的 FCS 字段，都通过引入一定的冗余来检测包中数据有无错误，若存在错误则进行包重传，直到得到正确的数据包。对于网络交互语言交互协议，其可靠性可由交互语言内生容错能力进行保障，进而精简下层的校验机制，例如可将 TCP 协议中的包检验和字段和 Wi-Fi 协议的 FCS 字段省去，以节省一定的物理层资源开销；通过精简底层校验机制，可以有效地减少数据包重传的轮次，提高管控意图实现的效率。

<table>
<tr><td colspan="8">源端口</td><td>目的端口</td></tr>
<tr><td colspan="9">数据序号</td></tr>
<tr><td colspan="9">确认序号</td></tr>
<tr><td>偏移</td><td>保留</td><td>U</td><td>A</td><td>P</td><td>R</td><td>S</td><td>F</td><td>窗口字段</td></tr>
<tr><td colspan="8">包校验和</td><td>紧急指针</td></tr>
<tr><td colspan="9">选项</td></tr>
<tr><td colspan="9">用户数据</td></tr>
</table>

图 7.7　TCP 数据包结构

控制字段	持续时间	目的MAC地址	源MAC地址	BSSID	顺序控制字段	数据字段	FCS

图 7.8　Wi-Fi 帧结构

7.3.3　交互实例

前文介绍了基于网络交互语言的智能交互协议的相关理论，论述了智能交互协议中的交互语言、交互方法和交互协议的设计。本节在此基础上，对上述理论和方法的部分交互应用进行论述。本节以中心控制为主要的网络控制交互方式，即居于控制中心的智能体对其他智能体下达网络交互语言指令。本章前期所论述的两类智能体分别为控制中心和终端，其中，控制中心具有查询、指挥、决策等功能，在四类智能体中具有最高智能等级，终端则只有基础功能，例如查询、配置、更新和回应等，在四类智能体中具有最低智能等级。面向 IIN 亟待解决的相关问题，本节选择三个典型场景研究论述其智能交互协议设计实现方法：基于智能交互协议的自动组网、网络重构和恢复、网络抗干扰。

场景 1　自动组网

在三个典型场景中，自动组网建链是实现智能化网络管控的关键步骤，控制中心通过交互语言下达自动组网指令，使得未组网的智能体按照一定的交互流程自动实现组网。该场景体现了多意图、多轮次、智能化和高鲁棒的交互语言的网络管控机制，能够体现网络交互语言实现网络管控的优势。自动组网场景示例如图 7.9 所示。

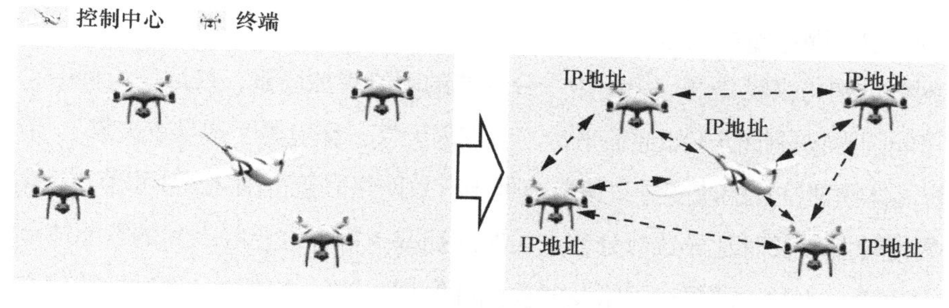

图 7.9　自动组网场景示例

图 7.9 左侧的控制中心和终端呈现未组网时的分散分布状态，右侧的控制中心和终端呈现配置 IP 建立联接的组网完成状态。网络交互语言理解和生成、交互策略规划等赋予智能信息网络智能体较高的能力等级，控制中心智能体只需要发

送一条交互语言指令“开机组网”或“开启网络联接”，即可触发终端智能体自主执行一系列的网络配置动作，或在需要与控制中心交互时生成相应的交互语言。因此，基于交互语言的交互协议仅通过一次交互就可以完成基于传统协议的多次反复交互。为了更好地展示智能交互协议中不同功能模块和交互全过程，本节将采用控制中心主导的交互模式，即控制中心每次只表达单一的管控策略，而终端则在控制中心指导下完成一条相应的管控配置。接着，控制中心发起下一个管控策略，以此往复，最终完成组网。

为此，本节为基于网络交互语言交互协议制定了自动组网场景实现的具体交互流程，该流程大致分为以下三个部分：IP 分配、路由建立和路由维护。自动组网流程如图 7.10 所示。

具体流程为：（1）控制中心定期广播，判断是否有未分配 IP 的终端；（2）终端查询并返回自身 IP 或者无 IP；（3）控制中心通过判断来分配 IP，给未配置 IP 的终端选择可用的 IP，并使用单播指令进行配置；（4）终端配置 IP 成功后返回 IP 配置成功；（5）控制中心通知终端更新路由表，广播新配置的 IP；（6）终端更新路由表后发送更新 IP 成功；（7）控制中心定期广播查询是否所有终端正常联接；（8）终端回应正常联接或无回应。图 7.10 中上部虚线框为 IP 分配，对应步骤（1）～（4）；中部虚线框为路由建立，对应步骤（5）～（6）；下部虚线框为路由维护，对应步骤（7）～（8）。

场景 2　网络重构与恢复

网络重构与恢复是通信组网中十分经典的网络管控场景，在通信过程中，通信节点可能因为物理损伤（如通信平台、节点因天气、环境等因素导致失效）、节点失联（智能体物理位置的改变导致该节点处于有效网络联接范围之外）和节点拥塞（大量的数据转发和长时延导致部分节点长时间拥塞）等导致已经入网的智能体节点形成网络断路，此时，需要对网络及时检测并发现失效的智能体，通过重新建立联接和重构网络结构实现网络连通状态的自主恢复。在该场景中所涉及的主要网络功能是路由维护，通过实时广播来判断是否联接正常。网络交互语言协议中设置网络重构与恢复的机制可以实现网络自主维持正常组网状态。网络重构与恢复场景示例如图 7.11 所示。

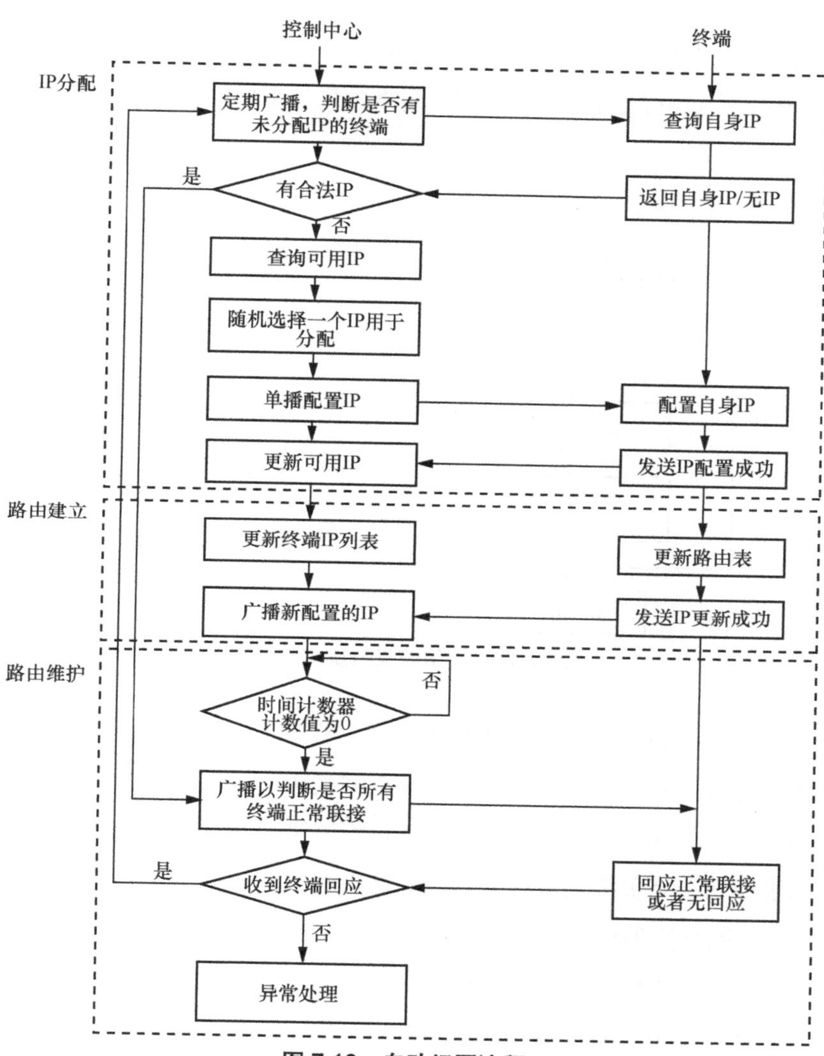

图 7.10　自动组网流程

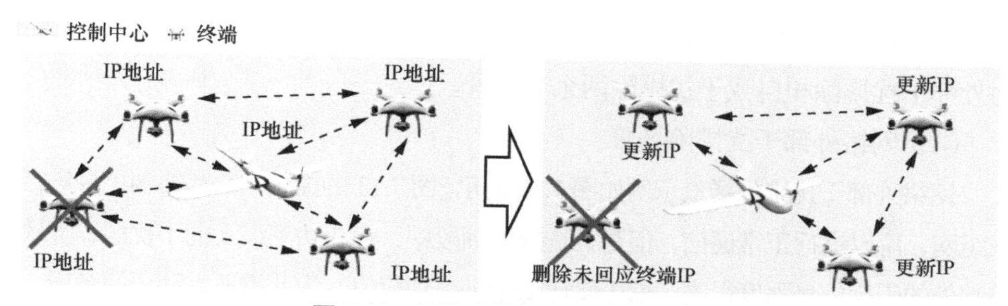

图 7.11　网络重构与恢复场景示例

图 7.11 左侧为开机组网后某一智能体出现节点失效的状态，右侧为组网删除未回应终端且更新 IP 的组网更新状态。网络恢复与重构流程如图 7.12 所示。

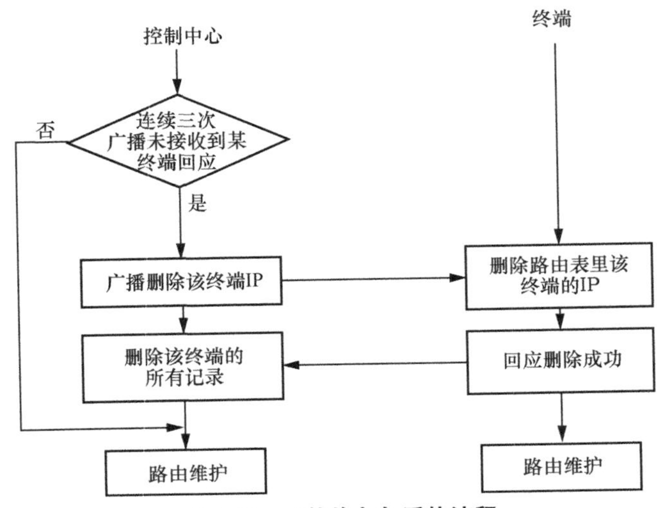

图 7.12　网络恢复与重构流程

图 7.12 中所示的网络恢复与重构的具体流程如下：（1）控制中心定期广播查询是否所有终端正常联接；（2）终端回应正常联接或无回应；（3）若连续三次出现某终端未回应的状况，则控制中心广播删除该终端 IP；（4）终端回应删除 IP，更新路由表成功；（5）终端进行周期性的路由维护。

场景 3　网络抗干扰

由于频段的有限性，在未来大量网络设备可能处于同频共存共用频率资源的条件下，因此，在电磁干扰场景下，可能存在网络外部节点电磁干扰和网络内部节点之间的同频干扰，两种干扰都会导致终端的信干噪比（SINR）急剧下降，严重影响通信质量，需要通过智能体感知及交互，来排除干扰影响。该场景主要分为外部干扰排除和自我干扰排除两个子场景。

（1）网络外部干扰排除场景

网络外部干扰排除场景示例如图 7.13 所示。图 7.13 的控制中心和终端已经进行完成组网，可以进行正常通信，但是其选择的频段中，存在功率很大的干扰源，导致各终端处的干扰信号强度很高，信干噪比低于某个理想值，为此需要主动更换频段，以检测信干噪比的下降原因是否是存在外部干扰源。外部干扰排除流程如图 7.14 所示。

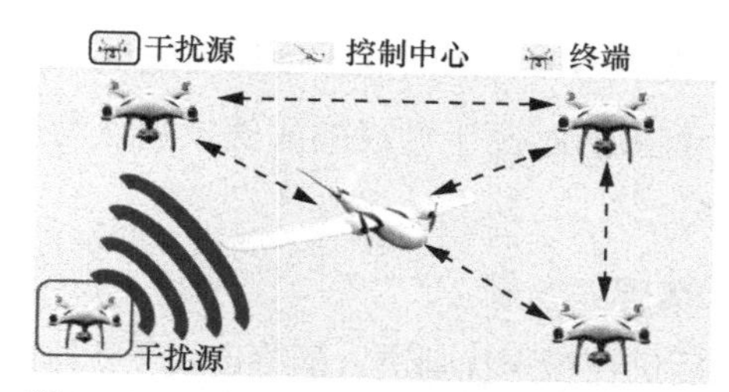

图 7.13 网络外部干扰排除场景示例

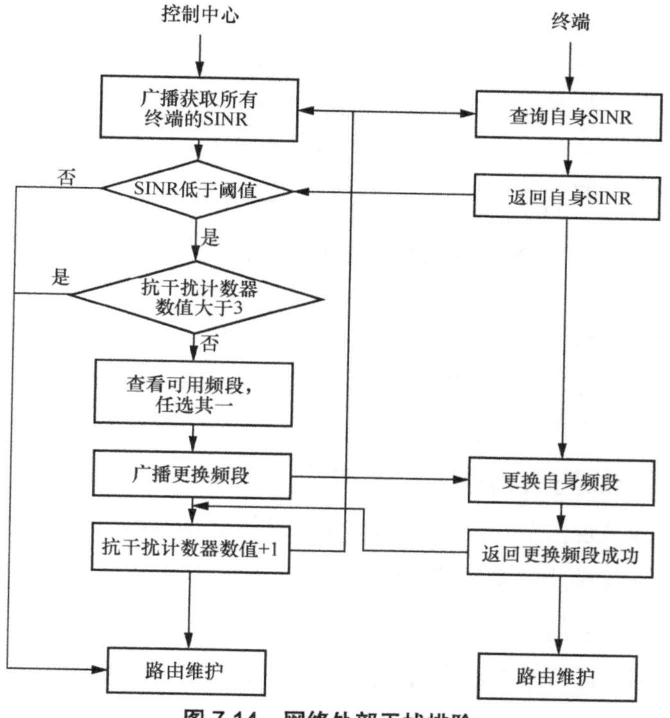

图 7.14 网络外部干扰排除

图 7.14 中所示的外部干扰排除的具体流程如下：① 控制中心广播查询信息获取所有终端的 SINR；② 终端接收到广播后返回自身的 SINR；③ 控制中心如果查询到 SINR 低于预设的阈值，需要进行外部干扰排除；④ 控制中心选择出当前频段外的另一可用频段；⑤ 控制中心进行广播配置，将所有终端配置为所选频段；⑥ 终端接收到广播后修改频段并返回确认信息；⑦ 控制中心接收到所有终端的确认信息后将抗干扰计数器数值+1，该计数器数值表示恶意干扰排除的次数；⑧ 控制中心通过广播查询所有终端的 SINR；⑨ 终端接收到广播后返回自身的

SINR；⑩ 控制中心检测 SINR 若依旧低于预设的阈值，则继续重复进行上述操作，直到更改频段三次；若 SINR 高于预设的阈值，则认为干扰已经排除，则进行周期性的路由维护操作。

（2）网络自我干扰排除场景

若外部干扰排除后仍存在干扰则进入网络自我干扰排除场景，其示例如图 7.15 所示。

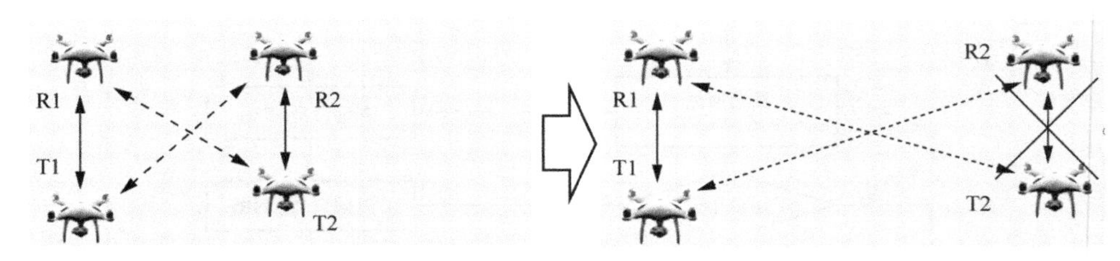

图 7.15 网络自我干扰排除场景示例

图 7.15 左侧的控制中心和终端已经完成组网可以进行正常通信，且进行三次恶意干扰排除后，终端的 SINR 依旧低于预设的阈值，则认为并不存在功率很大的干扰源，干扰的产生则可能是由于节点之间或节点自身的原因，如两个节点距离过近，或者节点过于远离控制中心，对此，通过修改终端的运动方向，来检测信干噪比的下降是否由节点之间干扰造成。自我干扰排除流程如图 7.16 所示。

网络自我干扰排除的具体流程如下：① 控制中心广播查询消息获取所有终端的位置信息；② 终端接收到广播后，查询并返回自身的位置信息；③ 控制中心获取位置信息后，对特定终端进行位置修改，并单播配置指令；④ 终端按配置指令更新运动方向，并返回更新成功信息；⑤ 控制中心接收到更新成功信息后，广播查询所有终端的 SINR；⑥ 终端接收到广播后，查询并返回自身的 SINR；⑦ 控制中心获取 SINR 后，若 SINR 大于预设的阈值，则认为干扰消除，执行周期性的路由维护；若依旧小于预设的阈值，则进行后续操作；⑧ 若进行三次干扰排除后 SINR 仍低于阈值，则控制中心认为干扰无法排除，单播关闭指令给 SINR 最小的终端；⑨ 该终端接收到指令后进行关闭操作；⑩ 在路由表中删除该终端对应的表项；⑪ 广播删除路由表的指令给其他终端；⑫ 其他终端接收到指令后删除对应的路由表；⑬ 控制中心进行周期性的路由建立。

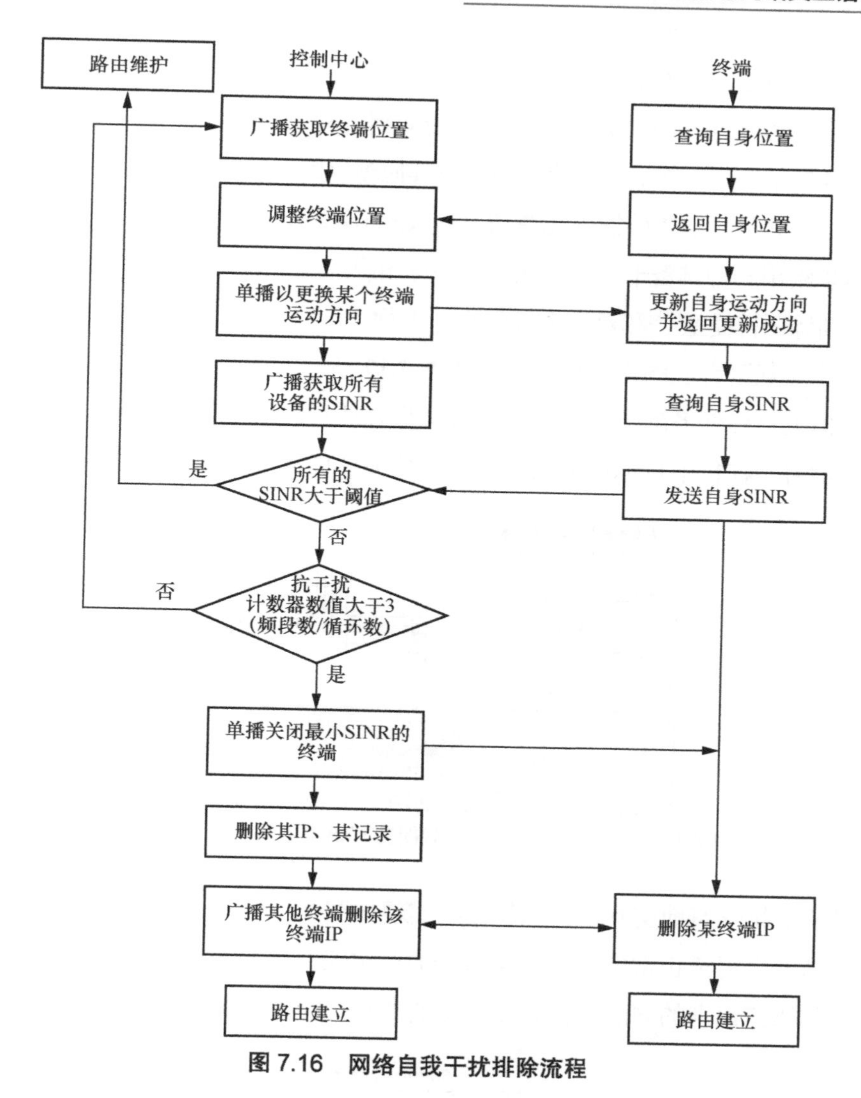

图 7.16　网络自我干扰排除流程

7.4 关键技术

7.4.1 具备对抗能力的多意图交互语言理解方法

意图多样和表述灵活是网络交互语言指令的显著语言特征，为此交互语言理解方法需具备多意图和新词汇的识别与理解能力。同时，交互语言指令经由网络层及底层物理链路传输时，不可避免地会受到各种噪声的影响，导致解码器解码出的指令携带噪声干扰后的错字、别字或其他难以解释的符号错乱，因此，交互语言理解方法必须具备鲁棒性，能主动、有效降低网络环境及物理信道带来的干扰。

这里给出一种具备干扰对抗能力、多意图识别能力的交互语言理解方法。从大规模预训练语言模型[1-2]和对抗学习[3-4]两个方面，同时提升交互语言理解的鲁棒性。

上述交互语言理解方法技术框架如图 7.17 所示。通过多任务学习[5]，有效发挥多个相关目标任务的类同表示，促使模型在底层编码器部分关注任务通用特征的表示学习，在每个目标任务的编码器部分关注任务相关的特征的表示学习。

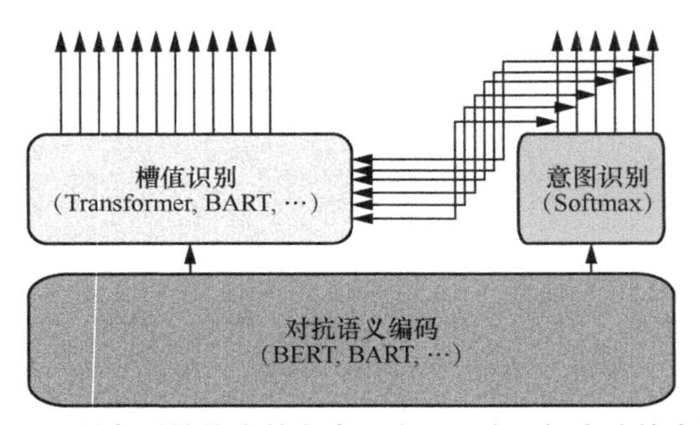

图 7.17　具备对抗能力的多意图交互语言理解方法技术框架

基于对抗学习地交互语言理解模型实现如图 7.18 所示。通过引入随机噪声干扰，构造一个混淆正常指令和错误指令的对抗任务，迫使模型在解码器端正确进行意图和槽值识别的同时，提升编码器的抗干扰能力。

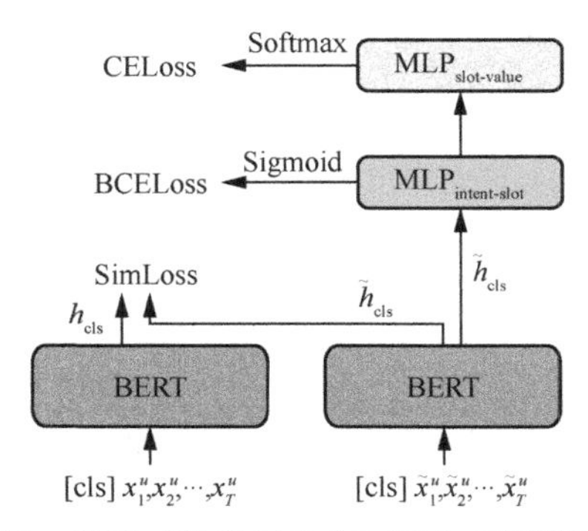

图 7.18　基于对抗学习的交互语言理解模型实现

（1）指令编码

给定输入指令句子序列 $\boldsymbol{X}=\{x_0,x_1,x_2,\cdots,x_T\}\in\mathbb{R}^T$（其中 T 表示序列长度），经过 BERT 编码器对句子进行编码，得到编码输出隐藏层向量 $\boldsymbol{H}=\{h_0,h_1,h_2,\cdots,h_T\}\in\mathbb{R}^{T\times d}$。

$$\boldsymbol{H}=\mathrm{BERT}(\boldsymbol{X}) \tag{7.1}$$

其中，h_0 表示句子序列的语义编码，记作 $\boldsymbol{h}_{[\mathrm{cls}]}\in\mathbb{R}^{1\times d}$，将该语义编码输入下游的意图分类和槽值预测模块实现对句子的语义理解。

（2）意图解析

将 BERT 编码器得到的句子编码向量 $\boldsymbol{h}_{[\mathrm{cls}]}$ 输入一个全连接网络层 $\mathrm{MLP}_{\text{intent-slot}}$ 中，对可能出现的意图-槽类型进行预测。

$$\boldsymbol{I}_o=\sigma(\boldsymbol{h}_{[\mathrm{cls}]}\boldsymbol{w}_{hi}+b_i) \tag{7.2}$$

其中，$\boldsymbol{w}_{hi}\in\mathbb{R}^{d\times I}$ 是一个可训练的参数矩阵，I 表示所有意图-槽类型的个数，$\sigma(\cdot)$ 表示激活函数，$\boldsymbol{I}_o$ 是最终预测输出的多个意图-槽类型。损失函数采用二分类损失函数，表示为

$$L_{\mathrm{BCE}}=-\sum_{i=1}^{I}\left(y^i\log y^i+(1-y^i)\log(1-y^i)\right) \tag{7.3}$$

（3）语义槽解析

经过意图分类网络，预测出输入句子序列 $\boldsymbol{X}$ 的意图-槽类型 $\boldsymbol{I}_o=\{I_1,I_2,\cdots,I_N\}$。为每一类意图-槽类型 I_n 设置一个分类器 $\mathrm{MLP}_{\mathrm{value}}$ 来预测该意图-槽所对应的槽值，表示为

$$\boldsymbol{S}_o=\sigma(\boldsymbol{h}_{[\mathrm{cls}]}\boldsymbol{w}_{hs}+b_s) \tag{7.4}$$

其中，$\boldsymbol{w}_{hs}\in\mathbb{R}^{d\times v_n}$ 是一个可训练的参数矩阵，v_n 表示第 n 个意图槽类型所对应的槽值取值个数，$\sigma(\cdot)$ 表示激活函数，$\boldsymbol{S}_o$ 是最终预测输出的指定意图-槽类型下的槽值。损失函数采用交叉熵损失函数，表示为

$$L_{\mathrm{CE}}=-\sum_{i=1}^{v_n}y^i\log y^i \tag{7.5}$$

为了增加模型抵御噪声的能力，在交互语言指令理解的输入侧加入了通信过

程中的模拟信道噪声，通过数据增强的方式，构造一个降噪自动编码器，进一步提升模型的语义理解能力。以“开机组网”指令为例，通过底层物理信道传输后，可能恢复出“开机添网”“便机组网”“速行组网”“碎机到网”等，需要交互语言理解模块仍然能够鲁棒地识别指令意图，支持智能体后续的智能交互。

将指令文本转化为 Unicode 编码 $u=\{u_1,u_2,\cdots,u_I\}$，得到一串 0−1 序列，利用正弦波调制后通过信道传输。在信道传输的过程中引入衰落和噪声，并在接收端实现解调从而获取发送端的指令文本，计算过程如下。

$$A(U)=(-1)^{u_i}\cos(wt) \tag{7.6}$$

$$T(U)=u_i\cos(wt)+n(t) \tag{7.7}$$

$$A^{(-1)}(U)=\left(u_i\cos(wt)+n(t)\right)\cos(wt) \tag{7.8}$$

将通过信道噪声干扰前后的指令文本序列 $\boldsymbol{X}=\{x_0,x_1,x_2,\cdots,x_T\}\in\mathbb{R}^T$ 和 $\tilde{\boldsymbol{X}}=\{\tilde{x}_0,\tilde{x}_1,\tilde{x}_2,\cdots,\tilde{x}_T\}\in\mathbb{R}^T$ 分别输入编码器中，得到对应的 CLS 向量为

$$\boldsymbol{h}_{[\text{cls}]}=\text{BERT}(\boldsymbol{X}) \tag{7.9}$$

$$\tilde{\boldsymbol{h}}_{[\text{cls}]}=\text{BERT}(\tilde{\boldsymbol{X}}) \tag{7.10}$$

计算两个向量的余弦损失作为相似度损失函数，即

$$L_{\text{SIM}}=1-\frac{\boldsymbol{h}_{[\text{cls}]}^T\tilde{\boldsymbol{h}}_{[\text{cls}]}}{\left|\boldsymbol{h}_{[\text{cls}]}^T\right|\left|\tilde{\boldsymbol{h}}_{[\text{cls}]}\right|} \tag{7.11}$$

最终交互语言指令解析任务的总体损失函数为

$$L=\lambda_1L_{\text{BCE}}+\lambda_2L_{\text{CE}}+\lambda_3L_{\text{SIM}} \tag{7.12}$$

其中，λ_1、λ_2 和 λ_3 为调和系数，满足 $\lambda_1,\lambda_2,\lambda_3>0$，$\lambda_1+\lambda_2+\lambda_3=1$。

采用对抗学习的方式来生成对抗样本，迫使交互语言理解模型尽可能地错误区分真实样本和对抗样本，同时，尽可能地从真实样本和对抗样本中正确解析出意图、信息槽等语义信息。通过调整噪声的均值和方差等统计量，可以有效探索模型在规定正确率的要求下，所允许的发射功率、信干噪比等经验性极限，并为探索其理论计算提供有效参考。

7.4.2 具备语义受控能力的交互语言生成方法

语义一致性理论对生成的语言附加三个方面的约束：一是事实一致性，交互语言语句中的意图和槽值要忠实于主体要表达的意图和槽值；二是不重复，交互语言语句中的意图和槽值不能多于主体要表达的意图和槽值；三是无遗漏，交互语言语句中的意图和槽值不能少于主体要表达的意图和槽值。

交互语言生成旨在将智能体产生的结构化指令转换为交互语言进行展示和交互。通常从完整性、流畅性、可读性和多样性 4 个维度衡量生成交互语言的质量。考虑到多智能体之间的交互是围绕特定任务的交互，这里首先讨论一种基于语义一致性的交互语言生成模型。进一步，为了提升语言生成的可扩展性，讨论一种模型驱动的交互语言生成模型。

（1）基于模板的交互语言生成

模板驱动的交互语言生成模型的第一步是根据智能体的指令意图，从 7.2.3 节构造的语料库中索引得到意图对应的句子模板，进而基于句子模板生成具体的句子实例。其基本过程如图 7.19 所示。

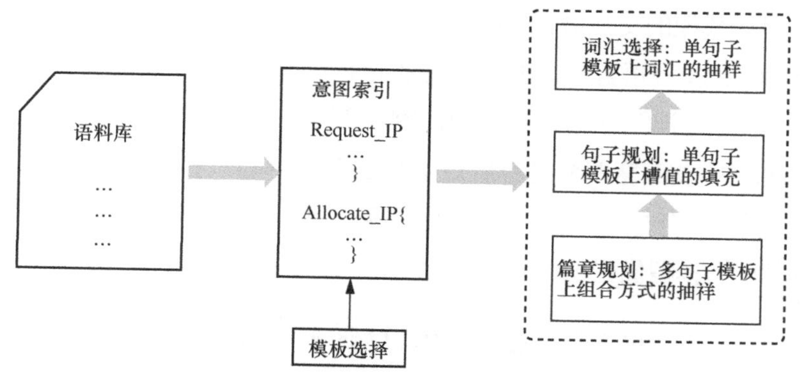

图 7.19　基于模板的交互语言生成基本过程

首先是模板构造过程，具体如下：① 对 7.2.3 节采集到的人人交互的数据，采用语句的意图类别为句子建立索引入口；② 用槽类型标签掩盖槽值，构成活动槽（这一过程被称为“去词汇化”），进而为每个意图得到若干个候选句子模板；

③ 统计每个模板的实际使用频率，经由人工校验，构成句子模板库。

然后是基于模板的句子生成过程，具体如下：① 根据智能体产生的（多个）指令意图，在多句子组合表述集合上完成句子组合方式的抽样（篇章规划）；② 按照意图检索得到对应的句子模板集合，依据模板中句子的使用频率抽样得到一个句子模板（句子规划）；③ 将智能体产生的目标槽值代入句子模板中的活动槽，生成一个具体句子（词汇选择或“词汇化”）。

智能信息网络中的多智能体交互，不仅包含单一交互意图（例如“报告中控，我的通信质量差。”），而且包含多个复杂的交互意图（例如“请全体先切换频段为6，然后上报 SNR。”）。因此，在句子生成的第一步，要对多句子构成的篇章进行规划，将多个交互意图，按照特定的顺序组合成意图序列，通过人工设置的语句合并规则，将单一意图对应的交互语言句子组合成表述多个意图的交互语言句子。

这种基于模板的交互语言生成方法，得益于人工专家特定的领域知识，确保了生成语句的完整性、流畅性和可读性，并且差错率很低，在实际场景中，能够带来很好的性能。然而，这种方法对模板的覆盖度和质量有极大的依赖，难以扩展到新的交互需求。同时，随着任务复杂性的提高，难免会发生模板之间的冲突，导致模型无法自动优选适合的句子模板。

（2）基于模型的交互语言生成

基于模型的交互语言生成通过神经网络编码器将交互意图编码为一个意图表示向量，进一步通过神经网络序列解码器得到交互语言指令，其示例如图 7.20 所示

图 7.20 中，交互意图编码器和交互语言指令解码器均可以使用长短时记忆网络。模型以最大化对数似然函数为优化目标，同时通过正则化项的方式将语义一致性约束[6]引入模型优化过程。

$$\mathrm{loss}(\theta)=\sum_{t} p_t^T \log\left(y_t\right)+\left\|\boldsymbol{d}_T\right\|+\sum_{t=0}^{T}\eta\xi^{\left\|d_{t+1}-d_t\right\|} \tag{7.13}$$

其中，p_t^T 是模型输出的词分布，y_t 是参考词分布，$\boldsymbol{d}_T$ 是意图表示向量，d_{t+1} 和 d_t 分别为第 $t+1$ 时刻和第 t 时刻要表达的意图。损失函数包括三个部分：第一部分是解码器的事实一致性约束，第二部分为无遗漏约束，第三部分为不重复约束。

上述基于模型的交互语言生成方法，使用序列学习模型建模语义序列，同时

使用语言模型作为解码器，获得多样的、高质量的句子。在语义一致性的约束下，能够进一步保证生成的交互语言句子能够准确表达智能体的交互意图。

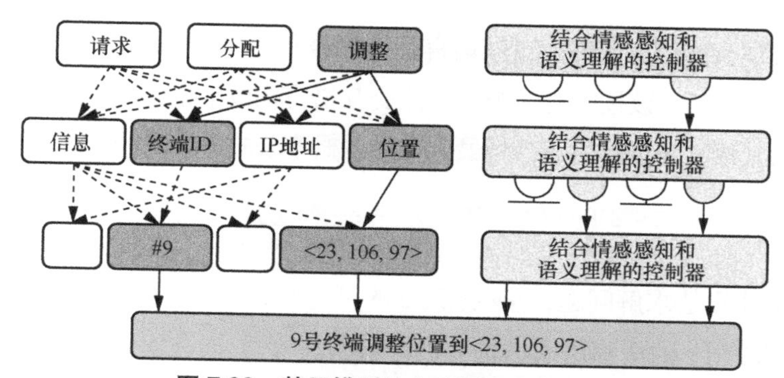

图 7.20 基于模型的交互语言生成示例

7.4.3 基于概念层次网络的格式化语句编码技术

概念层次网络（Hierarchical Network of Concepts，HNC）是一种针对交互语言理解的全新理论，它是基于语义表征的理论，将语义进行概念化、层次化、网络化的表征。

HNC 语义文法结构基于句类代码表征方式，综合考虑各种语言的语义表达方式和逻辑，利用句类数学表达式的特点建立语义的概念层次表征方式。基于此，HNC 理论定义了广义对象语义块和特征语义块，分别用 GBK 和 EK 表示。其中，GBK 对应传统语言学中的主语 S 和宾语 O ，EK 对应传统语言学中的谓语 V 。HNC 理论将句类分为基本句类和复合句类，划分方式如下：EK 的作用效应链如果为整个句子语义的某个环节，则为基本句类；如果包含句子语义的某几个环节，则为复合句类。HNC 中语句的统一数学表达如下。

$$\mathrm{SC}_n = \mathrm{GBK} + (\mathrm{EK}) + \mathrm{GBK}m \tag{7.14}$$

其中，n 表示语句的主语义块个数；(EK) 表示 EK 可以不存在，意味着某些特殊语句可以不含特征块。在此基础上，可以考虑语义块排列顺序的各种变化设计格式化的语料库和语段表示方式，利用编码方式实现智能信息网络知识和管控指令的格式化表征。

7.4.4　基于机器学习的自然语义处理技术

为了实现智能信息网络的自然语言智能化语义处理，需要对接收的智能交互语言进行高效的解析。该技术对一个由智能交互语言构成的语句 x 进行语义表达的理解，解析出其语义表征形式 z ，与最大化条件概率公式 $P(z|x)$ 等价，因此，有

$$z^* = \arg\max P(z|x;\theta,\Lambda) = \arg\max \sum_y P(y,z|x;\theta,\Lambda) \tag{7.15}$$

对于上述极值求解问题，需要遍历 z 的可行域，从而求解 $\arg\max$ 函数；同时，需要对能够输出 z 的全部语法结构 y 进行求和。

上述条件概率模型主要存在以下基本问题：（1）概率模型的参数估计；（2）词典（词汇库）生成。为了解决参数的估计问题，可假设已有 n 个训练样本 $\{(x_i,z_i): i=1,2,\cdots,n\}$ 。其中，每个样本为一条智能交互语言的语句和相应的语义表征形式。那么，参数估计等效于求解上述概率模型的对数似然函数值的最大值，即

$$L(\theta) = \sum_{i=1}^{n} \log P\left(z_i \middle| x_i;\theta,\Lambda\right) = \sum_{i=1}^{n} \log\left(\sum_y P\left(z_i, y_i \middle| x_i;\theta,\Lambda\right)\right) \tag{7.16}$$

针对式（7.16），我们可以通过求导得出参数 $\theta_j (1 \leqslant j \leqslant d)$ 变化趋势，作为其迭代更新方向，即

$$\frac{\partial L}{\partial \theta_j} = \sum_{i=1}^{n} \mathrm{E}_{P(y|x_i,z_i;\theta,\Lambda)}\left[f\left(x_i,y,z_i\right)\right] - \sum_{i=1}^{n} \mathrm{E}_{P(y,z_i|x_i;\theta,\Lambda)}\left[f\left(x_i,y,z_i\right)\right] \tag{7.17}$$

根据式（7.17）的结果，可通过梯度上升等算法求解对数似然函数的最大值，从而解决智能交互语言的语义表征方式 z 的解析问题。

7.4.5　基于语义情感通信的智能体协同消息处理技术

情感通信系统是在情感信息可识别和传递的条件下，通过对通信双方情感数据的收集和共享，利用云计算进行解析并推送给通信交互双方，再利用情感和行为的对应关系，完成通信行为的系统。情感通信协议由三层组成：（1）对象初始化层，完成情感通信中所有对象的初始化工作；（2）沟通层，情感通信双方之间通信联接

建立后进行情感通信；（3）情绪反馈层，在一次通信结束后相互反馈情感信息。

针对智能信息网络中智能体间多层级的协同交互问题中，协同消息的通信可以借鉴情感通信技术建立通信协议，实现多层级智能体间的协同消息的快速解析。可以根据智能体间的层级关系、网络知识、管控指令间的语义形式化关联，根据 Markov 状态转移理论对协同消息解析出的语义构建情感状态向量空间 $\boldsymbol{E}$，可表示为

$$\boldsymbol{E}=\{E_1,E_2,E_3,\cdots,E_n\} \tag{7.18}$$

状态转移矩阵表示为

$$\boldsymbol{P}_{\text{action}(i)}=\begin{array}{c} \\ E_1 \\ E_2 \\ E_3 \\ \cdots \\ E_n \end{array}\begin{array}{c} \begin{array}{ccccc} E_1 & E_2 & E_3 & \ldots & E_n \end{array} \\ \begin{pmatrix} P_{11} & P_{12} & P_{13} & \ldots & P_{1n} \\ P_{21} & P_{22} & P_{23} & \ldots & P_{2n} \\ P_{31} & P_{32} & P_{33} & \ldots & P_{3n} \\ \ldots & \ldots & \ldots & \ldots & \ldots \\ P_{n1} & P_{n2} & P_{n3} & \ldots & P_{nn} \end{pmatrix} \end{array} \tag{7.19}$$

建立协同行为矩阵 $\textbf{Action}=\{x_1,x_2,x_3,\cdots,x_n\}$ 到状态转移概率之间的关系映射，表示为

$$f\left(\textbf{Action}(x_1,x_2,x_3,\cdots,x_n)\right)\rightarrow \boldsymbol{P} \tag{7.20}$$

智能体间的最终协同状态为

$$\boldsymbol{P}^{\mathrm{T}}(n)=\boldsymbol{P}^{\mathrm{T}}(0)P_1P_2\cdots P_n=\boldsymbol{P}^{\mathrm{T}}(0)\prod_{i=1}^{n}P_i \tag{7.21}$$

根据上述理论，通过建立语义情感通信协议架构，分析层次化协同消息指令与协同方响应的映射关系，利用 Markov 模型，可以实现智能信息网络的智能体、智能边、网络大脑间的跨语义模型、跨通信层级的协同消息快速解析和响应。

| 参考文献 |

[1] ASHISH V, NOAM S, NIKI P, et al. Attention is all you need[C]//Proceedings of the 31st International Conference on Neural Information Processing Systems.

Massachusetts: MIT Press, 2017: 6000-6010.

[2] KENTON J D M W C, TOUTANOVA L K. BERT: pre-training of deep bidirectional transformers for language understanding[C]//Proceedings of the 2019 Conference of the North American Chapter of the Association for Computational Linguistics: Human Language Technologies. Stroudsburg: ACL Press, 2019: 4171-4186.

[3] PEREIRA L, LIU X D, CHENG H, et al. Targeted adversarial training for natural language understanding[C]//Proceedings of the 2021 Conference of the North American Chapter of the Association for Computational Linguistics: Human Language Technologies. Stroudsburg: ACL Press, 2021: 5385-5393.

[4] LEWIS M, LIU Y H, GOYAL N, et al. BART: denoising sequence-to-sequence pre-training for natural language generation, translation, and comprehension[C]//Proceedings of the 58th Annual Meeting of the Association for Computational Linguistics. Stroudsburg: ACL Press, 2020: 7871-7880.

[5] SU Y X, SHU L, MANSIMOV E, et al. Multi-task pre-training for plug-and-play task-oriented dialogue system[C]//Proceedings of the 60th Annual Meeting of the Association for Computational Linguistics. Stroudsburg: ACL Press, 2022: 4661-4676.

[6] WEN T H, GASIC M, MRKŠIĆ N, et al. Semantically conditioned LSTM-based natural language generation for spoken dialogue systems[C]//Proceedings of the 2015 Conference on Empirical Methods in Natural Language Processing. Stroudsburg: ACL Press, 2015: 1711–1721.

第 8 章

智能信息网络内生安全体系

智能信息网络作为人类智能社会的关键信息基础设施，应用领域十分广泛，所面临的安全威胁也不断增多，传统网络存在先天架构设计缺陷导致的本源性安全问题，无法快速实现攻击溯源和抵御未知攻击，其外挂的补丁式安全防御技术难以为继。本章从系统确定性对抗威胁不确定性的内生安全新思路出发，提出智能信息网络内生安全体系架构及其构建方法，能够满足未知攻击防御、安全机制演进、安全决策可解释和兼容已有安全机制等安全新需求。

8.1 概念内涵

从系统安全角度看，智能信息网络是人-机-物全要素互联的确定性系统（如系统实体的有限性、系统功能的固定性、系统运行的规律性、系统生态的可控性等），呈现出知识驱动、全域连通、任务协同的特点和需求。然而，智能信息网络内外部环境的不确定性导致了非预期的安全漏洞、未知新型攻击等威胁与风险，其安全保障面临严峻挑战，引起各国对网络空间安全的高度重视[1-3]。

内生，意为靠自身发展。内生安全最早起源于生物领域的生物免疫系统，之后为科技、IT、通信技术（CT）等领域所借鉴和延续。内生安全本身没有固定的安全机制和应对措施，它既不是针对具体威胁和攻击的安全机制，也不是基于先验知识的主动防御机制，而是一种本源的、自身增强的安全机制，依靠聚合内在、外在的系统差异性，从系统内部不断生长出自适应、自学习和自成长的安全能力。

智能信息网络具有系统实体有限、系统功能固定、系统运行规律以及系统生态可控等确定性基础和来源，因此可以从系统的软硬件配置、工作运行状态、任务行为预期等确定性出发，以系统固有确定性对抗内外威胁不确定性为防御新思路，构造自主可控、可靠可信、安全确保的智能信息网络确定性内生安全机理。

不同于传统安全机理以攻击准备为起点，在攻击实施完成后进行事后分析，通过分析攻击特征完成攻击防御的安全模式；智能信息网络内生安全机理以系统的安全需求分析为起点，通过形成安全约束对遭受的攻击进行阻断，实现系统安全确保和主动防御。

智能信息网络内生安全的内涵机理可定义为：一个架构、五个支撑点。“一个架构”是指提出的智能信息网络内生安全架构，通过智能信息网络内生安全运行机制及内生安全知识体系自内而外保证网络的内生安全，实现网络安全的自主决策和安全能力的不断成长。“五个支撑点”是指智能信息网络内生安全所保护的对象或目标，分别为行为、应用、网络、身份和数据。不同于传统网络安全的数据防破坏、数据防泄露、网络防瘫痪等安全目标，智能信息网络内生安全的安全目标是保护行为、应用、网络、身份和数据五要素在整个网络时间和空间内符合预期的安全功能与性能的定量定性指标。

总而言之，“一个架构”从网络架构本身出发，保证智能信息网络内生安全体系的自主决策、可信可控、安全知识不断增长的能力；而“五个支撑点”的确定，将保证智能信息网络防范攻击的全面性，避免出现传统网络安全保护的已知攻击依赖等问题，将攻击防御能力扩展到新型未知威胁风险[4]。

下面简要说明本章内生安全机理与技术中涉及的相关概念与术语。

网络行为（Network Behavior）：网络智能体在网络运行过程中的单次活动，分为智能体内网络行为和智能体间网络行为[5]。

多维度网络行为标记方法（Multi-dimensional Network Behavior Marking Method）：根据四类智能体（路由交换设备、业务终端设备、拥有路由交换及业务终端功能的设备、网络管理设备）特点及三个层次（网络层次、传输层次和软件层次），对网络行为进行量化表征的方法。

网络行为信息库（Network Behavior Information Base）：基于知识图谱技术构

建，以智能体为节点、以网络行为为边、以网络行为标记结果为边属性的图模型结构，用于存储网络拓扑信息及网络行为标记结果。

网络行为信息链（Network Behavior Information Chain）：用于存储智能信息网络单次数据传输路径上的网络行为及其时序关系的信息库基本单位。

网络行为逻辑链（Network Behavior Logic Chain）：通过时序关系连接，隐含网络行为间逻辑关系的网络行为链。

网络行为转移图（Network Behavior Transition Diagram）：以发起通信的源智能体为起点，目的智能体为终点，以节点表示为网络行为实体，以网络行为状态转移概率为连接各个网络行为的边权重而构建的图结构。

网络行为知识库（Network Behavior Knowledge Base）：用于存储包含源/目的智能体信息的网络行为逻辑链。

网络行为逻辑网（Network Behavior Logic Network）：将多条网络行为逻辑链按照时间顺序融合而成网状结构。

网络无关行为知识库（Network Behavior Independent Knowledge Base）：存储已去除源/目的智能体信息的网络行为逻辑链。

网络安全行为知识库（Network Security Behavior Knowledge Base）：由网络行为知识库和网络无关行为知识库共同构建。

基于图结构的路径选择算法（Path Selection Algorithm Based on Graph Structure）：在网络行为转移图中，为找到源智能体和目标智能体之间潜在有用的关系路径，可以计算每条关系路径的起点和终点的网络行为特征值，然后根据这些特征值计算得分，并对所有关系路径进行排序。

历史行为序列（Sequence of Historical Behavior）：在固定时间间隔 h 内，从当前时间节点 t 到前一个检测时间节点 $t-h$ 之间的网络行为链。

异常行为链（Abnormal Behavior Chain）：异常检测模型检测并标记出的偏离知识库中存储的已知安全网络行为逻辑链的行为链。

工作流模型（Workflow Model）：基于在线检测模块输出的概率分布，将同一网络行为链中的不同任务流进行分离。构建工作流模型主要包括以下四类情况：顺序执行、并发执行、新任务检测以及循环识别。

逻辑链比对（Logic Train Comparison）：将攻击检测模块所检测出的异常行为

链作为已有攻击链，与知识库中的逻辑链进行比对，找出已有攻击链的前一行为类型，最终完成找出攻击链的前一行为类型的目标。

信息库查询（Information Database Querying）：根据逻辑链比对已确定的类别，在信息库中进行查询，确定攻击链的前一行为，最终完成依照逻辑链比对结果查找出该类型对应具体行为的目标。

攻击链（Kill Train）：由多个攻击行为按照时序关系组成的链状关系链，节点代表具体的攻击行为，节点间的有向边代表攻击的进展时序。

攻击链扩充（Kill Train Extending）：将信息库查询出的结果添加至已有攻击链中，最终完成攻击链向前追溯一步的目标。

攻击图（Kill Graphic）：由于某个攻击行为可能在下一时刻同时发展两个或多个的攻击行为，形成分支，也可能由多个分支汇集，共同导致某个攻击行为的发生，因此，多个攻击链存在交叉现象，这些攻击链共同组成攻击图。

溯源迭代（Tracing Iteration）：若达到指定的终止条件，则输出构造出的攻击溯源图，若未达到终止条件，则重新开始新一轮溯源；循环迭代直至构造出完整攻击过程，输出攻击溯源图；最终完成判断溯源是否完成的目标。

8.2 智能信息网络内生安全体系设计

内生安全依赖从网络系统架构、运行机制等内在因素获得的安全属性，具备自内而外的自生长安全能力，而目标明确、成体系的内生安全体系是安全能力不断成长的基础与核心。本节基于智能信息网络智能性、实时性、多样性、层次性等特点，对智能信息网络内生安全理论模型及其技术框架进行设计与介绍。

8.2.1 智能信息网络内生安全理论模型

智能信息网络所具有的实体有限性、功能固定性、运行规律性和生态可控性是支撑内生安全机制的前提。本节围绕系统功能确保、未知攻击防御、安全机制演进、安全决策可解释和兼容已有安全机制的内生安全目标，基于确定性的保护对象，提取领域知识、物性特征、行为模式与预期约束等内部已知因素，研究功能约束与确保、知识驱动与更新、攻击检测与溯源等内生安全关键技术，形成内生安全能力的有效定义方法；研究基于安全服务质量的智能信息网络内生安全测评机制，验证不可避免的软硬件缺陷、不可预知的内外部威胁、不可控制的主客观环境、不可测量的进出口边界等不确定性非预期因素引发的已知和未知攻击的防御效果，实现智能信息网络主动安全防御。因此，提出如图 8.1 所示的智能信息网络内生安全理论模型。

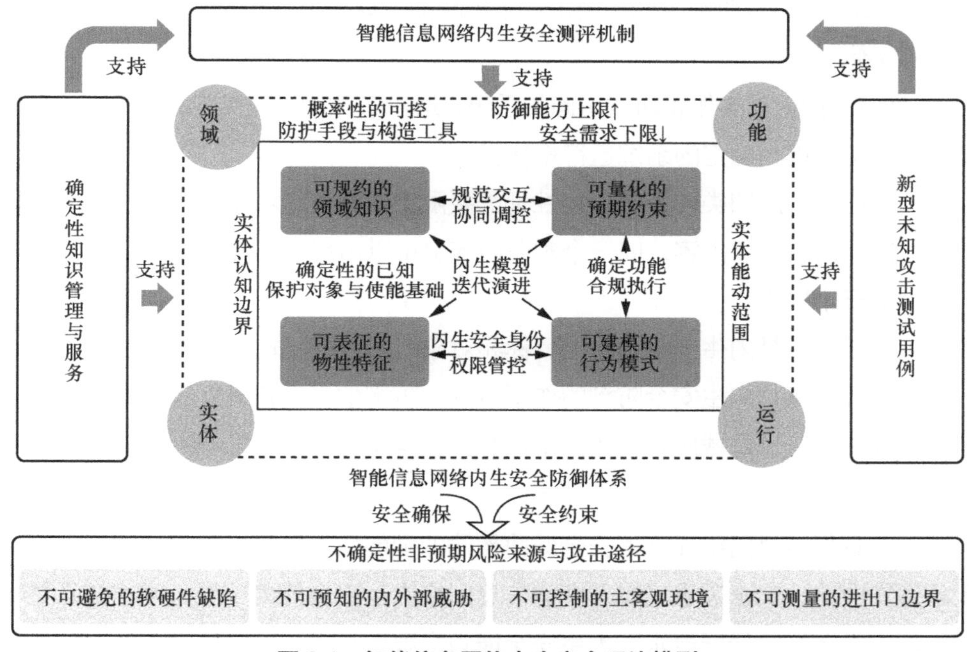

图 8.1　智能信息网络内生安全理论模型

智能信息网络内生安全框架主要由以下几个部分构成。

（1）四维内生信息

可规约的领域知识是机器理解知识、表示知识的关键，是构建内生安全知识体系的基础。通过构建内生安全知识体系，可以实现设备和网络层次的知识管理与存储，进一步为其知识驱动与更新提供支撑。

可量化的预期约束是根据可规约的领域知识形成的判断系统运行是否正常的依据，是异常检测、攻击研判的前提。

可表征的物性特征是指可以被量化和描述的内在物理或逻辑属性，是构建不可复制、不可伪造的实体内生安全身份的基础。

可建模的行为模式是指实体在一定的时间和空间范围所表现出来的可形式化表示的规律性，是攻击研判、主动防御的依据。

（2）四类对象

“领域”由确定性系统组成，能够满足用户明确的诉求。

“实体”指特征明确的设备、组件、服务、系统等。

“功能”指具有明确目标的确定性系统功能，此处系统指组件、服务、设备、网络等实体。

“运行”指针对实体和功能明确的系统，运行条件、运行状态、运行结果等信息可以确定，得到确定的系统运行规律。

需要注意，这四类对象的确定性都需要限定在具体的场景之中，不同的场景可以对应相同的对象内容，同一个对象内容也可以出现在不同的场景。

（3）三个区划

确定性区域是内生安全防御的目标和对象，也是内生安全防御的起点和基础。

概率性区域是内生安全防御的作用范围，防御效果受到内外部因素的影响。

不确定性区域是威胁攻击的来源，攻击主客体、时间等知识和情报信息未知。

（4）两条界限

针对智能信息网络面临的安全威胁构建的智能信息网络内生安全框架也不是无条件安全的，安全需求确定了智能信息网络内生安全能力下限，是维持系统功能性能正常运行的最低要求，内生安全能力上限则是内生安全防御所能对抗的攻击强度的最大能力。

（5）一套评测

提供面向功能性能确保、未知攻击主动防御等新安全能力的定性定量分析方法和指标体系，建立和完善多维度多层次的智能信息网络内生安全测评机制。

8.2.2 智能信息网络内生安全技术框架

本节基于智能信息网络内生安全理论模型，实现对内生安全机理的具象化，探索确定性系统与非确定性环境之间的内在关系，在不依赖攻击者先验知识的前提下，从设备、功能、网络和系统层面与知识、行动和能力维度，设计面向海量异构设备的立体化智能信息网络内生安全技术框架，如图 8.2 所示，通过保障有限的功能安全，显著减少资源开销，解决面向已知威胁和边界防御的传统安全机制难以应对非预期未知攻击的问题。

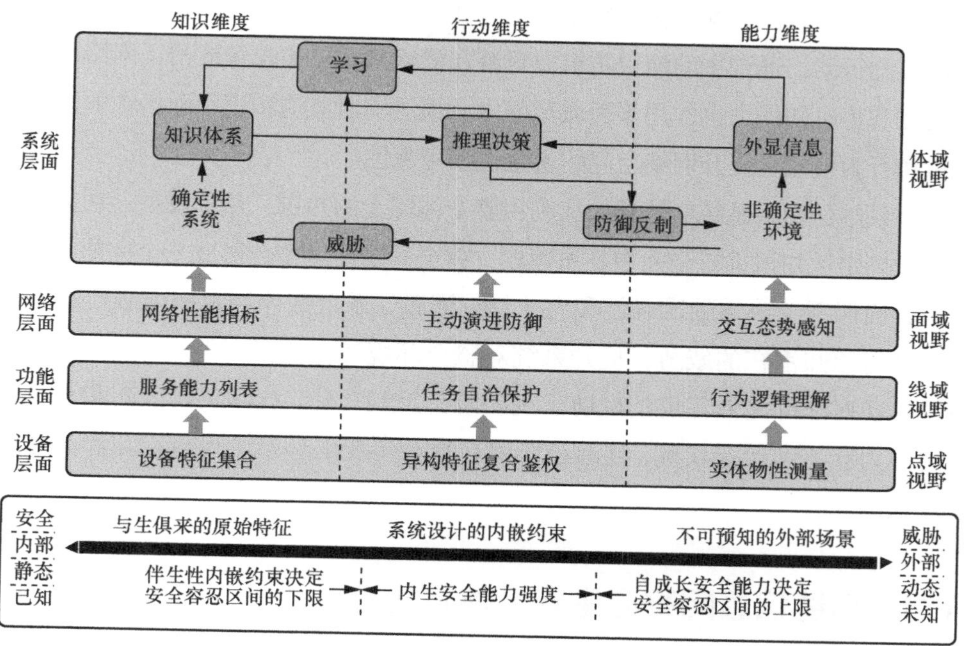

图 8.2　智能信息网络内生安全技术框架

在设备层面，每个设备都是一个独立的实体，只能感知和利用自身点域的知识，形成各设备在知识维度上的特征集合信息，根据其对应的属性和配置进行工作，以实现核心功能。此外，设备实体只能在自身点域范围内实施行动，通过异构特征复合鉴权，综合考量其行为模式、交互规律和数据特征等信息，确保稳定和高效的工作流程；设备所具备的实体物性测量能力也作用于点域范围内，以衡量设备的信任度，识别潜在的风险和安全威胁。

在功能层面，每个任务功能基于其执行所涉及的若干设备与点域范围，得到自身能够感知和利用的线域知识，形成各任务特有的服务能力列表，为整个系统提供必要的服务。同时，任务功能只能在自身线域范围内实施行动，通过任务自洽保护确保功能的安全执行，避免系统出现功能失效、数据泄露或安全威胁等异常行为；任务功能所具备的行为逻辑理解能力也作用于线域范围内，深入研究和分析各任务功能的逻辑模式和操作流程，作为功能实现的基石，确保系统功能能够高效、稳定运行。

在网络层面，每个子网只能感知和利用自身面域上的知识，形成各子网对应的性能指标，确保数据传输的效率和安全性。此外，这些网络只能在自身面域范围内实施行动，通过主动演进防御应对潜在的网络威胁和未知攻击；网络所具备的交互态势感知能力也作用于面域范围内，通过实时监测和识别网络中的活动、流量和行为模式，提升网络空间的安全性和可靠性。

在系统层面，系统能够感知和利用整个体域上的知识，从“设备—功能—网络”对确定性知识进行全面表征与建模，将全局的信息整合形成一个完整的知识体系，确保系统决策的准确性和有效性。同时，系统在体域范围内进行推理决策，及时感知潜在的威胁，提升系统对整个环境态势的全面理解和应对能力；系统具备对非确定性环境的威胁识别和防御反制功能，能够实时监测和分析系统的能力状态和运行状况，使系统能够在复杂多变的环境中保持稳定和高效的工作状态。

8.3 智能信息网络内生安全体系构建

基于智能信息网络内生安全体系设计，构建分布式的内生安全知识体系，以存储已构建的网络行为逻辑链，为未知攻击检测与溯源提供支撑；提供面向网络行为的智能恶意行为检测方法，主动识别、分析未知网络行为，为攻击溯源提供警报信息，为知识库提供更新信息；提供智能化攻击溯源方法，挖掘完整的攻击过程，反馈安全信息分析完善防御机制，形成系统自免疫[6-7]。本节主要对内生安全知识体系、智能恶意行为检测方法、基于多维标识的追踪溯源技术的设计思路与关键技术进行详细介绍。

8.3.1 面向安全态势的内生安全知识体系

结构化内生安全知识体系是智能信息网络内生安全中“智”的来源，也是实现智能安全态势研判与防御的基础，如图 8.3 所示。内生安全知识是网络知识体系的一种，遵循网络知识的分类方法、生成与应用模式。

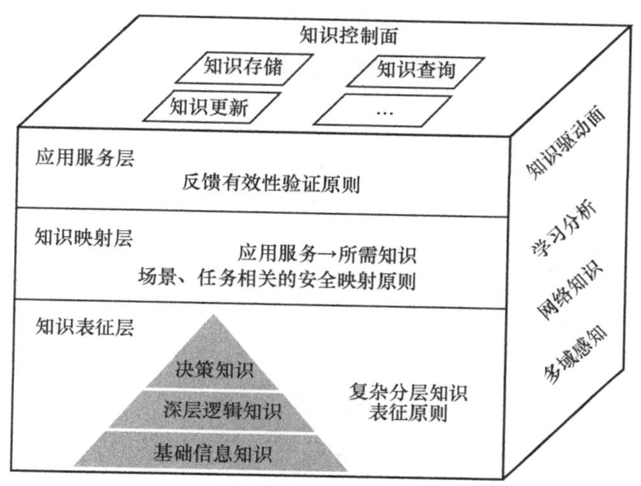

图 8.3 结构化内生安全知识体系

该结构化内生安全知识表征及应用模型按功能层次分为如下三层。

知识表征层。基于智能信息网络中数据的多样性、层次性、关联性特点及内生安全体系的需求，将内生安全知识分为三种类型：（1）基础信息知识，这部分知识集合也称为网络行为信息库，里面存放的是直接从网络中感知到的知识，如智能信息网络的拓扑信息、节点信息等，是智能信息网络中网络行为交互的最底层信息；（2）深层逻辑知识，这部分知识集合也称为网络安全知识库，是对基础信息知识通过人工智能学习而得到的较深层的知识，是对最底层网络行为交互信息进行的一定逻辑抽象，如某节点的网络行为特点、某自治域的网络态势规律等，由网络行为信息库进行相似行为合并，依据时序信息建立连接获得；（3）决策知识，即将深层逻辑知识与网络控制措施结合而成的可用于决策控制的知识，如在满足特定态势知识后采用对应的网络控制手段以防御网络威胁等。结合内生安全知识的层次性及知识形式的多样性，本节使用复杂分层知识表征原则，保证知识表征效率的同时，提高知识元素重构响应速度，令知识重构和动态变化的网络保证同步，实现了多样化、异构化知识的准确表征。

知识映射层。在应用任务与其所需的内生安全知识之间建立映射。为满足应用服务需求，提出基于应用需求的安全映射原则，基于评估此应用安全及智能等级，结合服务曾使用的知识历史，通过去中心化的公钥基础设施（PKI），高效、安全地实现应用服务及其所需内生安全知识的映射。

应用服务层。在完成映射后，不同应用服务（如安全态势研判、智能防御等）根据其对应内生安全知识运行。为保证应用服务的顺利运行及内生安全知识的安全，提出反馈有效性验证原则，在应用服务运行的同时，通过对应用服务的反馈进行有效性验证，防止恶意反馈对内生安全知识更新带来的不良影响，实现内生安全知识基于应用的安全、有效更新。

在确定了知识用于应用服务的过程后，针对应用服务对内生安全知识的操作需求，本节提出知识控制面，从知识存储、知识查询、知识更新三方面确定操作原则，实现节点对知识操作的有序、高效和安全。

知识存储：为实现内生安全知识高效、安全的存储和使用，提出分布式虚拟存储原则，在采用分布式存储的技术上，结合虚拟化技术，实现虚拟节点分布式存储，并根据知识和节点类型，分层存储其公私有知识，实现内生安全知识的高抗毁伤性和高稳定性；提出基于知识热度的迁移规则，按照不同节点对不同知识的使用频率，智能地对内生安全知识进行节点内层级间、节点间层级间的知识迁移，提高内生安全知识的响应速度，实现内生安全知识存储的高效性。

知识查询：为实现节点间内生安全知识的安全查询，提出智能、安全等级分层原则，结合节点智能等级和安全等级对节点进行知识查询分层处理；提出逐层请求查询原则，查询公有知识时，低层级节点逐层上传并验证其知识查询请求，高层级节点访问低层级节点不需要验证，查询私有知识则均需验证，实现跨节点内生安全知识查询的高效性和安全性。

知识更新：为实现内生安全知识的有效、快速更新，提出数据驱动更新原则，结合网络的实时变化，将更新的数据作为新样本进行学习；提出应用驱动更新原则，根据应用使用内生安全知识的反馈结果，在进行有效性验证后，基于其有效的应用反馈结果调整人工智能模型，实现内生安全知识的安全、高效更新。

8.3.1.1　网络行为多维表征

本节对智能信息网络多种网络行为进行定义，结合智能信息网络通信数据特征（如协议、数据格式、标识等），提出智能信息网络多维度网络行为标记方法。依照该标记方法可对智能信息网络通信数据构建网络行为的量化表征，以知识图谱形式进行存储，形成网络行为信息库，为后续网络行为逻辑链的构建提供支撑。

（1）定义

行为是指主体用于客体的有目的的活动，它是由行为主体、行为客体及一系列动作构成的。在智能信息网络领域，行为的主体是智能信息网络运行时所涉及的各种实体。由于智能信息网络的核心是四类智能体，智能信息网络的运行总是围绕四类智能体展开，行为发生的主体总可以联系到相应的智能体，因此在“行为”前加上“智能体”三字以示强调。进一步地，由于本章所关注的行为是以保障智能信息网络安全为目的的，故在“行为”前再加上“网络”二字。由此构成了本章研究的智能体“网络行为”这一对象。

维度一：网络传输行为。网络传输行为是在数据包从源主机向目标主机发送过程中，对网络层和传输层各协议所规定的各种标识、状态、动作进行提取、解析、归纳而得到的，如数据包、连接、流、会话、服务、主机等。

维度二：智能体微观行为。智能体微观行为是指智能信息网络运行过程中，单个智能体内部的属性、状态、动作，如智能体硬件能耗、可用能量，以及软件系统的进程、权限、事件、异常等。

维度三：智能体宏观行为。智能体宏观行为是指由智能信息网络四类智能体定义所规定的，单个智能体所能发生的合法行为，如 II 类智能体可以进行路由转发相关行为。

维度四：应用场景相关行为。例如，应用场景下，智能信息网络承载了用户意图的行为。

（2）多维度网络行为标记方法

为在真实的智能信息网络通信环境下有效表征、处理和存储识别出的网络行为，需要提出一种可量化的标记方法[8]。基于上述定义的智能信息网络行为，并结合智能信息网络协议和通信过程中的数据特征，提出智能信息网络多维度网络行为标记方法，如图 8.4 所示。

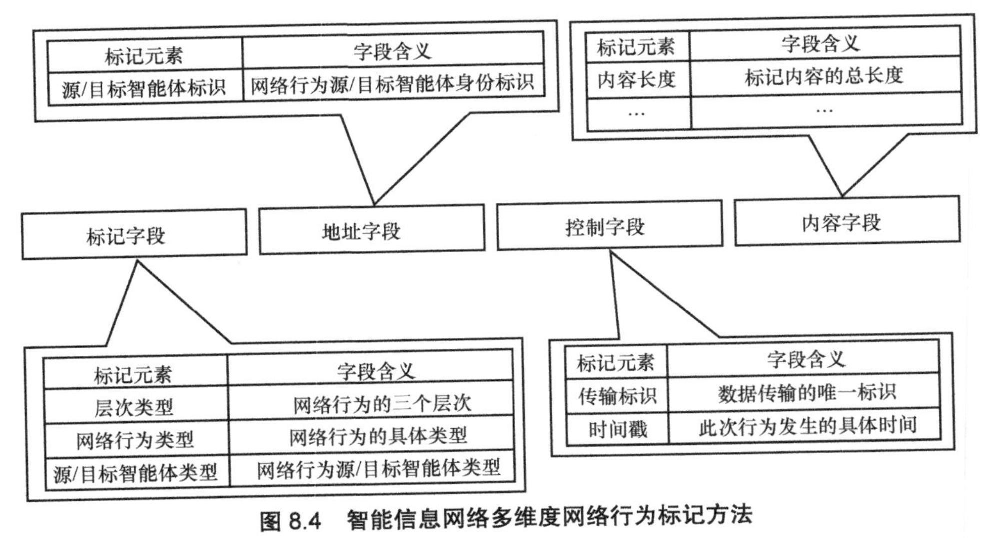

图 8.4　智能信息网络多维度网络行为标记方法

智能信息网络多维度网络行为标记方法所标记内容依次为定长的标记字段、地址字段、控制字段和长度可变的内容字段，各字段中内容具体说明如下。

标记字段提供产生行为的相关标识信息。层次类型指网络行为定义中的网络层次、传输层次和软件层次，网络行为类型指该网络行为的具体类型，源/目标智能体类型是指与网络行为相关的通信源主机/目标主机的智能信息网络智能体类型。

地址字段提供网络行为涉及的实体身份信息。源/目标智能体标识指的是与该网络行为有关的通信源主机/目标主机的智能信息网络智能体身份标识。

控制字段提供数据传输过程中的身份信息，包括传输标识（智能信息网络数据传输过程的唯一身份标识）和时间戳。

内容字段提供具体内容信息，包括内容长度和其他可选字段，以可变长度的形式存储了该网络行为除前述标称型数据外的信息，可被用于辅助之后的攻击检测/溯源任务。

8.3.1.2　网络行为信息库模型

以智能信息网络通信数据为输入，采用网络行为标记方法，基于知识图谱技术构建网络行为信息库。所构建的网络行为信息库以单次通信链路上按时序排列的网络行为链为基本单位，存储了智能信息网络在一定时间段内多个主机间的网络行为链及链上主机的拓扑结构，可为后续网络行为逻辑链的构建提供支撑。

网络行为信息库构建步骤如下：（1）从智能信息网络通信数据流中识别网络行为并进行标记；（2）基于知识图谱技术构建网络行为信息库；（3）对网络行为信息库进行存储。具体说明如下。

（1）网络行为识别及标记

为从智能信息网络实时通信数据流中识别网络行为，可对数据包进行抓取分析，参照智能信息网络协议根据控制字段信息进行识别。完成行为识别后，可根据网络行为标记方法构建网络行为的多维表征。

（2）基于知识图谱技术构建网络行为信息库

利用知识图谱技术，基于已标记的网络行为，构建图模型结构以表示网络主机及网络行为关系，形成网络行为信息库。按照如下的过程进行知识图谱的构建，以此描述网络中流量数据在传输过程中，网络主机（即智能信息网络中的四类智能体）与网络行为间关系：利用智能信息网络中对网络行为识别标记的结果，用知识图谱中的实体表示网络智能体（记所有实体集合为 V），用实体间关系表示两个网络智能体间的网络行为（记所有关系集合为 E），用实体属性存储网络智能体的属性，用实体间关系的属性（记所有关系集合为 A）存储网络行为的属性。基于此构建方法，可以用图结构 $G=<V, E, A>$ 表示整个网络拓扑结构及主体间通信过程，即构造出网络行为信息库。

智能信息网络中四类智能体的拓扑结构存储在网络行为信息库中，同时这个信息库中还存储了一定时间段内通信过程中的网络行为信息及其时序关系。与传统的由知识图谱构建的图模型不同，单个网络智能体内部的网络行为（如路由交换设备更新自身路由表，此种行为被表示成一条由智能体出发并指向智能体自身的边）也可存储在网络行为信息库中；由于两个网络智能体间可能存在多个网络行为，因此网络行为信息库中实体间关系的属性可以存储多个关系。

（3）网络行为信息库的存储

依上述步骤得到网络行为信息库后，针对网络行为信息库中不同智能体实体属性信息与不同网络行为标记内容存在差异的问题，采用基于图结构的存储方式对其进行存储，具体存储工具为图数据库。存储方法为：基于网络行为信息库抽象出的有向图，以节点集表示实体，边集表示实体间的关系，节点属性表示实体属性，边属性表示实体间关系属性，将知识图谱数据结构模型数据统一存储在网络上，完成网络行为信息库的存储。此存储方法与传统基于表结构存储方法的不同之处在于，其可不拘泥于传统基于类型的方法组织实体，而是从实体出发，针对不同实体定义不同属性，同样，也可针对不同关系灵活定义边属性，辅助准确刻画实体详细信息及实体间关系（网络行为）。通过定义不同实体与边属性，可满足网络行为信息库存储需要，为后续工作提供支撑。

8.3.1.3 网络行为逻辑构建方法

利用网络行为信息库存储的智能信息网络数据传输过程中的行为时序和网络拓扑关系，从网络行为信息库一定时间段内的记录上，挖掘网络行为间的逻辑关系，采用逻辑推理，用多条网络行为逻辑链构建网络行为转移图，整合多个网络行为转移图，构建网络行为知识库；再对网络行为知识库内部各个网络行为转移图的网络行为关系进行进一步的归约，提取具有强逻辑性的网络行为逻辑链，整合形成网络行为逻辑网，进而构建网络无关行为知识库。如图 8.5 所示，网络行为知识库与网络无关行为知识库共同构建支撑起网络安全行为知识库，为后续攻击检测及溯源提供数据支持。

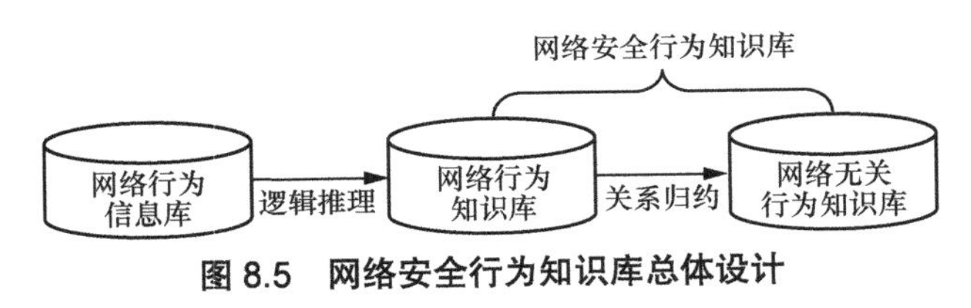

图 8.5 网络安全行为知识库总体设计

网络行为逻辑链及网络安全行为知识库具体构建流程如图 8.6 所示，具体过程如下。（1）针对智能信息网络中参与数据传输的多个源智能体和目的智能体，从网络行为信息库中提取一定时间段内相同源智能体和目的智能体之间的多条智能信息网络数据传输记录，对多条智能信息网络数据传输记录中的相似行为进行合并，依据多维度网络行为标记方法，将每个网络行为转化为特征向量，对特征向量进行聚类，合并同类网络行为，根据各条记录中的时间戳还原数据传输过程中网络行为间的时序关系，构成多条网络行为时序关系信息链；（2）采用实体识别、关系抽取、基于马尔可夫性质的一阶状态转移矩阵推理等技术，由源智能体至目的智能体之间存储的网络行为时序关系信息链出发，构建网络行为间的状态转移关系，形成网络行为转移图；（3）采用匹配融合技术，整合属于不同网络源智能体和目的智能体间的网络行为转移图，采用知识图谱技术存储，构建网络行为知识库，为攻击检测和溯源提供第一类知识库的支持；（4）针对网络行为转移图，采用随机游走策略、基于图结构的路径选择算法，抽取具有强逻辑性的网络行为逻辑链，所抽取的网络行为逻辑链内部的网络行为将不再包含与智能体相关的信息，实现网络行为逻辑链与智能体信息的分离；（5）以知识图谱技术为存储媒介，利用匹配融合技术，从各个网络行为转移图中抽取具有强逻辑性的网络行为逻辑链，归约形成网络行为逻辑网，构建网络无关行为知识库，支持攻击的检测和溯源。

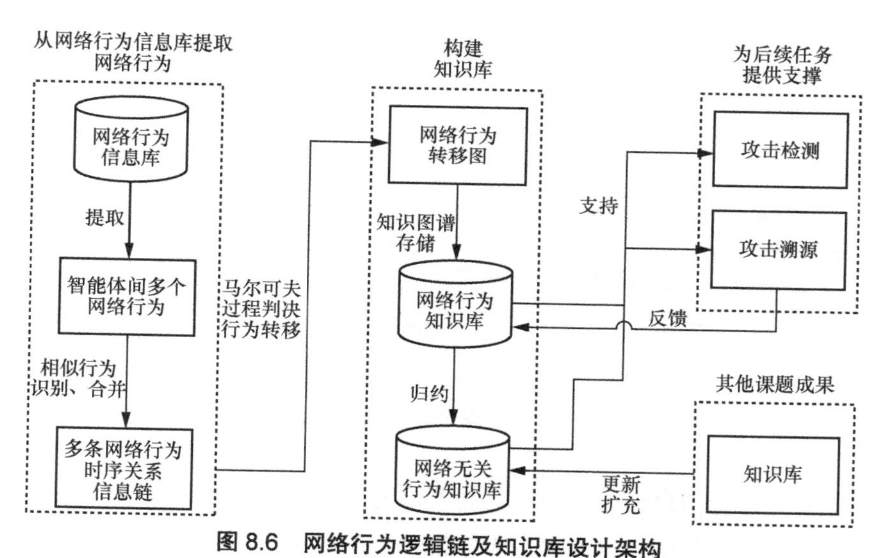

图 8.6　网络行为逻辑链及知识库设计架构

网络行为知识库与网络无关行为知识库是组成网络安全行为知识库的两个部分。所构建的智能信息网络的网络安全行为知识库将预留接口为后续攻击检测、溯源任务提供支持，并将攻击检测、溯源结果作为反馈进行自我更新。同时，网络行为信息库的数据更新也会对网络安全行为知识库进行更新。此外，还可以与其他研究工作构建的智能信息网络知识库进行一定程度的知识融合，以期提升对未知网络攻击行为的识别能力。

智能信息网络的网络行为信息库以源智能体至目的智能体间的单次网络数据

传输为基本单位，存储一定时间段内智能信息网络上不同智能体间的传输数据，记录每次数据传输路径上各节点拓扑信息、网络行为信息以及行为间的时序关系。这里将存储了智能信息网络单次数据传输路径上的网络行为及其时序关系的信息库基本单位称为“信息链”。

时序关系信息链提取如图 8.7 所示，数据传输链路拓扑图表示了包含 5 台智能体的智能信息网络在某时段内的 4 次网络数据传输，及其在网络行为信息库中的存储形式（实体表示智能体，连接实体的边表示智能体间的网络行为）。对于由智能体 A 发起，经 B、C、D，至智能体 E 的网络通信 T_1，其对应的信息链为 $a_1\to b_1\to c_1\to d_1$；由智能体 A 发起，经 B、C、D，至 E 的网络通信 T_2，其对应的信息链为 $a_2\to b_2\to c_2\to d_2$；由智能体 A 发起，经 C 和 D，至 E 的网络通信 T_3，其对应的信息链为 $a_3\to c_3\to d_3$；由智能体 A 发起，经 B、C、D，至 E 的网络通信 T_4，其对应的信息链为 $e\to a_4\to a_5\to a_6$。

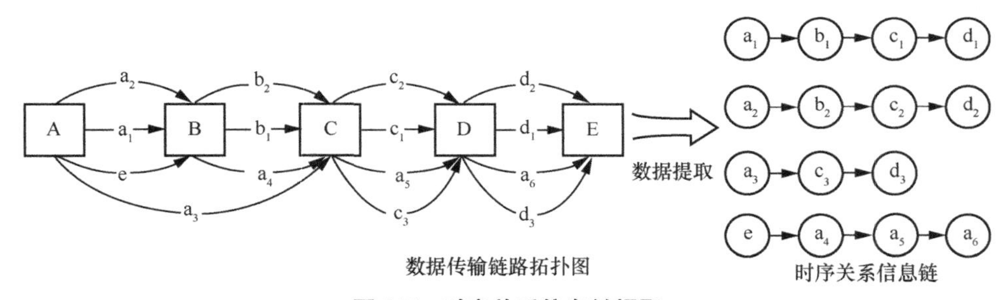

图 8.7　时序关系信息链提取

发掘网络行为信息链内各个行为间蕴含的逻辑关系可构建图推理模型。图推理模型上保留智能体信息是网络行为逻辑链表现形式之一；将多个图推理模型进行归约，实现网络行为逻辑链与智能体的信息分离，是网络行为逻辑链另一个表现形式。这两类逻辑链都是支撑后续的攻击检测和溯源的重要数据。构建这两类网络行为逻辑链的过程分别说明如下。

（1）第一类网络行为逻辑链

抽取指定源智能体至目的智能体间的多条网络行为逻辑链，构建网络行为转移图，为构建网络行为知识库提供数据支持。

以指定源智能体至目的智能体之间一定时间段内的多条网络行为信息链为输

入，提取多条信息链内部按时序排列的多个网络行为，先对信息链间相似网络行为进行合并，再使用基于马尔可夫性质的一阶状态转移概率矩阵构建行为转移图，进而构建指定源智能体至目的智能体间的网络行为逻辑链。

依照上述思路，可以得到不同源智能体与目的智能体间的网络行为转移图，这是第一类网络行为逻辑链的表现形式。

（2）第二类网络行为逻辑链

从属于不同源智能体和目的智能体的网络行为转移图（图 8.8 所示）中，分别找到具有强逻辑性网络行为的逻辑链，逻辑链内部的网络行为将不再包含与智能体相关的信息，实现逻辑链与智能体信息的分离，归约合并形成网络行为逻辑网，为构建网络无关知识库提供支持。

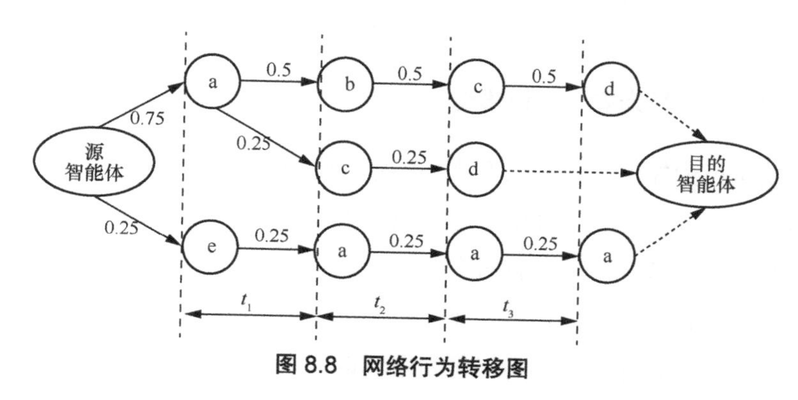

图 8.8　网络行为转移图

值得注意的是，在构建完成的网络行为转移图中，源智能体和目的智能体之间的逻辑链数量大，行为间的转移逻辑关系复杂。本节采用基于图结构的 PRA（Path Ranking Algorithm）快速有效地从网络行为转移图中找到具有强逻辑性网络行为的逻辑链，将网络行为实体之间的状态转移概率作为特征进行连接预测推理，具体步骤如下。

步骤 1　采用随机游走的特征选择方法剪枝次要路径。

当关系路径较长时，关系路径的数量将快速增长，因此网络行为转移图中源智能体和目的智能体之间的路径（行为链）数量可能很多，需要筛选并保留对源智能体和目的智能体间关系潜在有用的关系路径。PRA 使用基于随机游走的特征选择方法保证特征选择的效率。

步骤 2 计算每条关系路径头尾对网络行为的特征值。

在选择有用的关系路径作为特征后，需要计算关系路径的头尾对网络行为(h,t)的特征值，PRA 从源智能体 s 出发，针对给定每个头尾对网络行为(h,t)和某一关系路径π，采用随机游走策略，沿着关系路径π，把抵达目的智能体 d 的概率作为头尾对网络行为(h,t)在关系路径π上的特征值。

步骤 3 依据特征计算得分排序所有关系路径。

利用组合评分函数获得关系路径的权重（特征计算得分），进而可以对路径的重要性进行排序，将排序第一的结果作为最重要的关系路径保留，最终根据排序结果构造网络行为逻辑链。

在各个行为转移图中将具有强逻辑性网络行为的逻辑链归约合并形成网络行为逻辑网，构建第二类网络行为逻辑链的表现形式。

8.3.1.4 网络行为安全知识模型

网络安全行为知识库分为以下两个部分：网络行为知识库和网络无关行为知识库。两者的不同之处在于网络行为知识库中存储的网络行为逻辑链包含源智能体和目的智能体的数据信息，而网络无关行为知识库不包含这些信息。

网络行为知识库是在以含有智能体相关信息的网络行为逻辑链的基础上构建的网络行为转移图，即第一类网络行为逻辑链，以知识图谱的形式进行存储，如图 8.9 所示。

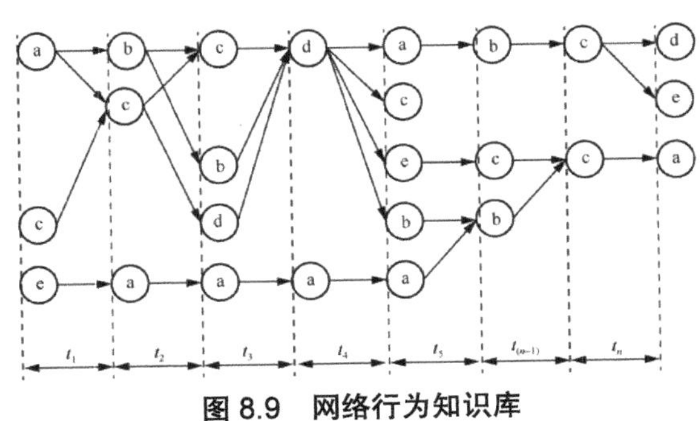

图 8.9 网络行为知识库

网络无关行为知识库是在以多条具有强逻辑性网络行为的逻辑链的基础上构建的网络行为逻辑网，即第二类网络行为逻辑链，以知识图谱的形式进行存储，如图 8.10 所示。

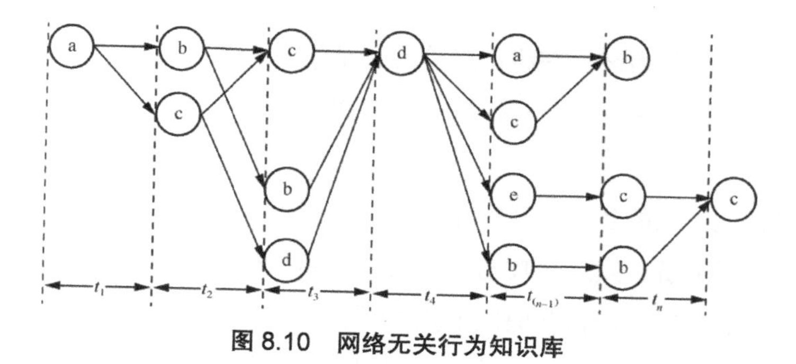

图 8.10 网络无关行为知识库

8.3.2 面向网络行为的智能恶意行为检测方法

本节提出网络行为智能检测模型解决未知恶意攻击行为隐蔽性强、时间跨度大的问题，使用基于一段时间内网络行为链的异常检测方式，通过将一段较长时间内所有网络行为进行收集和分析，并与知识库中网络行为逻辑链模型进行关联比对，使用基于历史时间窗的异常检测代替基于单个时间节点的检测，以此提高针对位置攻击的检测率。同时采用在线和离线两种检测方法，通过在线检测及时发现网络中的威胁行为并报警；针对在线检测部分因繁忙而造成的漏检问题，采用离线检测可对已检测过的网络行为链进行二次分析，提升网络安全威胁分析的实时性和客观性。网络行为智能检测模型如图 8.11 所示。

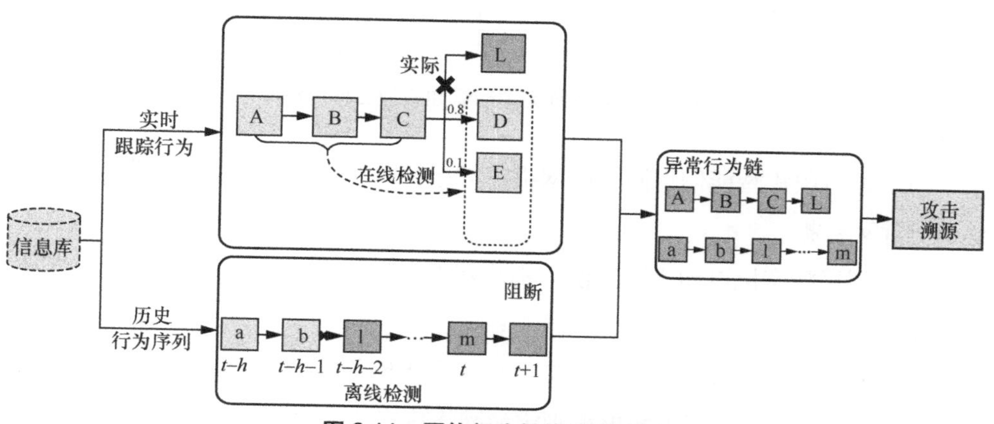

图 8.11 网络行为智能检测模型

模型通过对网络中各智能体间多条网络行为实时时序关系信息链进行行为合

并，从而形成网络行为链。在线检测阶段，基于对无关行为知识库中逻辑链中各网络行为间的逻辑关系的学习与挖掘，构建在线检测模型，检测经过预处理后的网络行为链。

将网络智能体间的各行为执行路径中偏离知识库中已有正常网络行为的逻辑链识别为异常行为链，发送至攻击溯源模块。离线检测阶段每隔固定时间将会抽取当前时间节点至前一次检测时间节点之间各任务的网络行为链，匹配网络无关行为知识库中网络行为逻辑网。若无法匹配到具体逻辑链，则将该行为链标记为异常，并对此行为链对应的智能体之间的网络行为进行及时的阻断。

利用前述智能信息网络内生安全知识体系，为实现恶意行为检测，需要建立基于网络行为链的网络行为主动认知模型。网络攻击行为主动认知是指搭载内生安全机制的智能信息网络能对外来侵入的网络攻击行为能有主动的、积极的、全面的认知反应，在攻击中进化自身的安全能力。

网络行为主动认知模型工作流程如图 8.12 所示，具体技术途径过程如下。

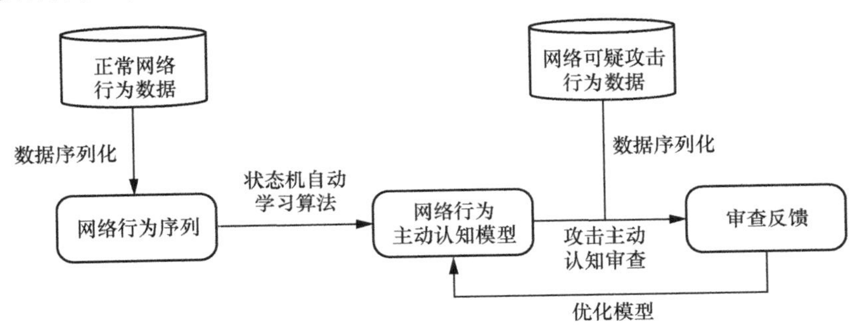

图 8.12 网络行为主动认知模型工作流程

（1）通过收集智能信息网络中网络正常运行时产生的相关网络行为，形成网络行为序列数据。

（2）利用状态机自动学习算法，构建基于有限状态自动机的网络行为主动认知模型。

（3）对网络可疑攻击行为数据序列化，引入网络行为主动认知模型进行主动认知审查，若可疑攻击行为数据被判定为网络攻击行为，则发出审查反馈的信息，让网络行为主动认知模型利用增量学习主动对未知攻击序列进行学习，实现对网络行为主动认知模型优化的效果，并更新模型知识存储于知识库中。

网络可疑攻击行为属于未知攻击范畴，因此应依据网络的自相似性[9]，以"正常"检测"异常"，故应先采集智能信息网络正常运行时产生的网络行为数据，对其进行序列化处理，以构建正常运行时的网络行为主动认知模型，从而实现对网络可疑攻击行为数据的主动认知审查。

在网络行为序列化的过程中，依据其网络行为所属不同范畴采用不同原则。如，当网络行为属于网络通信传输类行为（不同类型数据包发送的行为）时，按照节点间会话流程对网络行为进行序列化；当网络行为属于系统调用级别行为时，结合此时确定性系统任务情况，按照系统中进程或线程生命周期进行序列化。

在完成网络行为序列化后，构建基于有限状态机的网络行为主动认知模型，具有场景、任务、功能、性能的相关性。在智能信息网络场景下，使用者或使用者类型相对固定，在执行特定任务时，通信模式也相对固定。结合其固有的设备性能特征，智能信息网络产生的网络行为序列在对应场景、执行特定任务情况下，具有一定的相似性，因而基于此序列所构建的网络行为主动认知模型具有智能信息网络所使用场景、所执行任务、所提供功能、所具有性能的相关性。

完成网络行为主动认知模型构建后，将审查网络可疑攻击行为序列化，输入模型中进行审查，当系统状态变为错误状态并发出审查反馈后，即可启动攻击阻断，模型将重新启动返回初始状态，并利用增量学习思想完成对网络攻击行为序列的学习，进行模型更新，完成后将新模型数据存入知识库中，实现网络安全能力的不断提升。

考虑在线检测和离线检测的不同情景需求，分别提出在线和离线检测方法，具体如下。

8.3.2.1　基于长短期记忆神经网络的在线检测

在线检测模型通过长短期记忆（LSTM）神经网络学习知识库中存储的各智能体之间正常网络行为逻辑链之间的逻辑关系。通过门控单元，LSTM 可以选择性地保留或遗忘上一时刻的信息，从而自动调整行为链中关键行为的权重，减少无关行为对逻辑链的影响，实现模型根据历史行为链推断未来网络行为。训练好的模型可实时监测网络中源智能体和目的智能体之间的行为链，并在发现异常行为序列时判断为异常。

基于 LSTM 神经网络的异常检测模型分为训练阶段和检测阶段。

训练阶段流程如图 8.13 所示。在这个阶段中，模型逐步学习知识库中反映不同网络行为执行路径的逻辑链，直到模型的预测精度达到要求。

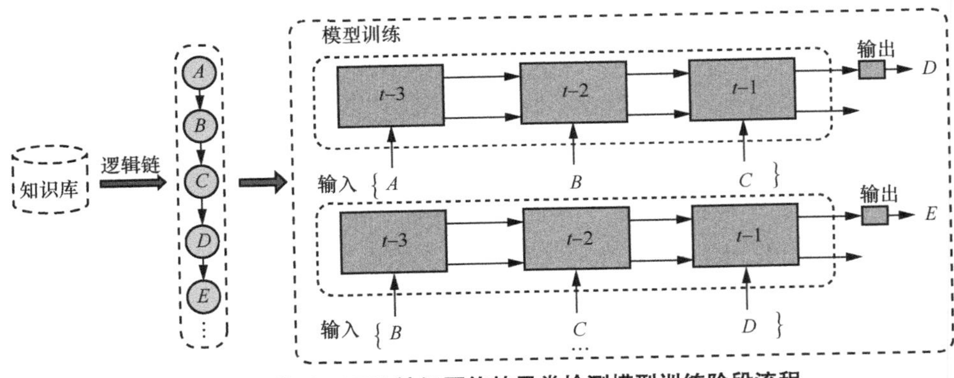

图 8.13　基于 LSTM 神经网络的异常检测模型训练阶段流程

检测阶段流程如图 8.14 所示。训练完成后，即可使用训练好的模型进行预测将其预测输出与实际发生的网络行为进行比较，如果实际网络行为在预测的允许范围内，则被视为正常；否则，该行为链被标记为异常并发送给管理员进行进一步判断。此时可能会因为知识库样本不足而出现假阳性的情况，因此需要管理员需要对异常行为链进行人工检查，然后反馈到知识库中作为标记记录进行更新，异常检测模块会将更新后的知识库作为新的训练集，完成自身检测模型的更新，以实现动态制定异常检测规则的目的。

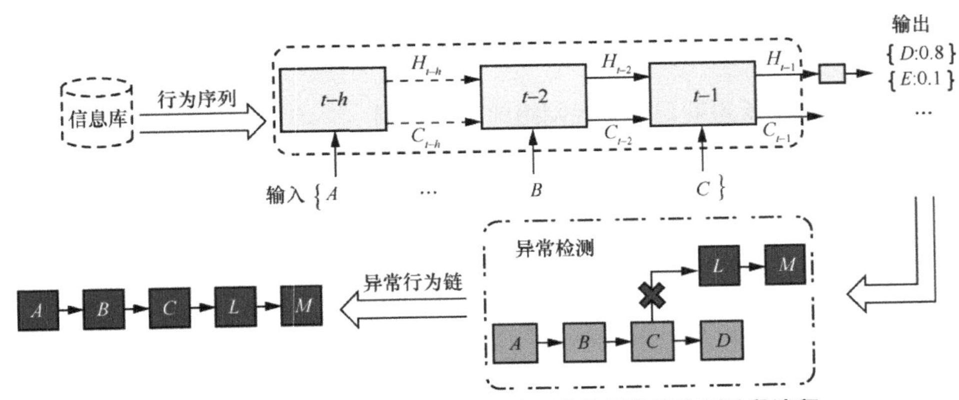

图 8.14　基于 LSTM 神经网络的异常检测模型检测阶段流程

8.3.2.2　基于工作流模型的离线检测

在线检测监测并观察网络活动以确定下一个时间节点的执行行为，评估其是否与先前时间节点的网络行为链逻辑关系一致，实现检测的实时性。然而，检测到的信息库中包含了各智能体之间的网络行为时序关系信息链，其中包括不同源智能体与目的智能体之间的多条链路。这些行为之间可能存在不同的关系，如顺序、并发、循环，或者新任务的开始。因此，需要针对不同任务进行识别分离，并找到知识库中的逻辑行为链，和其进行比对，在离线检测之外补充在线检测，确保检测的精确性。

在异常检测模块中，根据给定的网络行为序列，模型会根据训练阶段观察到的执行模式进行预测。模型的输出包含了每个网络行为发生的概率分布，实际上反映了网络行为的执行路径。工作流模型主要涵盖了顺序执行、并发执行、新任务检测和循环识别这四类情形，如图 8.15 所示。

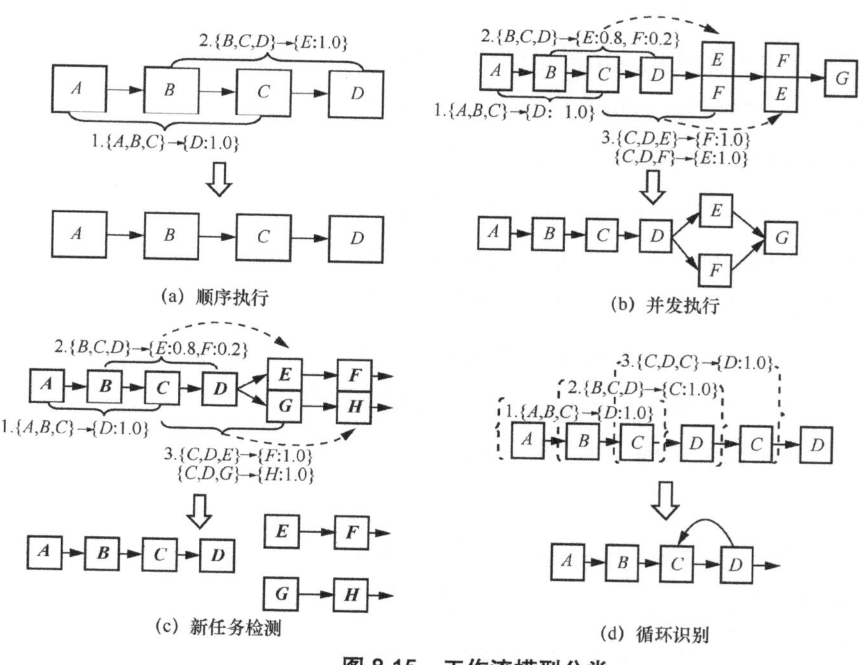

(a) 顺序执行　(b) 并发执行　(c) 新任务检测　(d) 循环识别

图 8.15　工作流模型分类

在离线检测过程中，提取当前时间节点到上一次检测时间节点之间的任务工作流模型，并将该模型与知识库中的逻辑链进行对比分析，如果无法找到匹配的逻辑链，就会将该行为链标记为异常行为链并输出，对该逻辑行为链进行及时阻断，从而完成其对应智能体之间的网络行为阻断，如图 8.16 所示。

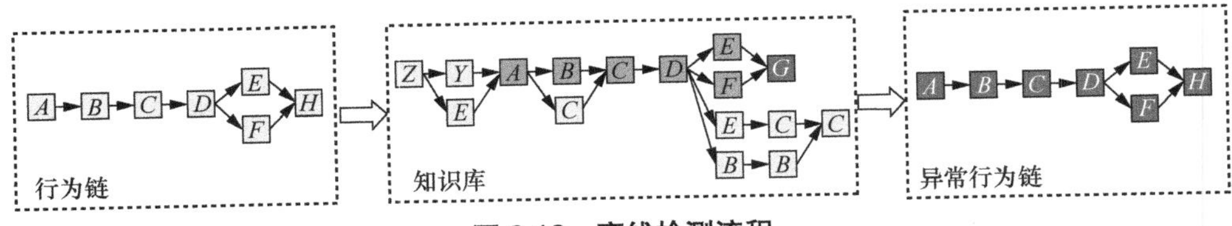

图 8.16 离线检测流程

8.3.3 基于多维标识的追踪溯源技术

现有的攻击溯源方法中，主流方案可主要分为数据包标记型方案和日志记录型方案。数据包标记型方案将攻击路径上的路由器信息写入数据包中，协助恢复攻击路径和溯源，易于实施且中间路由器的开销较低，是研究和应用较多的一种技术。日志记录型方案使用路由器记录数据包的传输路径信息，并加以判断，以验证该路由器是否转发了一些可疑数据包，这也是一种较常用的攻击溯源技术。

基于上述的这两种方案，虽然现存一些对网络攻击溯源的方法，能够对攻击进行一定程度的溯源并重构攻击过程，但仍然存在如下几个问题：第一，基于低级别的系统日志溯源会导致记录的日志信息过于庞大，而未知恶意网络攻击往往具有时间跨度长的特点，在此情况下需要较大的资源对日志进行存储；第二，所生成的溯源图中含有大量的低级别日志数据，导致分析人员难以理解攻击过程，影响其做出准确判断；第三，当前的数据包标记型方案存在误报率高、计算复杂度高、效率低的问题；第四，当前基于机器学习的攻击溯源方法存在溯源精确度低、模型庞大冗余的问题。

通过调研现有的网络攻击溯源技术，结合网络攻击检测，以系统内网节点标识信息的确定性为基础，以网络行为与传输行为的耦合关系为驱动，基于前述网络信息库和恶意行为检测方法，设计一种基于多维标识的追踪溯源技术，通过将检测到的异常行为链与已有逻辑链进行比对，结合信息库查询具体行为，迭代扩充融合新旧攻击链，形成面向高级长期威胁（APT）攻击时序关系的追溯图，实现在网络攻击行为全生命周期下对未知恶意网络攻击的溯源，如图 8.17 所示。

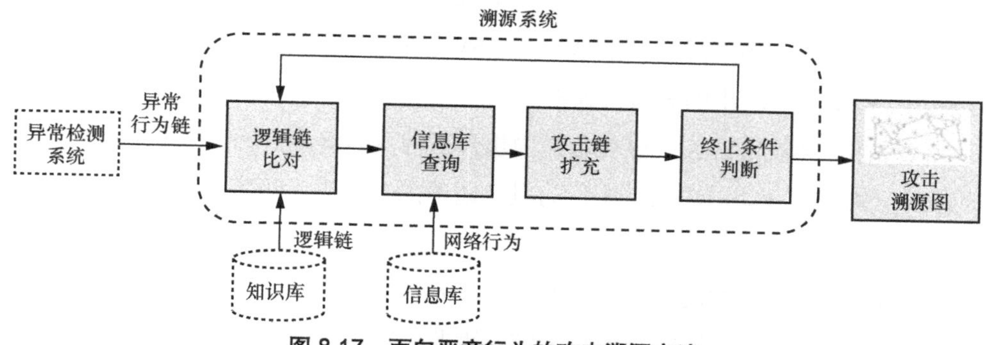

图 8.17　面向恶意行为的攻击溯源方法

更进一步地，溯源系统维护一张攻击溯源图，该图是以智能体为节点，网络行为为边，网络行为结果为边属性，依据时序建立的溯源图。溯源系统的工作流程如下。异常检测系统在识别到异常行为后，用 8.3.2 节所述方法提取出异常行为链，供溯源系统进行攻击溯源。溯源系统将其与无关行为知识库中网络行为逻辑网进行匹配，确认异常发生的逻辑路径。之后利用网络行为信息库的网络行为信息进行具体信息比对，确定恶意行为的物理层面行为，在匹配到具体攻击发生在哪些设备后，从信息库中取得相应交互信息，利用其特征向量构造连接，结合社区发现算法，对攻击溯源图进行扩充。迭代循环最终完成完整攻击溯源图的构建。

为利用上述攻击溯源方法，实现恶意行为，尤其是 APT 攻击的攻击溯源，需要设计基于多维标识的追踪溯源技术，实现信息库中网络行为的溯源关系刻画，实现逻辑攻击路径和物理攻击路径的标识识别，以确定溯源所需的网络行为时序关系和实体间交互信息，以供信息库查询比对使用。

接下来，将上述基于攻击溯源图的系统构建方法划分为基于逻辑链的相关网络行为比对、知识库关联行为查询、攻击链追溯与扩充、循环迭代与终止条件判断几个部分分别进行介绍，并进一步阐释如何使用该思想进行攻击溯源。

8.3.3.1　基于逻辑链的相关网络行为比对

基于逻辑链的相关网络行为比对的核心思想是将攻击检测模块所检测出的异常行为链作为已有攻击链，与知识库中的逻辑链进行比对，找出已有攻击链的前一行为类型。

作为系统输入的行为集不包含行为间的联系，因此需要在溯源开始前，通过逻辑链构造分布式网络行为关联模型。该模型的输入为知识库所提供的逻辑链，以及异常检测系统输出的异常行为链。

假设存在某攻击链 L_1，该攻击链中包含三种具体网络行为 A_1、B_1、C_1，可表示为 $L_1=<A_1, B_1, C_1>$。攻击链中行为具有明确的发生先后顺序，因此，A_1、B_1、C_1 这三种网络行为具有一定顺序关系。

攻击链的来源分为两种，分别为通过攻击检测系统检测后输出的异常行为链、经过多次循环迭代后不断扩充的攻击链。因此，首次进行溯源时，初始的攻击链为攻击检测系统输出的异常行为链；迭代循环中，攻击链为经过多次循环迭代后不断扩充的攻击链。

在已有攻击链的基础上，通过与逻辑链比对的方式追溯已有攻击链的前一行为类别。具体的逻辑链从知识库中获取。应注意到，此处的逻辑链中仅保存了不同行为类别之间的逻辑关系，并没有细化到具体的网络行为，而攻击链中所保存的是具体网络行为。因此，在将已有攻击链与逻辑链进行比对时，需要先将攻击中的具体网络行为抽象为网络行为类别，再进行比较。

基于逻辑链的相关网络行为比对方法示意如图 8.18 所示。由于智能信息网络中多种行为交互复杂，同一条攻击链可能与多条逻辑链匹配成功，最终通过比对追溯到多个行为类型。这些行为类型都是可能存在的行为类型，因此需要将上述 D 类行为、E 类行为、F 类行为全部保留，并作为下一部分的输入。

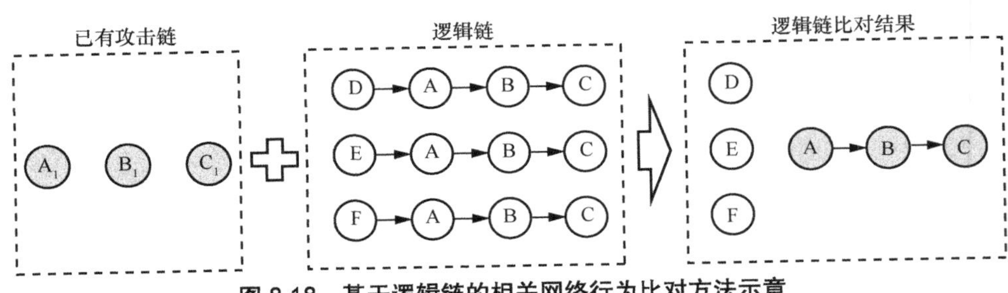

图 8.18　基于逻辑链的相关网络行为比对方法示意

通过多次与逻辑链的比对，获得已有攻击链的前一行为属性。利用逻辑链的行为类别进行溯源可能导致结果的假阳性，即实际上已有攻击链之前未发生某一行为类别。通过下一阶段的知识库关联行为查询，这些以假阳性逻辑关系为代表的局部噪声将会被丢弃，因为最终的攻击行为所留下的行为信息将会完整记录在知识库中，通过类别与逻辑关系匹配的方法能够确保攻击链中不会错误地添加无关行为。

8.3.3.2　知识库关联行为查询

知识库关联行为查询的核心思想如下：根据基于逻辑链的相关网络行为比对确定的行为类型，在知识库中进行查询，确定攻击链的前一行为，最后根据逻辑链比对结果查找出该类型所对应的具体行为目标。

通过 8.3.3.1 节已有攻击链与逻辑链的比对，根据逻辑关系已经找出了攻击链之前可能存在的行为类型。本节根据行为类型与攻击链的逻辑关系，在网络行为知识库中查找出对应的具体行为。

在 8.3.3.1 节的比对结果中，可能存在多种溯源的行为类型，因此需要分别对多种行为类型进行查询。查询过程中存在以下两种情况：（1）知识库中行为类别多于要求查找的行为类别，则对未要求查找的行为类别进行舍弃；（2）知识库中的行为不包含有要求查找的行为类别，则查找结果仅包含知识库中含有的行为类别。如图 8.19 所示，基于逻辑链的相关网络行为比对结果表明，已有攻击链的前一行为属于 D 类行为、E 类行为或 F 类行为。因此，将针对 D、E、F 这三种网络行为进行查找，对应上述知识库关联行为查询的第一种情况。知识库中保存有多个 D 类行为、E 类行为或 F 类行为。这些同类行为虽然满足了已有攻击链对前一行为的类型要求，但并不一定均能扩充为攻击链的前一行为，还需要构造逻辑关系对满足类型要求的行为进行筛选。

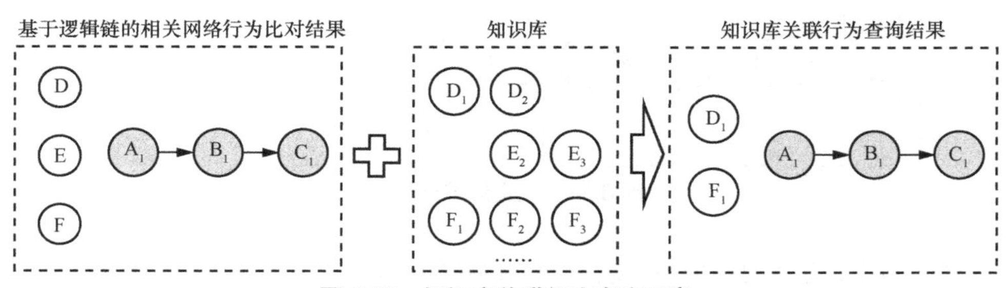

图 8.19　知识库关联行为查询示意

本节采用提取两个行为之间的关系特征的方法进行筛选，比较行为之间属性的相似度来确定其潜在的逻辑关系。两个行为之间的关系特征由一个高维特征向量来描述，该向量标识两个行为之间的多个属性是否存在特定的相关关系。

表 8.1 列举了 13 种关系特征，这些特征维度从知识图谱获取。

表 8.1　特征向量的具体特征示例

维度	特征	维度	特征
d_1	源主机地址标识	d_8	时间戳
d_2	目标主机地址标识	d_9	传输时间标识
d_3	源主机通信端口	d_{10}	字节数
d_4	目标主机通信端口	d_{11}	分组个数
d_5	传输链路标识	d_{12}	标识位
d_6	服务族群标识	d_{13}	流持续时间
d_7	服务类型		

除了表 8.1 所示的特征外，还存在更多的特征，可以根据实际数据进一步拓展。同时，允许用户自定义地拓展特征属性，以更好地适应业务场景需求。

8.3.3.3　攻击链追溯与扩充

攻击链追溯与扩充的核心思想如下：将知识库关联行为查询结果依次添加至已有攻击链中，最终完成攻击链向前追溯一步的目标。进行知识库关联行为查询后可以得到应该在攻击链前扩充的具体行为。本节将这些具体行为添加至攻击链前，完成对攻击链的扩充。如图 8.20 所示，分别将 D_1 与 F_1 添加至 A_1 之前。

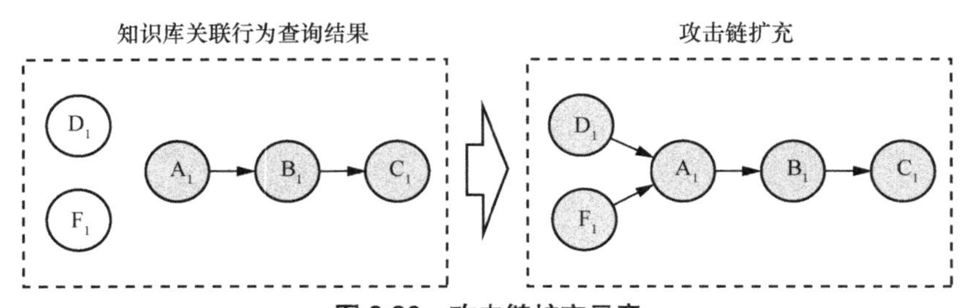

图 8.20　攻击链扩充示意

由于 APT 等新型攻击的复杂性，溯源图中可能不仅包含单链结构，还包括复杂攻击树，需将符合逻辑关系的行为均添加至攻击链中[10]。因此，图 8.20 中需要将 D_1 与 F_1 均添加至攻击链中的网络行为 A_1 之前，但也存在仅在攻击链前添加一个行为，形成攻击链单链的情况。

8.3.3.4 循环迭代与终止条件判断

循环迭代与终止条件判断的核心思想如下。若达到指定的终止条件，则输出构造出的攻击溯源图；若未达到终止条件，则重新开始新一轮溯源。循环迭代直至重构出完整攻击过程，输出攻击溯源图。最后完成判断溯源是否完成的目标。

本节选择的终止条件包括以下两个方面：若追溯至指定的时间跨度，则停止溯源；若达到 APT 攻击的初始阶段，则停止溯源。

经过多次的循环迭代后，通过多次基于逻辑链的相关网络行为比对、知识库关联行为查询、攻击链追溯与扩充，最终形成完整的攻击溯源图，如图 8.21 所示。

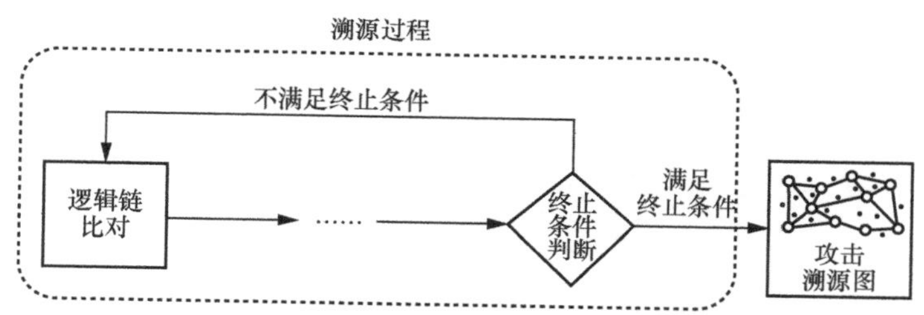

图 8.21 循环迭代与终止条件判断示意

溯源图中节点表示各个网络行为，有向边表示行为发生的先后顺序，最终指向要求进行溯源的异常行为。至此，基于多维标识的追踪溯源技术通过最终的溯源图重构出整个攻击流程。

参考文献

[1] Office of Management and Budget. Federal zero trust strategy[R]. 2022.

[2] Office of the National Cyber Director. National cybersecurity strategy[R]. 2023.

[3] Australian Government. 2023-2030 Australian cyber security strategy[R]. 2023.

[4] 中华人民共和国国务院新闻办公室. 新时代的中国国防[R]. 2019.

[5] ZTE. 2030+网络内生安全愿景白皮书[R]. 2021.

[6] European Union Agency for Cybersecurity. A governance framework for national cybersecurity strategies[R]. 2023.

[7] European Union Agency for Cybersecurity. Raising awareness of cybersecurity[R]. 2021.
[8] 国家互联网信息办公室. 国家网络空间安全战略[R]. 2016.
[9] 中国信息通信研究院. 中国网络安全产业白皮书[R]. 2022.
[10] 中国信息通信研究院. 中国网络空间内生安全技术与产业发展白皮书[R]. 2022.

第9章

智能信息网络运维管控

智能信息网络将呈现出网络结构复杂、网元节点智能、网络拓扑高度动态、网络服务定制化等特点，无人集群、人机协同、天地一体等多应用场景下的“联接智能”需求，对网络极高的传输速率、极低的端到端时延、精准的网络服务和资源的自主适配等网络性能提出更高的要求，在多约束条件下层次化的网络自主行为决策与执行等，将会形成诸多新的不确定性因素和复杂问题，使得网络运维管控面临新的挑战，亟待利用网络本源智能的设计思想，探索智能运维管控方法，保障智能信息网络服务的自主性、安全性、可靠性。

9.1 概念内涵

智能运维管控是指基于网络认知和网络知识，利用人工智能、大数据、云计算、数字孪生等技术，为保障智能信息网络与业务自主、安全、可靠运行而进行的网络资源的高效管控活动，并通过持续优化演进系统架构来提升运行效率，实现各类服务、各类场景的高可用和高适配，其物理载体主要为Ⅲ/Ⅳ类智能体。具体而言，以网络认知为支撑，进行用户数据、链路数据、网络数据、业务数据等多维数据感知，并结合运维管控数据开展学习分析、挖掘相关规律，生成策略知识，驱动网络运行维护、攻击预测、主动安全、业务设计和资源编排等功能自主运行，推动当前以经验为主的人治模式转向以网络知识驱动为主的自治模式，实现网络拓扑结构、网络资源管理、网络配置管理、网络故障处理、网络自适应和自愈等智能化运维管控。

智能运维管控能够高效地解决未来网络部署和运营中的诸多问题。随着智能信息网络各类服务应用的快速发展，网络运行过程中产生海量的用户数据、链路数据、网络数据、业务数据等，如以语音、图像、视频、文本、数据等多种形式存在的状态数据、检测数据、临时数据，以及面向机器、物品的非格式化数据等。传统的以人工为主的工作方式将难以应对大规模网络建设、监测和维护带来的挑战。智能运维管控将人工智能技术引入信息网络，依赖大数据、云计算和高性能计算芯片，利用模式识别、机器学习等人工智能技术对海量异构的网络数据进行学习、处理和分析，并将分析结果反馈至网络运营的各个环节，为网络运营者提供可靠的决策数据，解决网络部署、运营、维护中的问题，使网络能够根据用户需求、环境条件、商业目标的变化提供定制化服务，提高智能化程度，简化运营过程，降低运营成本。

9.2 智能运维管控架构设计

9.2.1 功能架构

本章采用“解耦–映射”的范式设计方法，提出三面多维的智能运维管控功能架构，如图 9.1 所示，突破网络管控局部智能化的模式，建立全网运维知识体系，满足动态多场景下全局资源调配目标与复杂场景的服务需求，支持智能网络纵深发展、横向扩容及动态演进；构建网络知识定义的网络管控方法与知识服务部署机制，突破网络管控层次与区域限制，深入管控知识与策略层面，依据场景按需提供有效资源，实现各层次网络内在功能设计对资源管理和需求适配的灵活映射，应对动态变化的复杂场景。从网络管控视角，三面多维架构包含由Ⅰ类～Ⅳ类智能体构成的网络节点逻辑平面，由信道与频谱管控、组网与传输管控、状态与资源管控，以及纵向多功能联动管控等功能组成网络控制逻辑平面，由自主运维、知识管理、协议装配等功能组成运维管理逻辑平面。三个平面均由元智能功能模块驱动。

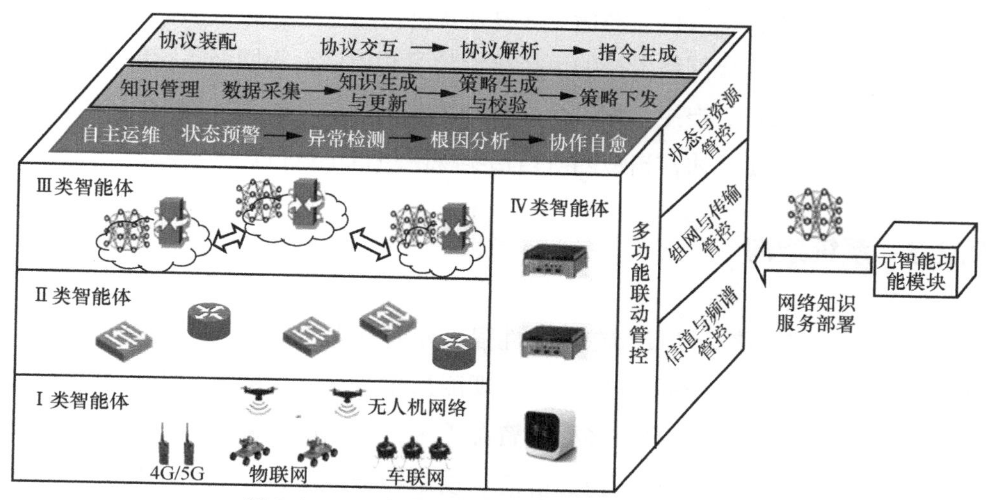

图 9.1　三面多维立体的智能运维管控功能架构

（1）内嵌协作的四类管控对象

三面多维的智能运维管控功能架构是四类智能体内嵌协作形式，信道与频谱管控、组网与传输管控、状态与资源管控等功能之间进行管控需求的转达，通过逐层映射翻译成下层的控制策略。多功能联动管控则统筹网络、计算、存储、感知等多种资源，进行统一动态资源调配，提供灵活可用的资源。Ⅰ类智能体层包含 4G/5G、物联网、无人机网络、车联网等多类异构网络，异构网络地理位置分散，通过Ⅲ类智能体的协作管控，可进行数据汇聚与融合。Ⅱ类智能体层利用路由器、交换机等核心网关设备连接这些异构网络，承载了各种网络传输策略、资源适配策略的传输，把上层的需求、内容和信息传送给目标设备，实现互联互通。Ⅲ类智能体层感知任务场景需求，将多种知识服务进行编排组合，并在自主计算的基础上，通过自我感知和主动资源调度，实现网络自配置、自优化和自修复。

（2）三维闭环的管控技术

本章以知识管理、协议装配及自主运维为核心技术设计三个管控维度，每个维度通过自主管控操作形成独立闭环。从管控功能的视角，知识管理为三个管控维度的中心，包括数据采集、知识生成与更新、策略生成与校验、策略下发等，当网络动态变化时，触发知识推理生成策略，并对策略的鲁棒性与冲突性进行校验，进而下发至各类智能体；协议装配包括协议交互、协议解析、指令生成等，结合数据面的需求自主进行自然语言交互协议的跨层优化，实现从已知业务场景到新业务场景的拟人化网络管控的可持续性学习和演化，为网络多智能体交互提供统一的拟人化接口；自主运维以全局视角观测网络层间行为，通过状态预警、异常检测、根因分析、协作自愈四阶自治实现网络自主运行。

9.2.2 系统架构

未来网络高速移动场景存在移动性强、差异性大、网络稳定性弱等特点，使网络拓扑动态变化，不易进行拓扑发现测量和节点位置标记，为自主管控带来了巨大挑战。各类场景具有多样的资源需求，数据流量和资源分配状态随场景动态变化，需要识别和分析流量静态、动态特征，进行高效特征聚类，形成智能体的若干逻辑划分，构建多点分布式网络管控域，提高网络管控效率。考虑通信需求的逻辑相关性，在流量相关性高、资源交互性紧密的智能体集合中，利用多维度流量特征聚类算法聚合通信密切的智能体，将分散的Ⅰ、Ⅱ类智能体划分为多个管控域，部署Ⅲ类智能体。通过智能体聚合，可以形成分布式管控架构，缩小资源管控的决策范围，降低资源管控的难度，提高策略生成与下发效率。在划分完成的管控域内，充分考虑设备资源能力能否负担域内决策的资源需求，选择合适的Ⅳ类智能体部署智能管控系统。若管理域内的Ⅳ类智能体不能满足决策的资源需求，则考虑在不同管控域间采用分布式管控资源协同模式。

如图 9.2 所示，管控系统分为智能运维管控中心、区域智能运维管控中心和智能运维管控节点，从逻辑功能角度可以视为不同层级、不同规模的Ⅲ、Ⅳ类智能体。智能运维管控节点能够在线感知智能信息网络状态的特征信息变化，并将其上报给区域智能运维管控中心，区域智能运维管控中心对特征信息进行汇聚融合以实现本区域网络的运维管控，对于跨区域网络的运维管控，需要通过智能运维管控中心对不同区域的网络变化进行分析决策，并下发管控指令实现不同区域之间的自主协作运维管控。

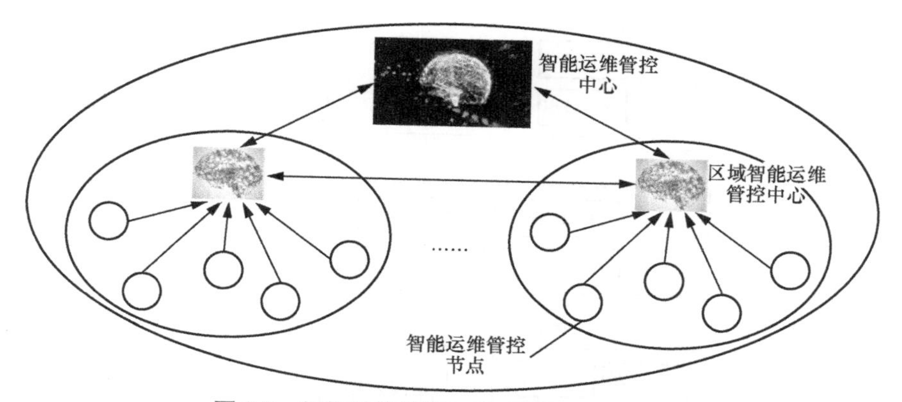

图 9.2　智能运维管控云化分级部署系统架构

智能运维管控中心功能如下：（1）基于网络知识，完成网络自主规划，主要面向不同的任务需求，进行需求和网络通信保障分析，根据不同的任务，形成网络规划方案、运行维护方案、网络安全方案；（2）完成区域划分与管理，主要根据用户需求和网络拓扑结构变化进行区域划分和管理；（3）完成态势融合，主要按需进行多维态势融合及展示等。

区域智能运维管控中心功能如下：（1）完成域间自主协作，自主判断是否与其他区域中心进行协作，通过制定协作模式、方案，共同完成协同任务；（2）完成区域网络规划，根据运维管控中心的指令，自主完成区域网络的规划部署、运行维护、安全防护；（3）完成区域故障管理、性能管理、配置管理等决策。

智能运维管控节点功能如下：（1）自主感知，进行多维多域特征信息感知；（2）执行故障管理，进行故障监测、故障分析、故障定位、故障显示等；（3）执行性能管理，进行流量监测、流量统计分析、性能统计分析等；（4）执行配置管理，基于策略进行各种策略和配置命令的执行和下发，实现自主规划配置等。

9.2.3　工作机理

如图 9.3 所示，智能运维管控工作机理是基于网络认知和网络知识实现信息网络的自感知、自配置、自优化、自修复等，对复杂多变环境下的信息网络具有自适应性，通过多域感知、学习分析、网络知识、管理决策、控制执行、评估优化等过程完成智能运维管控。智能运维管控既可实现本级循环闭环，也可实现全局的循环闭环。

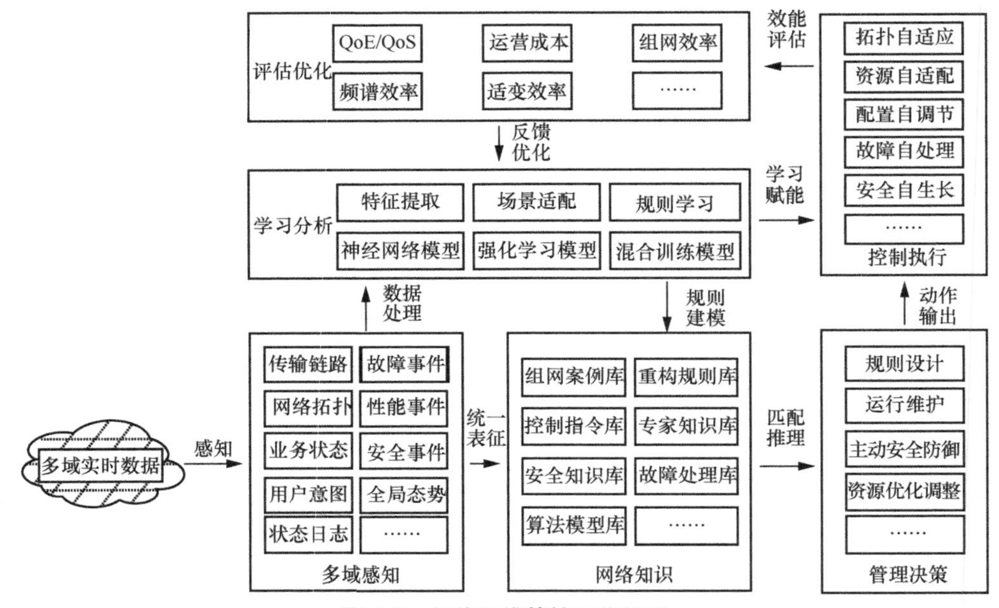

图 9.3 智能运维管控工作机理

多域感知主要用于汇聚区域或全网的用户数据、链路数据、网络数据、业务数据、状态事件等，如区域或全网的传输链路、带宽、时延、网络拓扑、业务状态、用户意图、状态日志、故障事件、性能事件、安全事件等，以及网络节点的入网、退网、移动等运行状态，是学习分析和网络知识的输入。

学习分析主要用于对各类运维数据进行关系挖掘、模型匹配等，通过统一表征直接形成网络知识，如各类数据的特征提取、场景适配、规则学习、神经网络模型、强化学习模型、混合训练模型等，作为一种智能应用手段工具，对流量信息、告警信息、业务信息、运行状态信息等进行预处理、关联、融合等，并对智能信息网络的综合态势进行分析评估，是网络知识和控制执行的输入。

网络知识主要用于提供面向自主组网、网络重构、安全防御等需求的运维管控离线知识和在线知识生成、匹配或推理，如各类场景组网案例库、网络重构规则库、控制指令库、专家知识库、安全知识库、故障处理库、各类算法模型库等，通过场景匹配或知识推理生成规划和配置方案，是智能运维管控的核心，是管理决策的输入。

管理决策主要用于形成各类网络运行、管理、安全的策略、方案、计划，根据网络状态信息制定任务方案和资源调控方案，如网络自主开通或网络重构的规划设计、网络日常运行维护、网络主动安全防御、网络资源优化调整等，是控制执行的输入。

控制执行主要用于将运维策略、方案、计划映射到网络行为或配置上，完成网络配置、资源优化等并上报执行结果，如传输链路的自适应优化、网络拓扑结构的自适应调整、网络资源的自适应配置、各类参数配置的自适应调节、网络故障的自主定位与自适应处理、网络自主应急响应、安全自生长等，是评估优化的输入。

评估优化主要用于从多个维度，对网络下发各类策略的执行效率、效果进行评估，根据执行结果对各类运维管控策略进行评估，对评估结果进行学习分析并优化调整已执行配置策略，形成新的网络知识并进行存储，如 QoE/QoS、网络运营成本、组网效率、频谱效率、网络自主适变效率等，是智能运维管控效能体现的关键环节，是学习分析的输入。

9.3 关键技术

9.3.1 面向智能运维管控的网络知识构建

智能运维管控的网络知识支撑面向广域海量异构分布的网络资源与个性化业务需求的实时自主适配，通过构建智能运维管控知识空间实现可持续发展的按需服务。智能运维管控网络知识可分为数据信息型知识、关系计算型知识、逻辑决策型知识。其中，数据信息型知识是指链路、拓扑、性能、业务以及日志、记录等运维数据，关系计算型知识是指网络特征表征、服务质量模型、控制指令、算法模型等，逻辑决策型知识是指智能接入策略、智能路由策略、智能切片编排、智能重构规则、智能服务组合、专家知识、网络安全知识、故障处理知识等。通过以知识驱动取代数据驱动，构建各类智能体所能理解的运维管控网络知识空间，具备“感知、学习、知识、决策、执行”的元智能逻辑功能，并能够基于经验知识、专家知识、在线知识等进行持续的增量学习，形成可学习、可解释、可推理的智能运维管控架构，实现运维知识共享、模型迁移、策略互通，使未来网络在学习过程中不断丰富、拓展运维知识，能够长期稳定高效地运行。

智能运维管控网络知识空间的设计实现包括构建、管理、应用功能模块，构建功能包括运维管控网络知识抽取、增量更新、图谱融合、知识衍生等；管理功能包括运维管控网络图谱存储、知识迁移、知识访问等；应用功能包括运维管控网络知识查询、知识推理等，物理承载为Ⅲ/Ⅳ类智能体。智能运维管控网络知识图谱构建是从运维数据到运维知识关联并形成图形化结构，统一表征为海量的网络知识，并在Ⅲ/Ⅳ类智能体的学习、应用及交互过程中不断扩展和丰富，为Ⅲ/Ⅳ类智能体的行为决策及运维管控知识共享提供保障。

通过智能运维管控的网络知识空间赋予网络认知能力，能够对智能信息网络资源进行自主化的预先规划、优化适配和主动处理，实现网络的闭环管理和控制，主要包括：基于网络知识的策略生成与执行，面向用户需求为各类网络服务提供优化分配与配置方案，如自主开通、资源优化、行为溯源、主动防御等；基于网络知识的故障智能处理，面向运行需求为各类网络故障问题提供分析与解决方案，如网络故障智能监测、智能分析、智能处理等；基于网络知识的数字孪生技术，面向运维管控精细化与智能化需求提供虚实融合的手段，如提升全生命周期闭环管理效率、优化决策精度等。智能运维管控网络知识需要通过各类智能体自主运行而获取，同时与资源智能调度、策略智能生成、故障智能处理、数字孪生等关键技术实现互相促进，正向循环发展。

9.3.2 面向智能运维管控的网络知识服务

三面多维的智能运维管控架构采用逻辑集中与运行分布的混合部署模式。网络知识管理功能集中部署于智能运维管控中心，从采集的数据中生成与更新网络管控知识。知识库中存储各种网络管控任务中用到的模型、知识图谱、日志等结构化数据，当Ⅲ类智能体对资源进行调度时，网络知识服务从总体需求出发，将每个具体场景的任务需求进行资源整合与调度，并将多种任务的知识服务下发至Ⅰ、Ⅱ、Ⅳ类智能体，提高资源调配效率与可靠性。

（1）基于网络知识服务的分布式管控决策

如图 9.4 所示，Ⅲ类智能体作为网络控制节点，采取动态分域的分布式管控模式，分别部署在不同地理位置，获取实时网络状态，通过知识推理生成策略，对Ⅰ、Ⅱ类智能体进行策略下发。每个网络控制节点从知识库中获取知识，并根据场景进行在线学习与决策，为新到达的任务请求输出相应的资源分配策略。Ⅲ类智能体协作完成多个区域的网络管控功能。当多个网络控制节点同时控制共享的网络资源（即共享Ⅰ、Ⅱ、Ⅳ类智能体资源）时，通过协调各个网络控制节点之间的资源分配策略，减少资源冲突情况的发生。

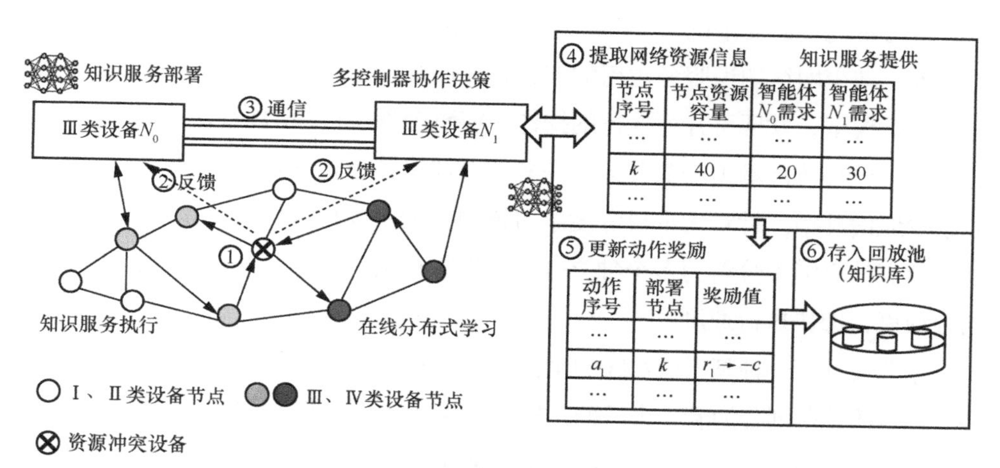

图 9.4 知识服务的混合部署方式

（2）分布式在线学习

智能信息网络具有动态性强的特点，网络知识不断迭代优化，本节设计Ⅲ、Ⅳ类智能体分布式在线学习方法，提高新环境、新任务的训练效率。分布式在线学习采用主从式拓扑结构，利用性能稳定的知识管理节点作为参数服务器，以分布式随机梯度下降方式完成模型训练。每轮迭代时，分布式控制器将计算完的局部梯度上传至参数服务器，参数服务器聚合平均所有局部梯度得到新全局梯度，然后下发至各个控制器，以同步全局参数更新模型。由于频繁的梯度交换将导致大量通信开销，本节采用梯度稀疏与知识蒸馏方法，以降低传输的数据量，保证在线学习效果。

分布式在线学习以网络控制节点在线训练的方式更新知识，并封装为可执行的若干知识服务，下发至Ⅰ、Ⅱ类智能体执行模型的推理计算。Ⅰ、Ⅱ类智能体的元智能模块完成知识服务的执行，由接收的策略离线生成各自的管控设备控制指令。Ⅳ智能体可灵活配置为一类功能，根据网络知识推理生成管控策略与交互语言协议的管控指令。由于Ⅰ、Ⅱ类智能体存储与计算资源有限，网络知识服务以多种粒度下发，构成网络知识服务链，支持多个Ⅰ、Ⅱ类智能体协作完成计算任务。例如，将移动网络场景感知的深度神经网络建模为有向无环图，并进行分解封装，分别部署于多个Ⅰ类智能体，使其共同协作完成场景感知任务。

（3）网络知识服务的分布式推理

针对本地资源受限的智能体，本节采用网络知识服务分布式部署方式进行并行推理，减少网络知识服务占用的资源，加快推理速度。分布式并行推理从空间角度分析模型，发现可并行执行的操作，将整个深度神经网络跨层划分为多个部分，每个边缘节点承担一部分计算任务，以加快分布式部署模型的推理速度，同时减少通信开销。针对大规模深度学习模型，利用卷积操作的分布式特性，将模型按节点计算能力分解为多个独立并行部署执行的计算单元，推导模型划分点和划分约束，加快执行速度。

本节设计了一种基于流水线的全新协同推理模式，通过将卷积神经网络模型和多个异构的设备划分为若干个子群，并将子群组合成推理流水线，可以极大地降低由节点数目和模型规模增大导致的大量冗余计算问题；对协同推理中的冗余计算和流水线的时延与吞吐量进行建模，提出一个基于动态规划的算法来最小化并行计算冗余，同时最大化推理的吞吐量；利用流水线式的协同推理和相关优化算法，设计流水协同框架对卷积神经网络推理进行加速，首先对卷积神经网络模型进行评估，获得模型相关参数（如输入/输出大小、计算开销等），然后将模型参数和设备资源约束一起输入优化器并生成推理流水线的最优配置。在运行时环境会根据最优配置对输入的特征进行分割来完成该子群推理，并将结果发送至下一个子群。

9.3.3 基于网络知识的资源智能调度

通过知识管理、协议装载与自主运维三个维度，将网络运维管理需求与网络控制逻辑功能进行映射，将知识服务进行转达，逐层映射翻译为下层的控制策略，实现基于网络知识的资源智能调度。网络节点逻辑平面中的四类智能体，可通过相对应的自然语言应用接口与三个核心管控功能进行交互，实现跨层交互与智能体联动，提供信息网络向无人管控的自主网络的持续演进动力。利用知识与数据共享机制，打通网络配置、性能优化、动态重构等多个网络管控领域，实现全域网络管控知识的复用，保证策略一致性。建立全域网络复杂场景下的智能化异常检测与自愈的基础理论框架，实现智能网络的闭环控制，增强网络的鲁棒性与抗毁能力。三个管控维度功能与Ⅲ类智能体统一协同进行高效的细粒度管控，实现面向场景的资源调配，支撑终端、路由和管控类设备多层次类别资源的深度融合。例如，可为车联网、无人集群场景提供资源管控的支撑，节点移动到不同位置时，根据环境和需求的实时变化，进行动态组网，协同调配网联车、机、边、云等资源，根据需要封装资源功能为支撑服务进行资源共享。

（1）管控需求解析

在管控方法中，知识驱动的网络管控对通信、计算、存储等资源进行统一调度，自动生成并部署符合场景交互需求的网络配置文件，实现网络自动化可靠管控。管控需求解析通过捕获特殊场景网络需求，通过语义解析过程将自然语言交互的需求转化为实际的网络管控需求，进一步转化为具体的网络设备配置指令；在生成网络配置文件方面，利用句法分析和序列标注技术完成对交互需求的挖掘，并将特定场景的设备交互需求转译成下游任务专属的网络配置文件部署到网络中，从而改变下游任务的资源调度。

协议装配能力可以分析场景的目的与意图，自主完成网络设备交互，替代网络管理人员的协议配置工作。对于新场景需求，需求语义转译模块可挖掘出自然语言中包含的具体任务的网络需求，如对网络、计算、存储等资源的需求等，将这些需求进行转译，生成不同层次、不同种类的管控协议消息并发送至对应的网元。协议装配能力将高层语义信息逐层翻译为设备可识别的配置文件或指令，以可兼容的形式实现设备交互，并支持异构设备的配置与指令翻译。

（2）网络状态预测

本节设计了基于图神经网络的网络状态评估模型，能够根据网络拓扑、流量需求矩阵，以及路由策略对智能体间的链路权重进行预测。图神经网络作为一种神经网络，可通过传统的监督学习方法进行训练。网络管控设备之间的交互消息为神经网络生成的隐藏状态，代表网络的当前状态。这些消息被封装为特定格式的报文，在相邻的管控设备之间传递。当管控设备收到这种特定格式的报文后，会从报文的内容里解析出相邻节点的隐藏状态，并通过神经网络进行下一步计算，得到新的隐藏状态。通过若干次消息传递的迭代，评估模型可得出全网链路权重。

消息传递神经网络（Message Passing Neural Network，MPNN）主要假设与节点、边或整张图相关的信息可以被编码为维度固定的向量，也称向量映射，其主要操作是通过图中节点之间消息传递的迭代来传递信息。如图 9.5 所示，MPNN 前向传播过程由以下 4 种函数组成：消息函数 $m(\cdot)$ 、聚合函数 $a(\cdot)$ 、更新函数 $u(\cdot)$ 、读取函数 $r(\cdot)$ 。

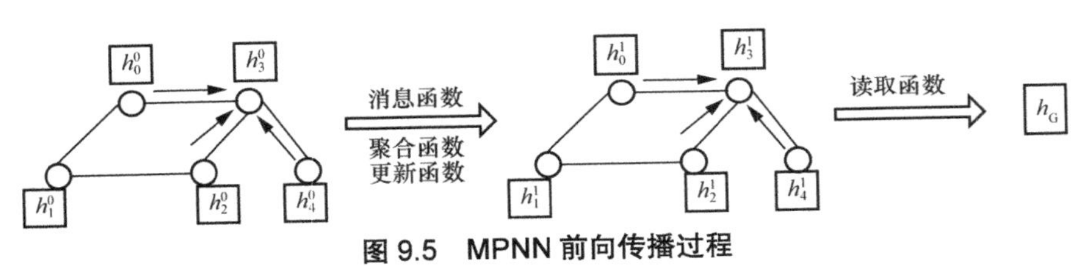

图 9.5　MPNN 前向传播过程

首先，节点 v 使用一些已经包含在输入图中的特性初始化它的隐藏状态 h_v^0 ，并将其传递给该节点在图中的邻居节点。在每一次消息传递的步骤 k ，每个节点 v 都会收到它所有邻居节点当前的隐藏状态，并通过消息函数 $m(\cdot)$ 将收到的隐藏状态与节点自身的隐藏状态一同进行转换。随后，转换后的消息通过一个聚合函数 $a(\cdot)$ 进行聚合，聚合后的消息为

$$M_v^k = a\left(\left\{m(h_v^k, h_i^k)\right\}_{i\in\mathcal{B}(v)}\right) \tag{9.1}$$

最后，一个更新函数 $u(\cdot)$ 被应用到每个节点 v 上，将聚合后的消息 M_v^k 和自身的隐藏状态 h_v^k 作为输入，输出一个新的隐藏状态用于下一个步骤 $(k+1)$ ，表示为

$$h_v^{k+1} = u\left(h_v^k, M_v^k\right) \tag{9.2}$$

在进行了一定数量的消息传递步骤 K 后，读取函数 $r(\cdot)$将节点最后的隐藏状态 h_v^K 作为输入，来生成 MPNN 模型的最终输出。这一读取函数可以预测图中每一

个元素的特性（如一个节点的类别）或图的全局特性。由于 MPNN 中的 4 种函数在图中的每个节点上都是完全相同的，故这些函数需要具备足够的通用性和灵活性，以适用于不同的场景。

（3）细粒度动态资源调度

在资源调度方面，本节根据动态场景的特殊需求，快速分析场景需求，动态生成多个任务网络；对任务网络的资源进行细粒度划分，根据任务网络拓扑结构优化通信策略，制定有针对性的拥塞控制与选路，并支持实时变更资源调度策略。

细粒度动态资源调度融合网络管理与控制功能，将路由功能集成于划分的任务网络中，提出联合网络切片和路由框架，创建对应于某个具体应用场景的任务网络，并合理分配资源。在每个任务网络中，数据包将根据实时网络状态路由到一组传输路径中，以最大限度地利用智能体。通过图卷积神经网络（Graph Convolutional Network，GCN）与深度强化学习（Deep Reinforcement Learning，DRL）的学习机制，解决高动态环境下的不确定性问题并实时做出合理决策。基于 GCN 与多任务 DRL，提供细粒度、实时和动态的设备资源分配，将 DRL 模型扩展为多任务模式，其中多个输出分支与每个网络切片中的联合调度资源相匹配，将 GCN 集成到 DRL 模型中，以从图结构的网络状态中获取拓扑信息。基于多任务深度强化学习（Multi-Task Deep Reinforcement Learning，MTDRL）方法以多任务学习方式分离 DRL 模型的输出，同时提供网络切片和路由的决策，可减少联合网络切片和路由的动作空间。考虑路由与任务网络划分的相关性，设计多任务 DRL 的共享结构，用于学习相关任务之间的性能。由于不同任务的路由是一系列具有共享特征的任务，MTDRL 还可以通过其共享的神经网络层协调多个路由之间的资源竞争。

（4）网络运行智能规划

网络运行智能规划是指通过对用户分布、业务类型、网络资源等进行关联分析，进而确定网络运行的基础设施、点位设置、服务要求、网络管理等目标，并基于网络规划知识进行学习推理，完成网络的拓扑结构、流量分配、资源配置、服务部署、网络安全等预测规划。例如，在网络服务部署方面，通过对网络虚拟资源利用率的分析预测，构建智能的网络部署模型，并对部署结果进行精确的评估和反馈，提升网络部署模型的精确性，进而实现网络服务的高效部署；在网络切片的编排管理方面，通过采用用户行为数据并进行分析，对用户业务所需的网络资源进行预测和评估，动态配置相应的网络资源，实现网络切片动态管理、扩容及缩容。通过网络运行智能规划，能够动态发现网络服务中产生的各类问题，增强网络规划的自主性、科学性、合理性。

9.3.4 基于网络知识的策略智能生成

基于网络知识的策略智能生成是指基于获取的网络状态或用户需求，利用分级分布式的智能运维管控网络知识，通过网络知识融合、网络知识推理等学习方法实现不同层级网络策略的智能生成，将策略下发至相应的智能体并运行对应的管控功能，同时能够根据不同层级的管控目标进行策略的动态优化调整。

（1）策略产生

基于网络知识管理能力完成知识生成、更新、学习与应用，根据特定场景的具体任务，将网络知识转化为通信、计算、存储等资源调度策略。资源调度包括网络资源、计算资源、存储资源、数据资源等多个维度的统一编排，对区域中的资源调配策略进行集中式优化，最大化利用区域内四类智能体的一切可用资源。利用深度强化学习与规则相结合的方式来完成选路、资源划分等任务，通过深度强化学习模型进行在线学习，找出资源调度全局最优的策略，当网络拓扑发生改变时，利用规则作为临时方案，通过深度强化学习模型继续学习新的网络拓扑，当模型达到收敛时再继续由模型提供新的调度策略。当场景需求发生变化时，利用知识库存储的日志、用户行为等数据实时提供新策略、装载新协议，并转译为设备指令下发到智能体。由于知识管理能力需要支持大量场景的多种管控任务，为避免高并发下各类资源使用上的冲突，采取形式化策略验证方法快速确定可行的最优策略，合理利用现有资源。

针对Ⅱ类智能体的管控，传统路由依赖分散的节点收集流量信息构建流量矩阵，存在信息局部性、路径状态更新不及时等问题，导致网络整体资源利用率低下。依据路由选择需求动态获取网络状态，结合网络流量状态的历史数据学习网络资源变化的模式，可更准确地预测未来网络中流量的趋势并设计更合理的资源分配机制。使用深度增强学习的方法，利用大量的历史数据，通过自动学习的方法获取不同网络状态下的资源分配模式，并依据识别出的流量类型提供路径选择和带宽分配的策略，从而实现网络资源的弹性提供和优化部署，支持大数据量传输的需求。

（2）策略验证

在智能运维管控中使用深度强化学习生成的策略具有模糊性，可能存在模型输入边界条件越界、非最佳状态中无限循环等问题，需要对策略生成模型进行验证。本节提出基于时空表征模型的深度强化学习的形式化验证方法，分析其是否满足网络管控指定的正确性或安全性要求，保证基于深度学习的策略生成系统的高可靠性。在模型验证的基础上，考虑跨域资源的可用性和策略的冲突，对网络跨管控域独立生成策略的实际行动进行验证，保证管控策略的鲁棒性、安全性与可达性；提出对跨域网络设备知识建模以及网络模型交互的方法，实现对管控策略行为在网络中运行的形式化表达与验证，及时保证策略下发后网络的正确性以免造成网络故障。

（3）策略下发

Ⅲ类智能体利用知识图谱将策略转化为自然语言，并下发至Ⅰ、Ⅱ类智能体，将自然语言转译为设备配置指令。根据策略下发需求构建语义关联对齐的指令图谱构建方法，设计指令理解模型，获取异构信息逻辑一致性语义表征；基于最优运输理论，实现异构设备指令对齐，初步完成指令图谱构建；利用专家知识增强指令对齐完备性，通过主动学习机制，实现专家参与校验机制，基于样本信息量和冗余度，获取高价值校验样本，生成完备指令图谱。

语义关联对齐需要将具有 N_1 个元素的指令片段集 $\mathbf{sk}_1=\{p_1,p_2,\cdots,p_{N_1}\}$ 和具有 N_2 个元素的通用语义知识图谱 $\mathbf{sk}_2=\{q_1,q_2,\cdots,q_{N_2}\}$ 对齐。由于Ⅰ、Ⅱ类智能体指令目标具有唯一性，对齐算法在搜索 $\mathbf{sk}_1$ 和 $\mathbf{sk}_2$ 之间相同语义的元素对时，每个元素仅映射一次，构成映射矩阵 $\boldsymbol{F}\in R^{N_1\times N_2}$，元素 $f_{i,j}\in\boldsymbol{F}$。若 p_i 和 q_j 应对齐，则 $f_{i,j}=1$；否则 $f_{i,j}=0$。依据对齐结果，可将全局设备融于统一视图构建指令图谱。

指令描述和指令片段内容是实现三类异构设备信息对齐的重要依据。设计指令理解模型，分别利用控制描述编码器与指令片段编码器学习控制描述和指令内容的矢量表示，两个矢量连接形成指令意图表征。控制描述表征的向量相似度关系可以作为指令间语义相似度的度量。两个编码器均由神经网络多层 Transformer

构建，在每一层中，Transformer 的注意力机制用于自动学习有分辨力的特征。

9.3.5 基于网络知识的故障智能处理

传统网络管控中的性能监控、告警类功能处理数据量较小、数据相关性分析不足、故障前瞻性预测欠佳，难以应对高动态规模型自治网络管理需求。为了保证网络运行状态的稳定，基于网络知识的故障智能处理中加入了增强自主运维能力对网络状态进行监测，及时发现网络异常并实施自愈。自主运维能力体现了高速移动等场景下网络的可靠性与鲁棒性，提出复杂自治网络的自愈优化机制，包括智能运维技术来完成网络环境中的异常检测、根因分析、网络自愈等核心功能，构成无人值守的自愈优化闭环控制，基于网络知识的故障智能处理过程如图 9.6 所示。

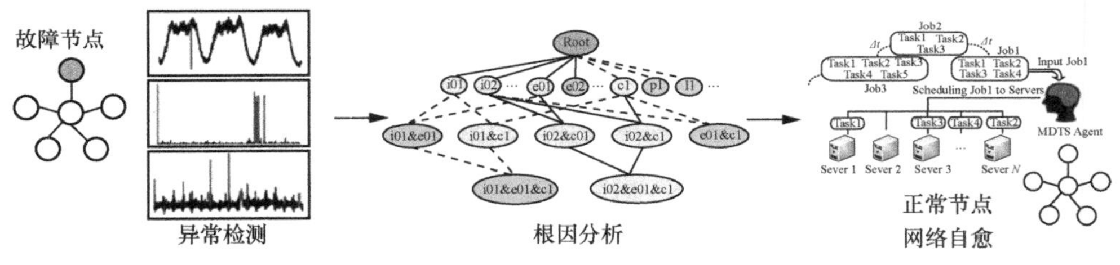

图 9.6　基于网络知识的故障智能处理过程

（1）异常检测

网络实时数据与告警、日志与配置等文本数据以及流量类型等运行数据的联合表征，对于网络智能运维管控十分重要。异常检测利用多模态表征学习方法将网络时空表征数据、承载相关的分类数据与管理文本数据的多模态信息统一到同一特征空间，利用模态之间的互补性，应对样本中某些模态数据的缺失问题，弥补不同模态数据之间的语义鸿沟；设计基于无监督学习的异常检测机制，通过对比异常模式与正常模式的欧氏距离，逐点判别；设计极小极大策略来放大关联差异的正常-异常可区分性，提出异常注意力机制，通过双分支结构分别对每个时间点的先验关联和序列关联进行建模，针对高速移动等场景下网络采集数据的时间序列复杂的动态性。

（2）根因定位

根因定位通过四类智能体的状态数据采集，构建多维时间序列的指标关联图，利用网络知识图谱进行异常的因果推理，定位故障节点。针对加性多维异常根因定位问题，本节提出一种基于根因潜在分数公式和使用影响力度量的剪枝搜索的异常根因定位模型，并对根因定位使用的预测算法进行评估和选择，以便在处理大量非同构的曲线预测时具有高时效性和准确性。该模型的设计中包括全局可对比的、反映异常等比例传播特点的根因潜在分数公式。同时，该模型还使用基于影响力度量的剪枝搜索算法，使用影响力的概念为高效的剪枝提供有效的评判标准。此外，模型针对搜索结果中的根因拆分、根因延展等偏移现象提出可解释的修正方案，提高根因定位的准确性。

（3）网络自愈

网络自愈对网络故障进行分类，若网络链路出现故障，构建网络转发图的等价类，通过修正转发路径来避开异常路径；若Ⅰ、Ⅱ类智能体设备功能受损，则及时选择Ⅳ类智能体或同类智能体进行功能迁移，使网络快速自愈。针对高速移动等场景增强网络连接鲁棒性，利用复杂网络理论分析管控节点动态部署与网络整体优化问题，改善网络结构，提升智能信息网络内在弹性，实现小幅网络波动自动修复。

第 10 章

智能信息网络分级评估

智能信息网络建设发展是一项复杂的系统工程，涉及网络架构设计、理论方法与技术创新，以及面向行业产业的实践应用等。智能信息网络分级评估是信息网络能力水平、功能效能等评估与测度的重要内容，是促进网络理论与技术创新发展的重要一环。

10.1 智能信息网络分级评估的意义

智能信息网络评估是对网络智能化能力水平的刻画和度量，提供统一规范的划分方法手段，按照智能化水平对网络智能进行等级划分，在面向确定场景应用时，可确定其所属的级别，进而反馈指导网络能力的建设发展。从广义上看，分级，又称评级、评等，是依据某些人/事物的内容、统计结果而区分出不同的级别。在质量方面，可以区分出大小、优劣、强弱，数量方面，可以区分出多寡。

构建智能信息网络分级评估方法具有重要意义：一是为智能信息网络发展演进路线和相关规划提供基本遵循原则，梳理网络智能化发展的能力需求和各阶段目标，使顶层设计更清晰；二是为智能信息网络智能化发展水平评估分析提供统一基准，为开展网络智能化发展阶段评估、发展能力水平对比分析等工作，提供客观的技术基准，有助于找准历史发展方位和战略决策基点；三是为智能信息网络分级分类管理提供界定依据。对不同类型、不同发展阶段的智能信息网络进行智能化的界定和分级，可在研制、生产、使用和维护的各个环节，制定符合智能化特点的管理机制和措施，精准施策，最大限度发挥新技术的效能和效益。

10.2　智能化水平等级分类

网络智能化不会一蹴而就，而是随着 AI 技术的发展逐级演进。智能信息网络的分级主要是对网络“智”的能力进行评估，但信息网络的智能化涉及多个方面，从网络规划设计、安装部署、运维管理到业务服务等多个工作流程都有智能的体现，分级难以通过单一场景或维度来衡量，是一个多维度的综合评估结果。当然，不同级别、层次的智能信息网络会表现出一些不同的关键特征，而且在网络每个不同的发展阶段都会有一些关键能力的进步，既有内在演进的技术特征表现，也有功能特征的外部表现。因此，智能化水平等级设定可以从技术特征和功能特征两个方面进行。

10.2.1　网络智能化分级基础

AI 与信息网络技术融合，赋能网络内生智能，通过数据感知、智能分析、意愿洞察等能力，驱动网络的智能联接、智能管理和智能服务。智能联接不单指某一项具体的技术，而是一套解决方案，主要涉及通信技术，强调联接能力，实现网络联接的高可靠、差异化服务，体现性能最优和效益最优；智能管理指 AI 技术应用于网络优化、网络安全、网络运维和用户体验等几个方面，提高网络管理的效率和质量；智能服务指 AI 技术应用于网络的接入、业务应用等，减少网络使用复杂性，提供自主运维能力。

智能信息网络由多个智能体组成，其独特的属性包括：①分布式智能，网络中不仅逻辑上或物理上存在大量分散的智能体单元，而且在网络的各个层面，拓扑发现、链路自动配置、路由计算等都存在对网络运行环境的实时感知，网络意图分析、决策修复和优化网络的智能操作，分布式智能是算力、连接与智能的融合；②知识和数据双驱动，知识和数据双驱动是第一代和第二代人工智能的结合，应用鲁棒与可解释的AI理论与方法可实现网络的智能，但网络应用场景中有许多无法精确建模和求解的应用模型，由数据驱动的AI可从大数据中深入挖掘数据的本质特征，同时利用知识、数据、算法和算力 4 个要素，可发展安全、可信、可靠与可扩展的智能信息网络；③自适应架构，智能信息网络拥有多种类型终端，支持云、边缘、互联网、移动通信网等多种不同类型且复杂的网络域，可塑性强，能对业务需求识别、预测，自动编排各域的网络功能以生成满足业务需求的服务流，对不同的网络应用目标，如超大带宽、超低时延等，可动态调整网络规模以实现自适应。

智能信息网络特有属性的宏观表现就是网络的自主性、协同性和学习性[1]。

（1）自主性

自主性指行为主体按照既定的目标，管理、控制自己的行为导向目标特性，即将决策委派给获准实体，由该实体在规定的界限内采取行动。“自主”是自动化的高级阶段，是人工智能高级阶段最重要的体现之一，可由知识、信息驱动。自主过程则指在任务需求的指引下，无人系统自主完成“感知—判断—决策—执行”的动态过程，并对意外情形、新的任务做出应对，而且能容忍一定程度的失败。

智能信息网络的自主性包括网络个体自主性和网络群体自主性两大部分。网络个体是能够自主感知环境、做出决策并执行行动的设备，具备自主性、交互性、反应性和适应性等基本特征；网络群体则能表现出超越个体的智能形态，采用合作和竞争等多种方式来应对挑战性任务，具备多体协同或人机共融的特点。而且，智能信息网络自主性本质上还隐含着强烈的系统观，即重视整体，强调整体的智能表现而不仅仅是某个局部。在实践中，自主性隐含着多层次的要求，例如为了实现自主，相关的技术类研究与开发需要涵盖从底层的硬件、本体，中层的感知、控制、通信到高层的智能交互、决策与协同等全部层次和环节。网络自主性的表现形式可以是有形的，也可以是无形的，即可以是路由、交换机等网络设备，也可以是智能软件。

（2）协同性

“协同”概念在我国古已有之，其特点为：起源于个体对于自身能力的认知，当个体自身能力难以满足复杂任务的要求时，便产生协同需求；需要多个主体基于共同目标进行协作，但最终的结果不是单个个体贡献的总和，存在协同效应。协同性指元素与元素之间的“关联度、共享度、互动性”，其核心是共享效率。一般理解为结构中的元素通过协调、合作形成拉动效应，协同的最终结果是多方获益，整体加强。

智能信息网络由多个不同类型的智能体组成，协同性是智能信息网络最重要的基础特征，特指网络中智能体之间的协同性，即网络智能体与网络中其他设备（包括智能设备和非智能设备）能够直接进行相互操作和协调配合的水平。在协同性的视角下，智能信息网络强调各智能体之间通过有序的分工与协作，提供更好的网络性能和服务。协同过程涉及四要素，即主体、客体、时间及环境，首先主体发起协同需求，然后通过信息传递、信息交换、信息共享、信息利用等操作与客体共同完成协同过程，整个过程在特定的时间和环境下发生。智能信息网络有显性协同、隐性协同、自发性协同、非自发性协同等多种协同方式。

（3）学习性

学习性是一个多维度的概念，不仅涉及知识、技能、态度和价值观的获取，还包括行为、思维或情感上的持久变化，涵盖了个体从心理状态到行为倾向的多个方面。智能信息网络的学习性，是指网络能够在历史数据和外部资源的基础上进行知识归纳和演绎推理，网络自身具备自我升级完善的能力。简而言之，网络学习性就是网络可以自我学习，不断成长。

通常学习主体界定为人类，对一个具体知识或技艺的学习总是伴随着确定目的、了解情况、思考方法、尝试探索、总结记忆的过程。为了对网络的学习性进行分析，仿造人类学习的过程，针对学习主体、学习目的、学习方法、学习对象、学习能力、学习效果6个方面对比网络和人类的学习特性，如表10.1所示[2]。

表10.1 网络学习特性与人类学习特性对比

学习方式	学习主体	学习目的	学习方法	学习对象	学习能力	学习效果
人类学习	人类	获取知识和技能，适应环境，满足好奇心	直觉、模拟、系统、抽象与类比、反思、隐喻	素材、信息、知识、数据、规律、经验、思想	观察力、感知力、理解力、运算能力、感觉统合能力、学习动力等	学习成绩、知识掌握程度、技能水平评估
网络学习	智能信息网络	完善信息传输能力、提高服务能力	专家规划、数据挖掘、神经网络模型	图片、语音、节点路由数据、节点网关数据	寻址能力、数据融合能力、路由能力、网管能力	通过完成相应任务，与人相比，与其他网络相比，评估学习效果

10.2.2　分级特征描述

智能信息网络实现的功能很多，大量的功能需要网络的核心能力来体现，其中网络自主认知能力、网络知识服务能力、网络群智协同能力、泛在融合通联能力、可靠安全通联能力、快速高效通联能力、移动宽带的通联能力等是智能信息网络最核心的能力。这些能力的形成离不开感知、决策、行动三个功能特征。

（1）感知

感知，指通过传感器获取信息的能力。在信息网络中特指网络应用自有技术实现对通信环境、特定目标以及内容信息的获取，以发现网络运行中的问题或赋予网络新的功能，同时最小化对网络的影响。通过感知能力信息网络可以实现以下功能：①环境和目标对象感知，对所接收的无线信号进行处理可实现对通信环境的探测、测距和目标定位、跟踪等功能；②网络状态感知，用户行为和分布情况、网络拓扑结构变化、网络设备运行状态等信息都能通过对通信数据包的处理获得，这些信息可成为自治网络和自愈网络实现的基础。

信息感知融合技术使信息网络的功能超出了信息传输和交互平台的范畴，自身就能成为信息资源。智能信息网络可自主进行信息获取与认知，也可以通过网络中多智能体的联合实现信息的获取与认知；可基于训练数据与知识（事实性、概念性知识和规则准则）离线学习提升信息获取与认知能力；可基于实时数据，在预先学习取得的模型、数据基础上，进行在线增量学习，自我演化提升信息获取与认知能力；可基于多领域、多维度信息和知识，通过多种学习方法和多主体互学习，提升信息获取与认知能力。

（2）决策

决策是人类解决问题的过程，一般通过搜索“外部的信息”和“内部的经验”来获取“答案”。网络中的决策类型已经历了三个阶段：人类决策、辅助决策、自动决策。决策过程一般分为收集信息/数据、制定可能的行动方案、选择行动方案以及评估跟踪四部分。

信息网络中的决策系统由模型库、数据库、方法库、知识库和推理机组成，其处理的决策问题按其性质可分为：①结构化决策问题，能用确定的语言或模型描述，决策过程和决策方法有固定的规律可以遵循，决策方案可以由适当的算法产生，并能选择出最优解；②非结构化决策问题，指问题本身的描述不确定，决策过程和方法不固定，且不能用确定的模型和语言描述决策过程，决策者的主观行为对决策效果有显著影响；③半结构化决策问题，指决策过程和决策方法有一定规律可以遵循，但又不能完全确定，决策方案可通过适当的算法产生，有较优解。同时，智能信息网络需敏捷适应用户需求的变化，能多智能系统协同进行局部决策，可基于离线学习、博弈自进化等多种学习方法和多主体互学习，提升决策能力。

（3）行动

行动是人工智能中问题求解的重要组成部分。一般分为单级行动、多级行动、剧本型行动和机遇型行动等几种基本方式。① 单级行动不分层次，针对每一个目标展开相应的动作序列，容易理解但主次不分，计算工作量大，一些非关键性细节可能导致行动不能顺利进行。② 多级行动将任务分为若干层次的行动，基本思想与结构化程序设计类似，即遵循自顶向下，逐步具体的原则。③ 剧本型行动预先存储一组行动计划纲要，行动计划通过触发程序启用，一般分为两个阶段：根据给定问题的性质找出适用的行动计划，运用大量知识在计划中填入适用于特定问题域的解题算子。④ 机遇型行动，在制定行动计划时观察是否有合适的机会，这些机会可能成为决定性因素。

智能信息网络中的行动涉及很多内容，可完成的任务也很多，如单个智能体节点中数据包的排队转发，多个智能体协同完成数据包的传送等。智能信息网络中的行动可在人授权或监督下自主完成任务目标，也可多智能体协同行动或群组行动，更重要的是可通过离线学习、博弈自进化等多种学习方法和多主体互学习，实现行为控制能力自演进。

10.2.3 信息网络智能化分级评估

智能技术已经在信息网络领域得到了一定程度的应用，但真正实现网络的智能自治需要一个长期的过程。近年来，为主导智能在信息网络中的发展，3GPP、

CCSA、TMF、ITU-T、ETSI、IETF 等机构相继成立课题组，对网络进行智能化分级，分级提案所依据的分级维度有所区别，所表现出来的共性是每增加一级，人工执行的操作逐步减少。网络自主性（可分为网络辅助、人网协作、网络自主）、网络协同性（可分为部分协同、群体协同、群间协同）、网络学习性（可分为网络预先学习、网络自主学习、跨网学习）在不同类型、不同时代的网络中表现出了一定的差异，大量的研究按由低到高的顺序将通用信息网络智能化水平区分为初级、中级、高级三类，每一类又细分为 2 个等级[3]。

等级 L0~L1 为网络初级智能水平，特征是人主网辅、预先学习，按照协同规模的逐步提升来区分智能化水平高低，L0 为辅助运营网络、L1 为群体部分辅助智能。

等级 L2~L3 为网络中级智能水平。特征是人网协作，按照协同规模和学习进化模式不同，区分智能化水平高低，L2 为人网协同智能、L3 为网络自学习群间协同智能。

等级 L4~L5 为网络高级智能水平和完全智能水平。特征是“网络自主”，按照网络适应环境限制、协同关系和学习进化模式，区分智能化水平高低。该级别的智能网络，需要人给予一定层级的授权、监督或确认，网络自主完成任务，同时具备人工操控执行检测、修正或评估能力，便于网络更好地按照人的意志自主执行任务。

10.3 智能化水平评估方法

10.3.1 智能信息网络智能化水平评估问题

智能化水平评估是智能技术在信息网络应用中的一个重要环节，通过对各相关技术在应用过程的效率和质量进行评估，可得出影响质量和效率的原因以及应用的效果。在开展智能信息网络智能化水平评估之前，首先需要明确“评什么”“考虑哪些方面因素”“评估结果怎么用”等相关问题。具体而言，主要包括以下内容。

（1）评估对象

待评的智能信息网络是需要研究的对象，但不是直接评估的主体。主体是拥有多项智能技术的智能体，是智能的基本要素，智能信息网络是由多个智能体协同构成的组合智能主体，所有的智能行为都由主体执行，主体必须拥有自我和意识，同时拥有必要的资源和资源意识。

网络智能化水平的评估对象来自智能信息网络中具有主体意识的设备，这些智能体需要具有响应能力，能感知网络的内、外部事件。具有主体意识指网络设备能主动获取和扩展资源，能启动保护功能，同时有学习能力，能在运行中积累经验。

（2）边界条件

智能信息网络的智能水平通过执行任务体现，边界条件指智能信息网络执行任务时需要考虑的主要因素以及对其设置的范围范畴等，以保证有确定解，这涉及任务的复杂性、就绪度、成熟度、完备度、有效性和增长性。具体而言，包括：时间边界、业务类型、应用背景等。这是设计评估条件时的重要前提和依据。

其中，时间边界指智能信息网络智能化水平评估时对应的时间节点或时间区间，时间边界的设置直接决定了可以选择的应用背景、应用样式等，也有助于分析智能信息网络智能化水平评估结果在时间维度上的可能变化；业务类型指在什么任务样式下评估网络的智能化水平；应用背景指评估时所设置的网络构成。

（3）评估内容

评估内容指从智能信息网络智能化的哪些方面、哪些维度评估智能化水平，即提取智能信息网络的智能赋能点和评估要素。智能性是网络智能化水平评估的核心指标，是网络智能化水平评估的直接度量，需要将自主性、协同性、学习性等智能化特性分别代入网络的多个评估要素进行评估，以确定各要素三个特性的表现水平；复杂度反映了构建网络智能化水平的能力，需根据网络的典型使命和服务要求，抽取具备智能化要素的服务点，梳理形成智能化评估要素；完成度是网络智能化水平评估的前提和基础，完成度的要求确保了能够进行智能化水平评估的网络没有明显短板，避免只重视智能程度，而不关注是否具备能力的问题。

（4）组织实施方式

信息网络智能化水平评估主要步骤有科目设置、指标体系构建与计算、评估实施等。针对某一待评智能信息网络，对其进行智能化评估的全流程包含评估准备、评估实施、结果判定三个阶段。评估准备阶段包括根据网络能力情况选择评估科目，基于选定的评估科目搭建评估环境，包括接入场景数据、导入评估题目、评估指标和评分标准等，同时提供对应于评估科目的训练数据，以满足被测网络的智能化算法对运行条件与环境的要求。评估实施阶段根据科目设置的评估题目按步骤对被测网络进行评估，并实时记录评估过程中所产生的一系列指标数据。结果判定指评估科目的指标计算方法和评估实施过程的数据记录，经系统分析计算和人工确认判定被测网络是否通过该科目。若判定通过，则对网络完成科目过程中的智能化水平表现进行评估，以确定是否属于相应智能化水平等级。

（5）评估结果

评估结果指通过智能信息网络智能化水平评估得到的最终结果和结论形式，包括数值结果和分析结论等。其中，数值结果指各个评估指标的直接计算结果；分析结论指对智能化水平的差别、待评网络与功能类似网络相互比较时的分析结论等。

评估内容确定后，相当于建立了智能信息网络智能化水平评估的基本框架。在此基础上，可以开展详细的评估流程、评估方案设计。

10.3.2 智能信息网络智能化能力评估

智能信息网络智能化能力评估主要对其支持完成典型任务场景所具有的“本领”或潜力进行评估。网络智能化能力指标是智能信息网络智能化的某个方面功能或能力的体现，它所描述的是智能信息网络针对特定使命任务所具有的固有本领，通常视为“静态”评估。

智能信息网络智能化评估主要按照确定能力评估指标体系、确定指标数据采集与评估方法、数据分析计算和对比、分析评估这 4 个步骤实施。

（1）确立能力评估指标体系

智能信息网络智能化能力指标，通常围绕智能信息网络的构成、功能或能力特点以及遂行任务过程进行分层分类设计。在能力评估指标体系的建立过程中，需要充分考虑应用需求、联接需求等，按照“能力指标—功能指标—性能指标—技术指标”的细化分解思路，符合可操作性、层次性、关键性、体系化等要求设计。图 10.1 为网络空间中的各元素按分解思路所搭建的智能化能力评估指标体系。

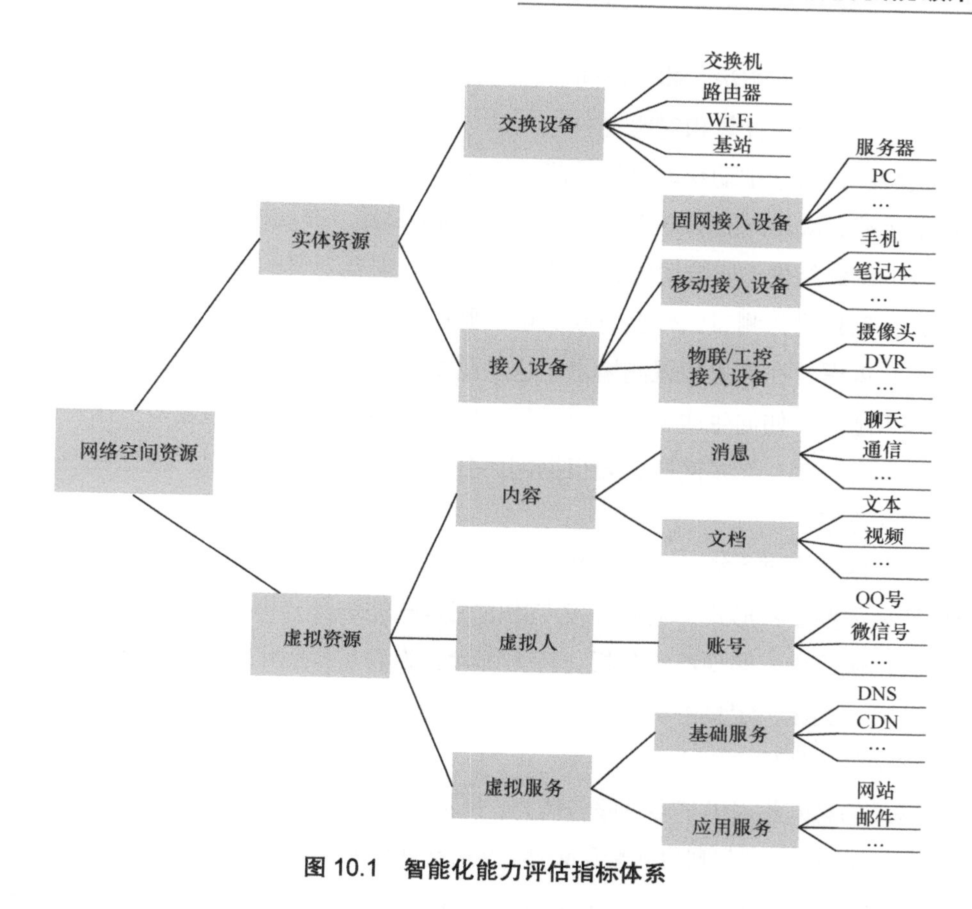

图 10.1　智能化能力评估指标体系

能力指标：主要从分析智能信息网络构成入手，分解智能信息网络在支撑完成典型任务中的通信保障能力。

功能指标：主要针对上述能力指标，按照功能准则进行指标分解。

性能指标：针对各项功能指标，按性能准则进行分解，是指标体系中直接可测或可度量的指标。

技术指标：主要是智能信息网络的基础性能参数或技术指标，由智能信息网络设备的自身性能决定，不同的设备具有不同的性能参数。

（2）确定指标数据采集与评估方法

按照指标的不同分类分别制定数据采集和评估方法。智能信息网络有如图 10.1 所示的实体资源和虚拟资源，智能性由这些网空间资源的不同组合体现，针对不同的资源需要设计不同的指标数据采集方法，针对智能化的赋能点，还需要设计赋能点指标的评估方法，体现不同信息网络智能化之间的差异。

（3）数据分析计算和对比

实验测试属于主动获取网络性能的方法，在信息网络上进行实验测试是一项艰巨的挑战，从具体的网络实体组件（例如通信链路、交换机、路由器和服务器）到抽象的网络组件（如数据包、协议和虚拟机），需要观察的元素很多，从系统角度看，在何处进行测量？什么时候测量？哪种时间尺度适合特定的测量和分析？从网络角度看，在哪里放置测量点？这些测量点是否会干扰参数指标的收集？工作量是否适当？如何生成它？需要重复这些实验吗？如果是，重复多少次？抽样是否可接受等等？诸多问题，要根据网络分系统论证的具体情况，设计合理、合适的实验方案。

信息网络中进行智能化指标参数采集需测试的数据种类多、差异大，数据的分析计算需要多种形式，需要开发专用的工具软件进行分析处理，设计专用的库进行数据包检查，实现流量分析、行为统计。为满足智能化测度的需要还需选择定性分析、类比、定量解析计算等方法开展能力指标测评，并进行仿真分析。

（4）分析评估

智能信息网络提供了多种服务能力，每种服务能力都需要独特的测度准则，有些需要对比分析，有些则只能量化表达，网络智能化水平是一个多准则的决策过程，也是一个综合测评过程。单一准则可采用传统的层次结构进行决策，但智能信息网络各服务能力之间的综合性、关联性无法体现。需要针对智能信息网络的复杂性，各服务能力之间的相互依赖性、决策元素之间的关联性设计新型多准则决策方案，体现网络中所有间接交互技术的相对重要性，更准确地表达网络的智能化水平。

10.3.3 智能信息网络效能评估

智能信息网络效能是指在典型应用场景下，对规定使命任务目标的任务完成程度[4]。与智能信息网络智能化能力相比，智能信息网络效能反映的是其在应用过程中的实际表现，反映出网络在实际背景下的真实能力大小。其评估结果可以为智能信息网络能力需求分析、智能信息网络智能化效能的关键影响因素分析和优化智能信息网络构成提供支撑。

智能信息网络效能指标的具体数值会随应用场景的变化发生变化，通常视为“动态”评估，任务的复杂性和完成度指标是效能必须考虑的内容。复杂性指标主要从环境复杂性和任务复杂性两个方面构建其二级指标，环境复杂性指标主要考虑环境类型（地理环境、电磁环境等），任务复杂性指标主要考虑任务规模、目标类型、目标状态、风险程度等。完成度指标主要从任务完成过程和完成结果两方面构建其二级指标，完成过程指标主要考虑完成时效、资源要求等；完成结果指标主要考虑完成质量、完成比例等。

效能评估是智能信息网络智能化评估中的重点和难点，一般采取智能信息网络在支撑典型任务时的仿真推演分析方式设计。评估流程如图 10.2 所示，基于该流程形成的效能评估方案如下。

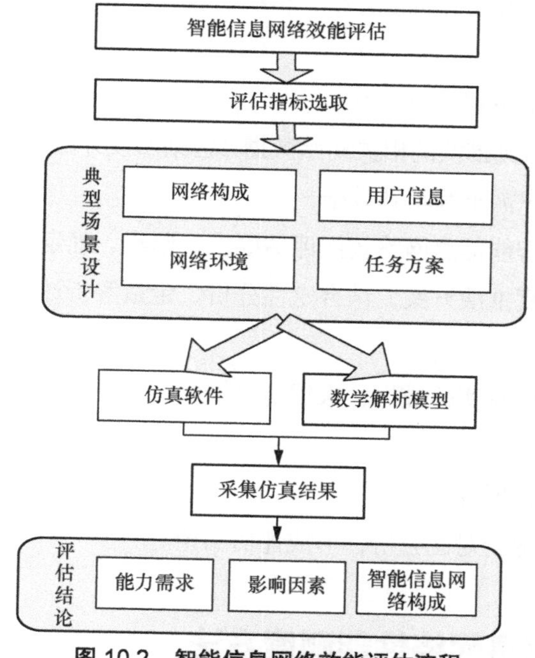

图 10.2　智能信息网络效能评估流程

（1）仿真实验设计

以评估智能信息网络智能化效能为目标，实验方案重点突出智能信息网络自学习、自优化、自管理、自演进特点，分析智能信息网络能力（自主认知能力、网络知识联接能力等）对智能信息网络智能化效能的影响。

智能信息网络效能评估采用大样本蒙特卡罗随机仿真，多场景对照仿真实验和对比仿真实验的思路。纵向对比智能体加入网络前后的支撑用户联接需求的效能；横向对比智能信息网络和其他信息网络的支撑用户联接需求的效能。

（2）仿真实验细化

主要根据任务场景设计细节，根据评估目标，进一步细化智能信息网络的仿真场景。

（3）确定智能信息网络效能评估主要内容

智能信息网络效能评估需尽可能突出“智”对信息网络效能的影响，刻画出智能信息网络在支撑用户联接需求中完成典型任务的潜力，并具有较好的可度量性。

（4）仿真推演、分析评估

按照任务场景展开仿真推演分析，根据仿真推演分析结果完成智能信息网络效能评估。

仿真推演的基本步骤如下。

第一步，输入仿真推演的相关初始数据，包括所设计的网元设备、用户终端、网络电磁环境、用户需求等基础数据。

第二步，围绕智能信息网络效能评估要求，调整、确定用户需求和电磁环境变化规则，设计仿真推演方案，结合定性分析、定量解析计算等多种手段，进行多次仿真推演。

第三步，汇总仿真实验数据，根据仿真推演结果和效能评估指标，开展智能信息网络效能评估。

（5）综合分析，形成结论

经仿真推演和综合对比分析，形成评估结论。

10.4 智能信息网络性能测度方法

智能信息网络分级离不开对多个网络指标参数的性能评价，有些指标能直接测量，如时延、吞吐量、带宽等，而有些表现网络结构复杂性、节点多样性、动力学复杂性、连接多样性等方面的指标量化就很困难，需要设计合适的测量评估方法。

10.4.1　评估原则

（1）科学性原则

科学性体现在几个方面，一是所用数据的科学性，二是指标体系的科学性，三是测度方法的科学性。智能信息网络性能评估采用的数据必须是客观的、网络真实运行的数据；指标体系必须全面且能准确描述信息网络；指标参数值的测算结果必须能准确且有效地评估目标对象。

（2）系统性原则

系统性原则是一种综合性的思维方式，强调整体大于部分，强调各部分之间的相互关联和影响，运用系统性原则可以更全面地认识问题和解决问题。智能信息网络为复杂系统，由多个子系统组成，子系统之间的关联性在不同阶段存在差异，合理的指标体系架构可容纳各个子系统，并能清晰地描述子系统间的因果互动关系。在系统性原则的指导下，设计的性能评估系统应考虑以下几方面内容。

① 独立性与协同性相结合原则。性能评估系统中的每一个子系统由一组指标构成，各指标之间相互独立又彼此联系，与对应的评估方法一起构成一个有机统一体。独立性指设立的指标在同一层次上应相互独立，没有交叉。协同性则说明性能评估系统的复杂性，体现网络智能的独特性。

② 全面性与重点突出相结合原则。智能信息网络性能评估涉及的内容多，评估的重点要建立在其主要特征与演进方向上，要有能突出真正核心的代表性指标反映其多元内涵，全面性则体现其复杂的构成。

③ 完整性与简洁性相结合原则。智能信息网络是提供智能服务的新型信息网络，为智能网络新制定的指标参数容易出现理解偏差，对评估指标的简洁性提出了要求，指标体系在完整、充分的基础上，不能过于烦冗。信息网络各子系统的特征和联系需用尽可能少的指标去描绘。

④ 动态性与可操作性相结合原则。智能信息网络效能受创新技术突破的影响较大，某些技术的应用随时可能引发网络动态变化，在指标体系中应有预留，以应对这些调整和变化，使指标体系始终能表征智能信息网络的演化趋势。可操作性指制定的指标数据可收集而且能够被测算。

⑤ 目标引领与问题导向相结合原则。问题是目标生成的依据，智能信息网络分级评估为应用服务，指标体系构建需紧扣应用中的问题，与主管部门、行业的管理政策、规范高度相关。

10.4.2 指标体系

构建评估指标体系是网络性能评估工作中的首要环节，考虑智能信息网络的特点以及智能网络对性能评估的要求，需要设计分层、分级的评估指标体系。评估指标体系原理如图 10.3 所示。网络空间中存在软、硬件两种资源，在不同网络的分层结构中有不同的行为和状态特征，据此可将资源分为实体资源和虚拟资源两类，定义为第一级。将实体资源和虚拟资源又进一步细分，实体资源细分为节点测度、拓扑测度、服务测度、所属机构信息测度，虚拟资源细分为虚拟主体测度、投影实体测度，定义为第二级，图 10.3 只是以 6 个测度对象为例，实际执行时可根据情况调整，具有可扩展性。第三级定义的内容更多，如针对网络服务的测度就包括多个应用层协议所对应的共性测度的内容和不同的服务内容，如超文本传输协议、文件传输协议等服务，节点测度包括共性测度、信息测度、性能测度等内容；虚拟主体测度包括账号测度、共性测度、群体测度等。

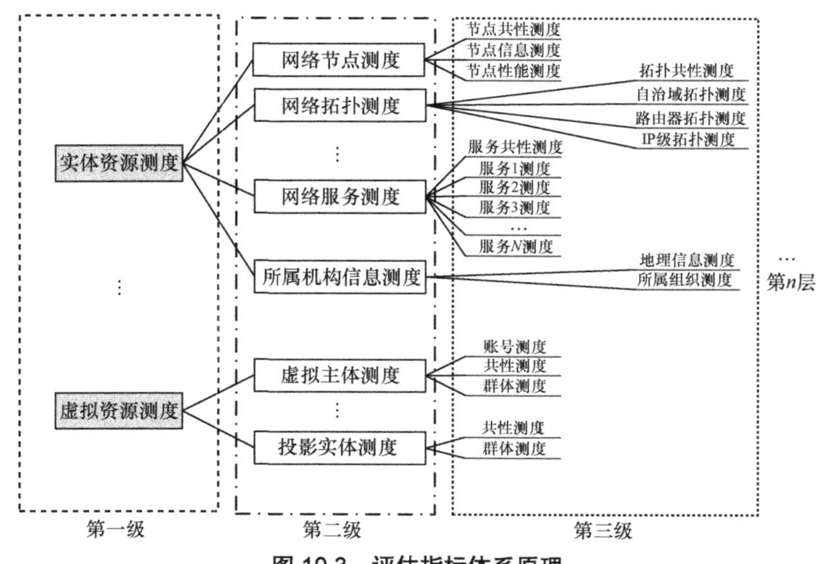

图 10.3　评估指标体系原理

10.4.3　测度指标

测度原本是一个数学术语，后引申为通过定量手段对某一现象进行测量和评估的过程，用于收集数据并计算以获得客观的结果。本文的测度指在网络指标约束下对其属性的定量计算，指标则由人们对网络空间观察研究的经验决定。测度指标与网络空间资源紧密相关，智能信息网络因为网络结构复杂、功能丰富导致资源众多，所以测度指标的设计需要从宏观角度开始，并针对网络资源测量的主要对象展开。

针对网络体系的分层结构，测度指标体系每一层次都需要定义相应的资源测度指标，体现各分层的特点，在图 10.3 基础上设计的测度模型如图 10.4 所示，每一层都由相应的测度指标名称、数据类型、测量值域、主观指标权值构成，层次越深，细分越具体，如测度指标的数学符号、数值类型和归一化的测量值等。

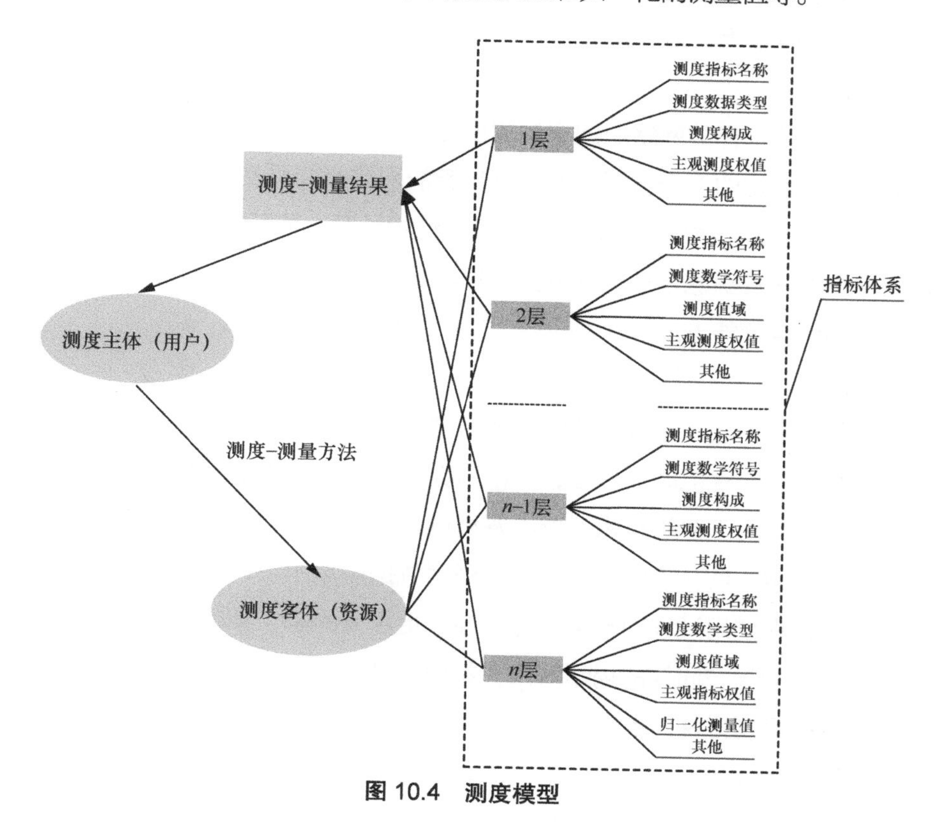

图 10.4　测度模型

测度指标体系定义的每一层指标都可扩展，且都含有一项主观测度权值，更深的层次指标参数需要根据测度内容的细化定义归一化的测量值。最终将各层各级的测度-测量结果进行汇总处理，反馈给测度主体。可扩展体系的设计可借鉴经济领域、城市发展领域测度结构设计方法，并应用统计理论与方法，充分反映网络体系结构的特点，便于对网络体分层资源进行测度、评估。

10.4.4 测度方法选用原则

网络空间资源丰富，测度对象包含网络空间的组成要素、结构特性、各指标属性、行为参数、特征表达参数、运行规律和发展趋势等，在图 10.4 所示测度模型的规划下，测度需获取的信息内容杂、格式多、变化快，对应的测度方法多种多样，给测量结果的解读、理解和传播交互带来了困难，如何遴选与组合测度方法对测度的影响很大，需要遵循以下原则。

（1）合理性

合理性指所选择的网络空间资源测度方法能否客观反映测度对象的属性、能否全面覆盖所设定的多个指标、能否突出智能网络空间测量的特点等。同时，合理性必须是科学性、系统性、独立性与协同性相结合，基于问题导向和政策导向，体现出网络空间资源综合性测度的全面性与重点性、完整性与简洁性、动态性与可操作性相结合的特点。

（2）适用性

适用性原则指选择测度方法时要考虑测度对象的属性。网络空间测度指标中有大量指标属于宏观范畴的测度，大范围数据的采集需要得到行业认可或官方认可，适合统计；由于网络技术、形态发展迅速，在网络空间中应用的资源测度技术很多还在探索、试验阶段，部分指标测度数据虽然能获取但无法判断正确性；相关测度方法在使用过程中缺乏可操作性；更重要的是，某些指标的数据可能与其他的数据之间存在同样的揭示效果，数据的易获取性和指标参数之间的耦合性在设计、选择测度方法时需要考虑。

（3）可扩展性

可扩展性指测度方法在面对智能信息网络不断变化的需求和运行环境时，能够保持良好的性能和适应性。一方面是指标体系的扩展对测度方法的设计和选择带来的影响，另一方面指测度对象属性的变化对测度方法带来的影响。同时，测度方法的可扩展性需与网络空间资源生命周期理论相关，即同步网络空间资源逐步增加的指标维度。

（4）可比较性

网络测度是为了更好地认识网络、了解网络、应用网络，测度结果应能在一定程度上说明网络性能的优劣。测度结果的可比较性，需要测度方法具备标准化、通用性的特征，能测度不同类型网络的空间资源，也能测度同类型网络在不同发展时期、不同应用背景的性能。可比较性可在多个方面体现，不同测度方法之间可以比较，同一测度方法在网络的不同区域、不同时间应用时也可比较。

10.4.5　指标测度方法类型

指标测度方法的分类形式有多种，根据测度结果的表达方式可分为定量和定性测度，根据测度数据的获取方式可分为主动和被动测度，根据测度点的部署数量可分为单点和多点测度，根据测度过程可分为协作式和非协作式测度，根据测度的对象属性可分为实体资源和虚拟资源测度。不管如何分类，测度方法都存在测度对象是否可以直接测度的问题。

在网络空间测度系统中，网络拓扑结构测度是必须完成的内容，大规模网络拓扑分为自治域（AS）级、路由器级和 IP 级，因此需要有针对性的方法来进行测度[5]。IP 级网络拓扑测量可基于 SNMP、Internet 控制报文协议（ICMP）或 Traceroute 实现，前两者适合在具有管辖权的网络范围内进行，而 Traceroute 方式则可用于 Internet 上的大规模网络测量。路由器级网络拓扑可通过路由表信息或链路状态协议的分析推断出，路由数据的获取可基于探针或流量采集，测量方法包括 PING、Traceroute，探测包可以是 ICMP 包、UDP 包。AS 级网络拓扑的测度方法包括基于边界网关协议（Border Gateway Protocol，BGP）的方法、基于 Traceroute 的方法和基于路由注册（Internet Routing Registry，IRR）信息库的方法，还能通过 IP-AS 技术将 IP 级拓扑映射为 AS 级拓扑。拓扑测度在大量获取测量数据后即可生成 AS 级拓扑连接图，直观地呈现 AS 连接关系，为新 AS 的接入提供指导。

网络性能测度的对象很多，可靠性、鲁棒性及网络 QoS 等是网络性能必测指标，不同对象采用的测度方法差别很大，带宽、往返路程时间（RTT）等可以精确测量，吞吐量、丢包率、平均跳数、流量等需要周期性、连续测量。同一测度对象在不同的业务应用中采用的测度方法也不同，带宽测量就有 Speedtest、iPerf、FTP 下载、Ping、Traceroute 等多种方法。时延的测量可使用专门的工具 PRTG、Zabbix 或 Nagios 等，也可借助于全球定位系统或网络时间协议（Network Time Protocol，NTP）来实现。

网络指标测度方法中可以归类到主动测量度和被动测量度的方法很多。主动测量度向网络中发送数据，通过观察返回结果或测量所需时间来研究网络的行为，目前大多数测度项目都涉及主动测度方法，如主机的可达性、系统指纹和服务指纹发现、网络的路由、时延、带宽等。被动测度将探针植入网络中，通过记录网络活动来收集各种业务流量信息，一般探针会植入网络连接点，包间隔时间、流量参数、数据包大小、字段解析和协议识别、入侵检测等指标的测度都采用了被动测度方法。

虚拟资源的测度对象主要为 Web 页面、虚拟网络、网站，以及文本和音视频数据等。当前虚拟资源测量中应用较多的技术有网站自动探测技术、特定信息内容快速探测和话题发现技术、音视频内容探测技术等。虚拟资源数据很多具有很强的实时性和动态性，要求分析技术能够对大规模流式数据进行快速、准确的处理。各类基础流数据分析技术包括流数据聚类和分类、时序预测、事件流预测等。在数据处理平台方面，可应用 Map Reduce、Hadoop 和 Spark 等分布式处理模式实现，或使用 Spark Streaming、Storm、Flink 为代表的流处理大数据系统。大量应用还需要多类资源融合的交叉验证，如在实体和虚拟资源交叉验证方面，一方面，利用实体资源定位技术，获取实体设备 IP 对应的地理位置；另一方面，从流量或文本等数据源中挖掘操作该实体的虚拟用户位置，可实现实体资源和虚拟用户位置的一致性验证。在虚拟资源交叉验证方面，可利用异常用户对虚拟服务、虚拟内容的访问行为分析，实现对异常服务、异常内容的发现。

10.4.6 数学表示

智能信息网络分级涉及大量指标参数数据的采集和处理工作，完整的性能评估需要相关技术背景和数学理论的支撑。

（1）测度论

测度论是研究一般集合上测度和积分的理论，是现代分析数学中重要工具之一[6]。在网络测度模型的建模和复杂数据集的处理中都需要测度论的支撑，应用测度论需理解其三个基本要素：① 一个基本空间以及这个空间的某些子集构成的可测集类或某勒贝格–斯蒂尔杰斯（L-S）可测集全体，这个集类对集的代数运算和极限运算封闭；② 一个与该集类有关的函数类；③ 一个与上述集类有关的测度。在三个要素的基础上，运用完全类似的定义和推理过程可获得完全类似的一整套测度、可测函数、积分定理。

（2）网络空间测度的数学模型

定义网络空间为T，存在某一网络空间资源$t_p \in T$，t_p的属性全集为X。资源t_p的n次测量结果为$A=\{a_1,a_2,\cdots,a_n\}$，$a_i \in A$，定义S为ε_{ji}网络空间资源t_p的测度。

由此，网络空间资源t_p的测度空间为(X,A,S)。资源t_p的某次测量结果为a_i，有j种测度指标属性$\{\varepsilon_{1i},\varepsilon_{2i},\cdots,\varepsilon_{ji}\}$。网络测度指标的表示有数值型和符号型两类，各指标的量纲、数量级及正负取向均有差异，对测量结果做归一化处理。定义$\{\varepsilon'_{1i},\varepsilon'_{2i},\varepsilon'_{3i},\cdots,\varepsilon'_{ji}\}$为测度指标属性测量值的归一化测量值，当是符号型时，归一化指标m_{ij}为

$$m_{ij}=\begin{cases}1, & \text{已测量到}\\ 0, & \text{未测量到}\end{cases} \tag{10.1}$$

当ε_{ji}是数值型且数值越大对网络性能影响越大时，采用正向指标计算方法处理，归一化指标m_{ji}为

$$m_{ji}=\frac{\varepsilon_{ji}-\min\varepsilon_{ji}}{\max\varepsilon_{ji}-\min\varepsilon_{ji}} \tag{10.2}$$

当ε_{ji}是数值型且数值越小对网络性能影响越大时，采用负向指标计算方法处理，归一化指标m_{ji}为

$$m_{ji}=\frac{\max\varepsilon_{ji}-\varepsilon_{ji}}{\max\varepsilon_{ji}-\min\varepsilon_{ji}} \tag{10.3}$$

经过处理，归一化指标m_{ji}的值域为$[0,1]$。

（3）指标权重确定方法

不同测度指标对网络性能的影响不一样，需要区分不同测度指标的重要性，

定义指标权值为W。确定指标权值的方法有主观赋权法和客观赋权法两类，主观赋权法从主观角度出发决定权值，客观赋权法需要根据测度数据处理后所提供的信息来决定权值。

智能信息网络为新兴网络，多项指标参数在变化发展中，综合考虑主观和客观因素才能得到合理的权值W，一般采用领域专家主观赋权与客观赋权（以信息熵为例）的乘积来确定测度指标的权值。领域专家给出的主观权值表征为先验知识，信息熵或其他方法给出的客观权值表征为数据的客观处理结果。因此，某个测度指标的权值W为

$$W = W_s W_o \tag{10.4}$$

其中，W_s是主观权重，取值范围为$W_s \in [0,1]$，W_s满足

$$\sum_{k=1} W_s^k = 1 \tag{10.5}$$

客观权值W_o的计算过程如下，假设测量指标ε_m和ε_n是独立随机变量，且满足$p(\varepsilon_m,\varepsilon_n) = p(\varepsilon_m)p(\varepsilon_n)$，则指标$\varepsilon_j$的信息熵为

$$e_j = -\frac{1}{\ln n}\sum_{i=1}^{n}[p(\varepsilon_{ji})\ln p(\varepsilon_{ji})] \tag{10.6}$$

其中，$p(\varepsilon_{ji})$表示指标ε_{ji}在多次测量中出现的概率，显然有$0 \leqslant e_j \leqslant 1$。

则信息熵冗余度为

$$d_j = 1 - e_j \tag{10.7}$$

综上，客观赋权值W_o的计算公式为

$$W_0 = \frac{d_j}{\sum_{j=1}^{n} d_j} \tag{10.8}$$

显然，客观赋权的值域范围$W_o \in [0,1]$，因此指标权重$W \in [0,1]$。

10.5 智能信息网络测度数据处理

智能网络分级评估需要对网络性能综合测度，需要深入探究复杂网络的结构特征和动力学行为，为达到该目的，需要解决三个基础问题：① 复杂网络的分解表示问题；② 多种指标参数的统一表征问题；③ 融合问题。

10.5.1　复杂网络的测度表示

网络的智能与网络复杂性相关，网络复杂性主要表现在结构复杂性、节点多样性、动力学复杂性、连接多样性、网络进化、多重复杂性融合等多个方面。大量的研究表明，复杂网络中定义的基本指标测度参数，包括度、度相关性、度分布特征、最短距离及其分布特征、集聚程度及其分布特征、阶数及其分布特征、连通性等都与复杂网络的结构息息相关。结构决定功能也是系统科学的基本观点，从结构角度分析刻画网络的性能是复杂网络的研究思路。网络结构涉及大量的指标参数，需要建立能有效表征网络整体结构复杂性的测度数据集合。

任何一个网络都由节点集合和边集合组成，从宏观角度来看，复杂网络存在显著的层级组织关系，它不仅具有反复变化的内容和形式，而且连接结构错综复杂，宏观的特征大量采用统计方法描述其差异，最基本、最常用的统计特征包括：度、平均度、度分布、平均路径长度、聚集系数与网络的社区属性。从网络演化角度来看，可根据演化范围、权重大小、演化机制、网络是否增长对网络演化模型进行分类；从网络模型的角度来看，有规则网络、随机网络、小世界网络、无标度网络、自相似网络等。从中观角度来看，复杂网络中存在多种不同的隐含结构，节点可归于不同的子集，根据子集内和子集间节点连接模式的不同，可将连接结构分为多个基本结构以及上述基本结构的任意组合等。图 10.5 展示了复杂网络中的中观结构。

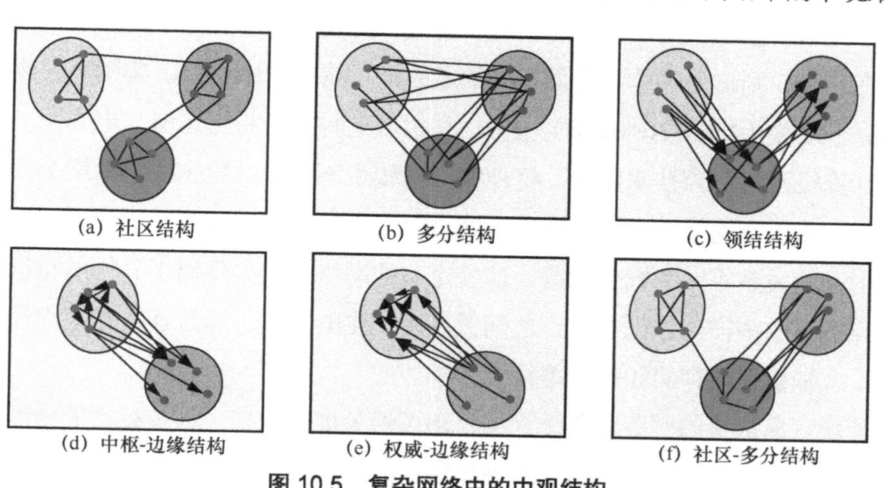

图 10.5　复杂网络中的中观结构

在各种已定义的子集结构中，还存在一些更小的、有价值的结构，如最小三角形网络，可以表征网络在宏观、中观层面上（整体网络）的聚类特性。如图 10.6 所示，有 13 种组合的基本连接模体作为基础单元，用于表示复杂网络测度的单元。

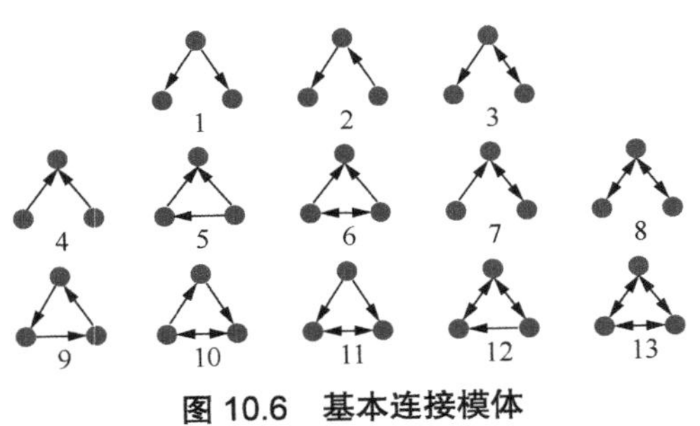

图 10.6 基本连接模体

10.5.2 测度参数统一表征

（1）智能网络与信息网络

人类社会在历史发展的进程中联系逐渐紧密，网络已经是自然界和人类社会普遍性的客观存在[7]。各种电路、集成电路，统称电网络；力学中刚架、桁架可称为结构网络；生物界中存在血液循环网络、消化系统网络、骨骼网络、神经网络等等；人类社会中的政府、学校、工厂等都是组织网络；交通运输中存在铁路、公路、水路、航空网络；还有文化交流中出现的引文、单词等联系网络。这些网络都是网络科学的研究对象。对于任一系统，只要内部有实体，而且实体相互之间存在联系，则这些实体与它们之间的联系即可构成一个网络。美国著名物理学家马克·纽曼（Mark Newman）根据学科领域的特征，将交通网、电力网、电话网、计算机网等归为技术网络，将神经网络和生态网络、生物化学网络等归为生物网络，将单词网络、引文网络以及网页链接等归为信息网络，把人类组织内部之间的互动关系等归为社会网络，这些定义的网络普遍呈现出了异构的特征，既有节点类型的多样化，也有节点之间关系多样化的特点，而且还存在节点和联系标识（或知识）的存储和扩散等行为。

智能网络最终的服务对象是人类，不可避免地会被打上人类社会的烙印，成为信息网络中的一员。人类社会发展过程中产生的多种信息实体及其复杂的联系构成了多层信息网络，如在学术信息资源系统网络中，有多种信息实体（作者、文章名、期刊名、类别、时间、出版社等），信息实体之间有多种类型的关系（作者单位归属、期刊级别、影响因子等）。期刊发表的所有论文可以作为网络节点，如不同论文的作者信息中有共同作者，则可认为论文（节点）之间有了一条链路。在某期刊发表的论文中署名的所有作者都可以作为学术信息网络的节点，如某篇论文中存在多个署名作者，则可认为在署名作者之间建立了一条链路。采用信息网络的拓扑结构表达方式可以揭示学术信息资源系统中各信息实体之间的复杂网络关系，将学术信息网络中的同类节点按层排列，即可表示为多层信息网络。

采用上述方法搭建社会网络并与复杂网络比较，可以发现，社会学范式的社会网络与复杂网络有很多共性的地方，特别在复杂网络研究进入系统工程与系统科学的现阶段，两者有共同的网络理论和系统理论，大量复杂网络的研究可以借鉴社会网络的研究理论和方法。当然，复杂网络的研究更注重科学性，寻求网络演化的普适规律，建立精确的数理模型表示网络动力学、演化的特性等，而社会网络在测度方法分析、社会关系理论、个体调查方法等方面有很好的基础。智能网络不只具有复杂网络的特点，还具有社会系统网络的特点，对其测度的研究可结合两者的特点进行。

（2）指标参数统一标度

各个行业水平测度的需求在社会中一直存在，不同高校办学水平的评估，科研机构绩效的评估，学术期刊影响力的比较，不同国家信息化发展水平的比较等都需要相应的测度方案。不同应用类型的水平测度与复杂网络一样都包含了一整套科学的指标体系，指标体系中存在大量的指标参数，有定性指标，也有定量指标，各指标的单位不同、量纲不同、数量级不同，为指标的合成和加权带来困难，不便于分析也无法进行直接比较。

多指标体系的综合评估中，首先要对不同指标参数做无量纲化处理，处理方式有很多，自动化统计产品和服务软件（SPSSAU）提供了 17 种数据无量纲化处理方法，标准化、中心化、归一化、均值化、正向化、逆向化、适度化、区间化、求和归一化、近区间化、偏区间化等都有各自的适用范围，需要结合实际情况选择。

“标度”是一个用于测量、评估或排名某个特定事物的参照系统或刻度[8]。标度可以是定量的，也可以是定性的。采用标度的概念可将人的定性主观判断转换为一个定量的判断矩阵，为适应各种应用场景，在长期的实践中发展出了互反型标度、区间型标度、互补型标度等。互反型标度因其中的指数标度以心理学中的韦伯定律为基础，同时具有许多优异的性能而得到了广泛应用。

10.5.3 H 指数在网络测度中的应用

H 指数（H-index）是一个混合量化指标，2005 年由美国加利福尼亚大学圣地亚哥分校的物理学家乔治·希尔施提出，又称 h 因子、高引用次数，用于评估科研人员的学术产出数量与学术产出水平。H 指数被提出后，因其具有定量化、标准化、可重复验证等现代社会科学范式特征且概念简单、易于计算，赢得了广泛认同[9]。早期的 H 指数评估尺度比较粗，近年来，衍生出了一系列 *h* 型指数，如 *g* 指数、*R* 指数、h_2 指数、*Gm* 指数等，特别是 H 指数数列，通过产生多个评估区，使不同的区具有不同的敏感度，既保持了核心区 H 指数的稳定性，又增加了第 *n* 区 H 指数的灵敏度，这些指数拓展了 H 指数作为科学计量方法的应用领域[10]。

智能网络分级的研究，离不开对网络中的节点及其属性的评估，更离不开对网络节点之间连接的评估。对节点属性和连接的定量刻画是网络分析方法的独特之处，依托此方法需要关注三点内容：① 带权性质，信息网络的权重带有重要价值，定义明晰且具有可测性；② 信息网络中的连接不能忽视，可作为测度的要点；③ 必须关注网络的整体性。H 指数作为计量学中一种新评测指数，完全符合信息网络的上述测度特征要求。

H 指数应用于复杂网络测度的技术路线如图 10.7 所示，基于信息计量学、网络科学、复杂网络、定量信息分析相关理论的知识，先进行单层信息网络中节点、边、各种模体的测度，在此基础上对多层复杂信息网络中的核心结构 *h*-nut、hirsch 模体子图、*s*-core、*t*-core 进行测度，形成可用 H 指数表达的可视化量化结果。

模体指网络中出现的由 *n* 个连通节点构成的子网，是重复出现的微观结构模式，没有非常精确的数学定义，为描述性标准。在智能网络中，模体成为网络智能化功能实现的基本配置。*s*-core 为网络中节点强度大于某个阈值 *s* 的子网络，可表示网络中不同子网络的重要性，通过 *s* 参数的调整，可适应不同网络的测度要求。*t*-core 表示节点组成的三角形结构（三个节点、三条边的三元结构），体现出了局部范围内相邻节点之间的强连通性，实现对网络的核心-桥-边缘结构的测度。*h*-nut 建立在单层网络 *h*-core、*h*-subnet 的基础上，将多层网络间的连接信息与之融合所形成的子网称为 *h*-nut，能体现复杂多层信息网络的结构，便于我们对复杂网络测度。hirsch 模体子图指在多层加权网络中，在各层模体特征的基础上，通过 hirsch 子图的抽取方法构建的多层加权网络的模体。

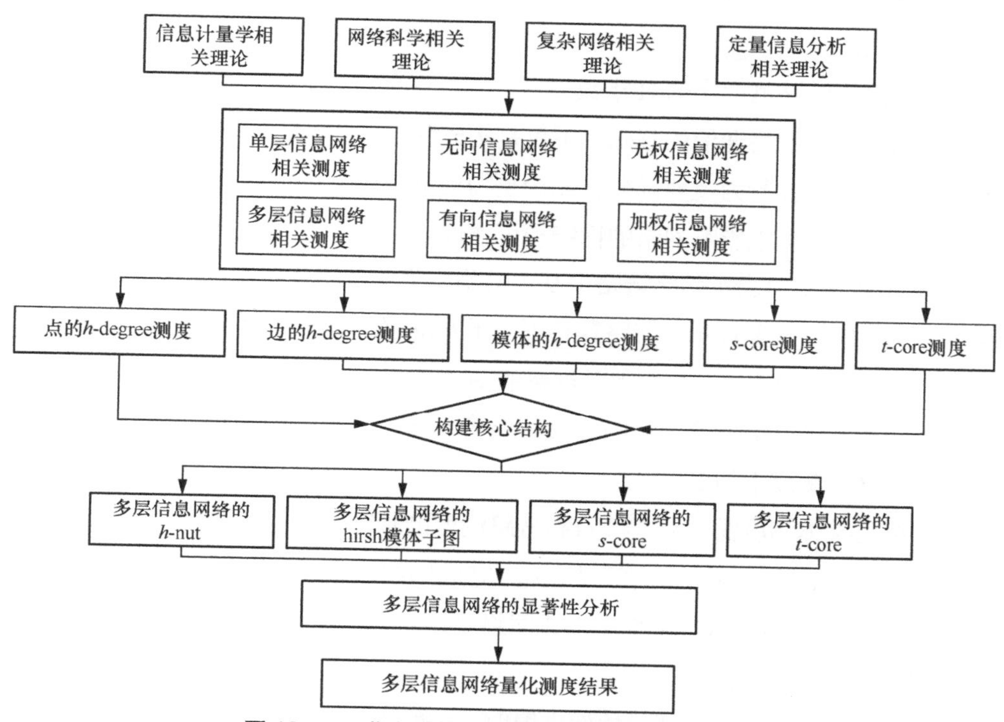

图 10.7　H 指数应用于复杂网络测度的技术路线

10.5.4　H 指数在网络测度中的表达方式

（1）节点测度中的 H 指数

节点是网络分析的基本单元，网络节点的中心性测度是网络评估的重要内容，从网络中挑选出中心节点可为网络安全、拓扑结构优化提供重要支持。大规模网络中的中心节点需同时具备两个基本条件：① 与其连接的节点数量多；② 与其他节点联系的紧密程度高。采用 H 指数可以便捷地表示节点的中心度。

节点 i 的 H 指数表示为 h_i，定义为节点与其连接节点的数量不少于 n，且联系的权重不低于n，n数值越大，表示该节点的重要性越强。在此基础上可推导出：N个节点的网络中，节点i的中心度定义为$C_i(n)=\frac{h_i}{N-1}$。H 指数简洁地表达出节点的邻居节点数量和连接链路的重要性，可对网络中节点的重要性进行排序，同时所涉及的参数容易在大规模网络中采集和统计，实现了网络节点测度结果的标准化转换。

（2）网络链路测度中的 H 指数

网络链路是网络通信的基础，不仅是构成网络拓扑结构的基本单元，也是我们理解网络中交互行为重要部分，无论是物理链路还是逻辑链路，不同的链路类型和拓扑结构都可以影响网络的性能和可靠性。

采用 H 指数可表示网络链路中基于链路权重的幂律分布。链路l的h_l指数定义为该网络中，至多有h_l条链路具有不小于h_l的强度，h_l为该条链路的权重，在无权网络中，该值为 1。与之相关链路的 H 指数表示为 *h*-subnet，定义为加权信息网络中链路权值至少等于h_l的边及其连接节点的集合。

（3）网络测度中的 H 指数

网络的整体测度需建立在节点和链路测度的基础上进行，有以下三个步骤：① 完成节点h型中心性测度算法；② 完成网络中所有节点的排序；③ 应用 *h*-index 思想获取节点数的阈值，形成网络整体h型测度方法，具体实现可通过对网络中模体的测度进行。

复杂网络中的模体可通过软件来提取，一般约定为模体在网络中出现的次数大于 4，通过定义不同的阈值，可得到不同模体在网络中的影响力。若M为网络中由k（$k\geqslant3$）个节点组成的模体，h_M表示它的 H 指数，则其对应子网中的各边权重之和大于或等于h_M，模体M的子图是所有相应模体 H 指数大于或等于h_M的聚合体。

s-core 定义为网络模体M中节点强度大于某个阈值s的子网，定义最小的强度值为$s1$时，模体即表示为$s1$-core。删除M中的强度值为$s1$的节点，重新计算各节点的强度，此时节点强度最小值$s2$，满足条件$s2>s1$时，则M表示为$s2$-core，通过s-core 的设置可得到不同的模体集合。

t-core 为一类特殊的三角形结构模体，该类模体只要满足其在网络中的数量

$N_{\text{triangle}}(V) \geqslant t$，$t$ 为阈值，则该类模体称为 t-core。不同 t-core 的模体集合生成方式与 s-core 相同。

10.5.5　指标参数综合评估

智能网络分级所涉及的指标参数类型多，相互之间关系复杂，即使经过统一表征，也需要对其权重、影响力做综合性、系统性的处理才能得到合理的测度结果。早期对于这类复杂系统的分析评估往往采用主观判断法，但因其受个人认知水平的影响大，缺乏科学性，该方法逐渐被废弃。而一些数学规划、统计方法等因其科学性逐渐在系统评估中得到了应用，但随着系统复杂性的提高，大量问题很难完全用定量的数学模型予以解决。运筹学家们研究决策思维的规律，提出了层次分析法[11]。

层次分析法的首要工作是对问题进行层次化分析，将问题分解成不同的组成部分并按照问题的性质和要实现的目的，根据因素之间的联系和隶属关系，按照不同层次将因素进行重新组合，构成一个多层分析结构模型。层次分析法流程如图 10.8 所示，通过建立的多层结构模型来计算指标权重。

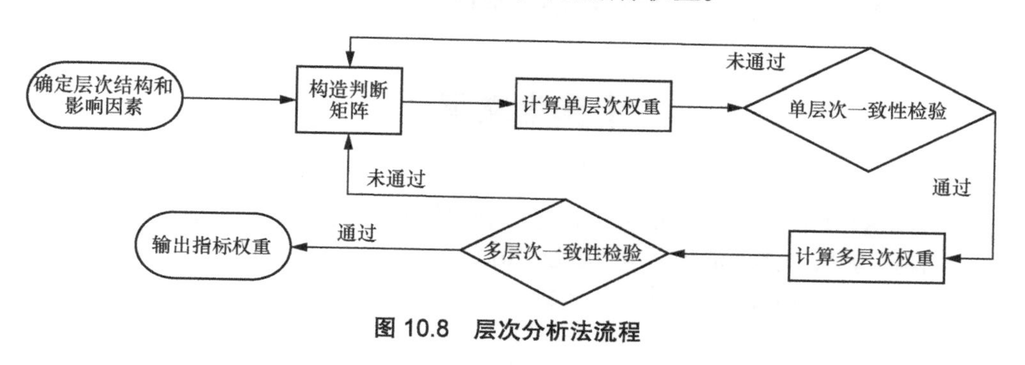

图 10.8　层次分析法流程

在实际运用中，层次分析法因需要假设层次内部各因素之间相互独立，而难以反映出复杂网络系统中因素之间复杂关联关系。在层次分析法的基础上出现了普适性更强的网络分析法 ANP（Analytic Network Process），同时，在智能网络中存在多种的虚拟资源指标，需要应用多个准则对指标进行分析、比较和排序，因此，需要在指标处理中引入多准则决策理论[12]。

智能网络分级属于多准则决策理论中的多属性决策，设计网络指标参数综合评估方案内容时要针对决策要素和过程设计。

（1）决策要素

决策单元和方案、准则体系以及决策结构等组成了智能信息网络分级决策的要素。① 网络中的智能体因具有计算能力，可作为决策单元，在任务的指导下可将输入的信息生成并加工成智能信息；② 决策方案与网络中决策的对象相关，如路由、拓扑结构等；③ 准则体系对应网络中不同的标度方式，不同的属性采用不同的准则，常用的标度有比例标度、区间标度和顺序标度等；④ 决策结构由分级评估中问题的形式、类型和智能体的作用组成。

（2）决策过程

网络分级的科学决策过程可分为以下 4 个基本步骤。

步骤 1 确定网络所面临的外部环境和所具有的内部结构。

步骤 2 确定测度对象的属性集合以及各个属性的指标参数。

步骤 3 确定各属性指标参数的数据获取方式和归一化算法，确定效用函数获取不同指标参数的权重，必要时构造符合智能体偏好的隶属函数。

步骤 4 通过层次分析法对多属性参数进行处理，形成网络分级的综合评估。

参考文献

[1] STUART J R, PETER N. 人工智能:一种现代的方法(第 3 版)[M]. 殷建平，祝恩，刘越，等译. 北京：清华大学出版社, 2013.

[2] NEWMAN M E J. 网络科学引论[M]. 郭世泽，陈哲，译. 北京：电子工业出版社, 2020.

[3] ITU. IMT-2020 及未来网络智能化分级[S]. 2019.

[4] 燕雪峰，张德平，黄晓冬，等. 面向任务的体系效能评估[M]. 北京：电子工业出版社, 2020.

[5] COHN D L. Measure theory[M]. New York: Birkhäuser, 2013.

[6] WITONO T, YAZID S. A review of Internet topology research at the autonomous system level[C]//Proceedings of Sixth International Congress on Information and Communication Technology. Berlin: Springer , 2022: 581-598.

[7] 兰巨龙，胡宇翔，张震，等. 未来网络体系与核心技术[M]. 北京：人民邮电出版

社, 2018.
[8] SHLOMO H, REUVEN C. Complex networks structure, robustness and function[M]. Cambridge: Cambridge University Press, 2015.
[9] BIHARI A, TRIPATHI S, DEEPAK A. A review on h-index and its alternative indices[J]. Journal of Information Science, 2023, 49(3): 624-665.
[10] 叶鹰, 唐健辉, 赵星, 等. h 指数与 h 型指数研究[M]. 北京: 科学出版社, 2011.
[11] 徐玖平, 胡知能. 运筹学[M]. 4 版. 北京: 科学出版社, 2018.
[12] ASADABADI M R, CHANG E, SABERI M. Are MCDM methods useful? A critical review of Analytic Hierarchy Process (AHP) and Analytic Network Process (ANP)[J]. Cogent Engineering, 2019, 6(1): 1-11.

第 11 章

智能信息网络典型应用及发展愿景

11.1 发展愿景

智能信息网络是实现智能社会“人–机–物”三元融合的基础支撑，其创新发展是推动信息通信、计算机科学、电子电路、网络安全等学科交叉融合的重要驱动力，也是加快实现智慧工业、智慧医疗、智能交通等行业智能化高质量深度发展的重要手段。面向未来智能信息网络发展需求，将大数据、人工智能、边缘计算等技术融合创新，为各行各业打造自主学习、自主优化、自主管理、自主演进的智能信息网络，有效提升产业竞争力。智能信息网络发展愿景如图 11.1 所示。

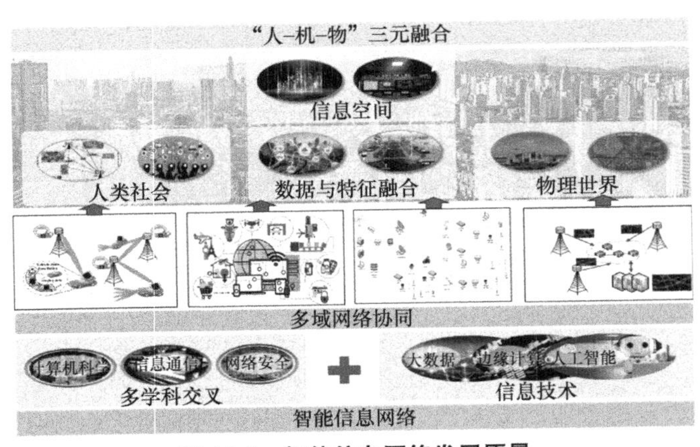

图 11.1　智能信息网络发展愿景

智能信息网络将成为支撑智慧社会发展的关键信息基础设施，面向行业智能化发展需求提供智能服务，以智赋能增强行业传统网络智能联接效能，支持实时数据分析和决策、优化资源分配，有效保障个人、企业乃至国家级用户的信息安全，高效支撑从信息域到知识域的行业融合优化、服务快速响应，推动国家经济向更高质量的发展模式转变。

在智能信息网络的自主认知、知识联接和群智协同等新质能力支持下，网络能够主动适应不同行业的任务需求和发展变化。通过增强泛在融合、可靠安全、快速高效及即插即联等网络连接能力，智能信息网络有机地整合“人-机-物”三元素，形成高效的传输处理集群。这种集群使多种类型的设备能够根据业务需求智能化配置，实现跨行业领域的精确资源动态配置与优化。这不仅能提升网络的灵活性和响应速度，还极大地增强了网络服务的个性化和精准度，为多行业应用提供敏捷高效的服务支持。

面向各行业应用需求，智能信息网络主要支撑实现以下三大演进目标。

基于智能信息网络支撑实现面向全行业的泛在智联。针对各行各业中人-机-物的融合需求，智能信息网络可以通过网络知识的高效理解和动态适配，形成跨行业的组网方案。在此过程中，利用交互语言重构，符合行业智能体的理解，以格式化的表述方式提高行业智能体的理解与交互效率。网络聚能和智能赋能共同实现网络要素间的功能互补和增益，通过全局优化决策，精确选择实施手段、时机和地点，以实现全行业服务的最优效果、最短时间和最高安全性。这一过程不仅增强了网络的响应能力，还实现了服务的定制化和提升了服务的精确性，为多行业应用提供坚实的智能支持。

基于智能信息网络支撑实现行业智能融合与业务控制。基于智能信息网络的新质能力，可支撑柔性扁平、横向联通以及纵横一体的业务融合控制。网络可确保人、机、物等各单元的决策能同步分发并协同控制，使各智能体的信息能在同一信息流动层中高效交换、理解和共享。这一过程能够增强智能融合与业务控制的自主性、实时性和高效性，优化行业内部的协作机制，提升整体的运作效率和响应能力。

基于智能信息网络支撑行业服务由信息域向知识域拓展。形成人机协同、机机协同、学习协同和任务协同等多维交互行为，使智能体能在广阔空间中进行非线性、不规则和广域化的部署联接。智能体借助其学习力、知识力、决策力和机动力，能对环境和任务的变化进行主动认知并迅速做出响应。利用网络知识的高效推理与交互语言的理解能力，智能体在协同处理任务时，能在网络环境或业务状态发生变化时快速恢复网络连接，并主动调整自身行为。这不仅增强联接的鲁棒性、抗干扰性和安全性，还能促进群体智能的涌现效应，为行业提供强大的支持和动态适应能力。

智能信息网络的发展演进是一项综合性系统工程，其核心关键技术创新发展需要业界达成共识、密切合作、集智创新，同时需要国家政策鼎力支持，打造有利于智能信息网络协同创新的生态环境。智能信息网络将为国家的数字化进程提供核心的技术支持和新的发展动能。

11.2 发展局限

智能信息网络建设发展是一项系统工程，其理论与技术创新思想，源于网络长期演进发展中业界的不断探索、多学科的交叉融合及应用实践。当前蓬勃发展的互联网、移动互联网，以及面向行业应用的各类信息网络，其规模越来越大、结构愈加复杂，服务应用领域更加广泛，要求新一代网络架构更具灵活性、兼容性、开放性、适应性。

智能信息网络的发展正处于一个革命性的转变时期，预示着未来网络将不仅仅是信息传输的渠道，而是变成一个高度智能化、自我管理和自我优化的系统。这样的网络将能够实现更高效的数据处理、更安全的信息传输以及更精确的服务定制，从而全面提升社会运行效率和生活质量。

尽管智能信息网络的内生智能发展模式具有革命性的潜力，但在实际应用和广泛部署过程中，面临多方面的挑战和局限。

技术成熟度和兼容性问题。内生智能的信息网络建设依托于多项前沿技术，包括人工智能、物联网、边缘计算等。这些技术不断成熟，整合过程中的技术兼容性仍是一个挑战。为实现新旧技术的无缝对接，现有的网络架构可能需进行大规模改造，这不仅技术上具有挑战性，而且可能涉及显著的投资成本。

安全和隐私问题。尽管智能信息网络强调内生安全的重要性，新技术的引入可能引发新的安全挑战和漏洞。例如，AI 系统的复杂性有可能被用于设计更高级的网络攻击，而区块链技术的不可篡改性和匿名性虽提升了数据安全，但同样可能被用于不当目的。这要求我们在享受技术带来的好处的同时，也必须加强安全防护措施和监管策略。

管理和监管挑战。虽然智能信息网络的自主性和自适应性显著提升了网络效率，它们也引入了管理和监管上的复杂性。网络的自动化决策和操作可能超越了传统的监管框架，这要求制定新的法规和管理策略，以确保网络操作的透明度和公正性得到保障。

性能和可靠性问题。尽管内生智能架构的目的是增强网络的智能化和自适应能力，但在实际应用中，这类复杂的网络系统可能会遭遇性能瓶颈和可靠性挑战。特别是在高负荷或极端条件下，这些网络系统的稳定性和响应速度可能未能达到期望水平，从而影响整体的服务效率和用户体验。

用户接受度和技术普及。智能信息网络的推广和应用要求用户和行业的广泛认可。由于技术的复杂性，用户可能面临理解和接受的难题，这需要系统的教育和培训以支持从传统网络向智能信息网络的平稳过渡。因此，普及这种新模式的关键在于简化用户界面，提供直观的操作体验，并通过广泛的教育计划来加深用户和行业专业人员的理解与技能，确保技术的有效采纳和使用。

智能信息网络发展仍然依赖于多个核心技术的突破，包括但不限于网络架构自适应建设、网络认知、网络知识生成、多维标识构建、内生安全与智能交互方法。此外，内生聚生的工程化落地尚需解决的关键问题包括网络设备的智能化升级、跨域网络的协同工作机制，以及全面的网络安全管理系统。

目前，智能信息网络的发展还依赖于若干关键技术的进一步突破，这包括高级数据分析、网络自适应调整及先进的安全防护措施等。此外，内生聚生技术的实际应用还面临多个挑战，例如，如何升级现有网络设备以支持智能化，如何构建有效的跨域网络协同工作机制，以及如何建立一个全面而可靠的网络安全管理系统。这些都是推动智能信息网络向前发展的关键问题。

11.3 技术创新

针对智能信息网络发展所需的关键技术，需要国内乃至国际优势团队和科研力量密切合作，围绕全球数字化发展态势，促进人工智能、微电子、集成电路、新材料、计算机科学、网络安全等学科交叉融合，在智能信息网络架构、理论方法，以及网络认知、网络知识生成、多维标识构建、内生安全与智能交互方法等技术方面，面向智能化社会发展与国家数字治理，加速各行业智能化应用转型，打造有利于智能信息网络协同创新、综合应用的发展生态。

围绕智能信息网络“三面四层两环”的功能架构，构建网络统一参考模型，支持各行业多样化应用场景需求，可为网络软硬件系统的架构设计提供依据，促进网络构建、软硬件设计以及接口协议的标准化发展。面向服务连接面的物理层、链路层、网络层与应用层，突破跨层信息交互与智能服务技术，实现各行业网络设备、数据流、用户接口和互操作的综合优化，提高网络的效率和兼容性。智能信息网络的系统性规划和顶层设计是实现跨行业、跨平台互联互通的基础，确保异构设备和不同系统之间的有机融合，提供高效的智能服务，支持面向泛在智联的网络化协同与智能化管控。

网络认知技术的关键要素是时变的网络态势感知方法、面向任务的学习分析算法与优化决策策略，其前提是从网络数据中挖掘有用的信息形成统一表征的网络知识，以增强网络的智能、主动适应网络内外部条件变化的能力。具体来说，采用多域感知、高维数据处理、特征信息融合、多智能体学习等学习推理技术，采集网络电磁环境和内部状态信息的传感器，实现认知实体在功能上的被动或主动感知，进行实体之间的信息交互，有效提升区域信息共享与融合能力，缩短收敛时间；实时跟踪网络性能和状态，如带宽使用、时延、数据流量等；将知识用于网络的当前状态得到一个或多个结论的推理引擎或相应算法；使网络能够改变其行为特征，综合各行业需求与能力，侧重于开发和提供高质量的网络服务和应用，确保相关技术能够满足用户需求并支持业务目标。

网络知识技术是对网络的自身状态、用户行为、电磁环境等多域信息中的事实、概念、规则进行统一表征，对不同来源、不同类型、不同领域的网络知识进行统一、高效的存储和管理，能被网络元素相互理解与应用。通过采用知识抽取、表示学习、知识融合、分布式存储与知识推理等技术，建立和维护一个系统化的知识库，收集关于网络配置、故障处理经验、最佳实践等信息；利用累积的知识来辅助或自动化网络管理决策，如流量调配、容量规划等，是实现智能行为决策的关键一环。网络知识具有高度统一性与泛用性，不同行业均可通过部署网络知识库，合理、灵活、高效地运用网络知识，对网络电磁环境与任务需求进行综合分析，并依据自身业务状态与能力水平进行决策优化，实现网络的高效运行与智能管理。

多维标识技术描述具有网络实体多元特征的统一标识，形成与标识相对应的服务模式和寻址路由机制，具体包含对象、连接和应用的多维标识及智能映射机制。突破多维标识架构设计、解析映射、分配管理等关键技术，利用多维标识实施精细化的访问控制，支持异构设备到网络资源的高效映射，确保网络和设备的精准、可靠、高效识别与定位，实现数据高效传输与网络资源动态分配。多维标识为制造业、交通运输、医疗、零售和智能家居等行业提供了统一接入渠道，各行业可基于该技术进行属性转换与传输运用，增强行业自动化和智能化水平，提升传输效率和服务质量，为不同领域的智能化转型提供坚实的技术支撑。

内生安全技术会根据系统的差异性，依靠聚合从信息化系统内部不断生长出自适应、自学习和自成长的安全能力，内生安全最终目标是实现网络安全，在网络的设计和运营过程中内置安全机制，从而减少外部威胁和内部漏洞。各行业可通过部署的网络知识与多维标识等信息，形成基于多维标识的追踪溯源与网络攻击行为的主动认知体系，在数据进入网络前进行风险评估和威胁预防，保证智能信息网络内生安全体系的自主决策、可信可控、安全知识不断增长的能力，实现行业服务全生命周期的内生安全，形成真实可信的网络应用环境。

智能交互技术通过设计语法模型和语义规范方法，实现智能体间的管控指令、网络知识的高效描述和准确解析；通过对智能体间构建交互语言会话的基本规则、工作机制、会话流程进行统一规范，利用自然语言处理技术和网络通信协议优化技术，设计基于交互语言体系，生成交互语言会话联接，按照协议规则指导智能体建立交互语言会话，使智能体能够对网络知识及管控指令进行高效传递、理解学习和反馈表达，使智能信息网络具备智能会话的语言生成能力、多语义模型的理解能力和自主交互会话能力，面向各行业用户需求，根据用户的历史行为和偏好，自动调整服务内容和界面，提供灵活、可扩展的应用服务，确保所有应用服务都能满足既定的性能和可靠性标准，增强与用户的交互体验，提高服务的响应性和个性化程度。

这些新型技术的融合使用能够为智能信息网络提供一个全新的技术体系，不仅增强了网络的自主运行能力，也提高了其面对复杂应用场景时的响应和适应能力。然而，技术的融合和应用也需要持续的研究支持和政策引导，以确保这些高级技术能够被安全、有效地集成到现有的网络架构中，对现有网络的智能化嵌入不仅可以提升网络的操作效率，增强对复杂应用场景的支持能力，也能为智能信息网络发展提供直接推动力。

未来，智能信息网络发展将聚焦在智慧工业、智慧医疗、智能交通等行业智能化融合场景中的组织运用，围绕物理设备智能化、管理流程自动化、综合平台无人化、管理方式灵巧化、服务体系标准化等基本需求，创新构建虚实结合、分级分布、自主运行的智能信息网络跨行业融合应用环境，通过实际试验与效能评估，推动研究建设发展的科学性、系统性和有效性。结合国家网络强国、数字强国等战略，面向信息网络智能化发展趋势，整合各行业创新力量，打通产学研用一体化的创新链路，推动形成智能信息网络技术及应用创新的协同攻关体制机制与政策环境，有力支撑国家跨行业信息网络智能化发展融合与数字化转型。